UX-Strategie

Papier
plus+
PDF.

UX-Strategie

Erfolgreiche Strategietechniken für die Entwicklung innovativer digitaler Produkte

Jaime Levy

Deutsche Übersetzung von Rainer G. Haselier

Jaime Levy

Übersetzung: Rainer G. Haselier
Lektorat: Sandra Bollenbacher
Lektoratsassistenz: Anja Weimer
Korrektorat: Petra Heubach-Erdmann, Düsseldorf
Satz: III-satz, *www.drei-satz.de*
Herstellung: Stefanie Weidner, Frank Heidt
Umschlaggestaltung: Karen Montgomery, Michael Oréal, *www.oreal.de*
Druck und Bindung: mediaprint solutions GmbH, 33100 Paderborn

Bibliografische Information der Deutschen Nationalbibliothek
Die Deutsche Nationalbibliothek verzeichnet diese Publikation in der Deutschen Nationalbibliografie; detaillierte bibliografische Daten sind im Internet über *http://dnb.d-nb.de* abrufbar.

ISBN:
Print 978-3-96009-177-6
PDF 978-3-96010-608-1
ePub 978-3-96010-609-8
mobi 978-3-96010-610-4

1. Auflage 2022

Wieblinger Weg 17
69123 Heidelberg

Hinweis:
Dieses Buch wurde auf PEFC-zertifiziertem Papier aus nachhaltiger Waldwirtschaft gedruckt. Der Umwelt zuliebe verzichten wir zusätzlich auf die Einschweißfolie.

Schreiben Sie uns:
Falls Sie Anregungen, Wünsche und Kommentare haben, lassen Sie es uns wissen:
kommentar@oreilly.de

5 4 3 2 1 0

Inhaltsverzeichnis

Vorwort

Die User-Experience-(UX-)Strategie befindet sich an der Schnittmenge von UX-Design und Geschäftsstrategie. Es ist eine Praxis, die, wird sie empirisch durchgeführt, eine viel bessere Chance auf ein erfolgreiches digitales Produkt bietet, als nur die Finger zu kreuzen, einige Wireframes zu entwerfen und dann einen Haufen Code zu schreiben.

Dieses Buch präsentiert ein solides Framework für die Praxis der UX-Strategie. Es ist speziell auf die Erfindung innovativer Produkte ausgerichtet und führt Sie durch zahlreiche leichtgewichtige Techniken, die Sie unabhängig von Ihrer Arbeitsumgebung verwenden können. Die Grundprinzipien der Geschäftsstrategie müssen kein Mysterium sein, das nur jemand mit einem Doktortitel verstehen kann. Strategie ist, genau wie Design, etwas, das man nur durch Üben beherrschen kann.

Wer sollte dieses Buch lesen?

Dieses Buch kümmert sich um die große Wissenslücke zwischen Produktdesign und Geschäftsstrategie. Es wurde mit Blick auf die folgenden Typen von Produktmachern geschrieben.

Produkt/UX-Stratege, Product Manager/Owner, Entrepreneur oder Mitglied eines Innovationsteams in einem Unternehmen

Sie möchten Ihr Team – Designer, Entwickler, Marketer usw. – zu einem erfolgreichen Produkt mit einer reibungslosen UX führen. Allerdings sind Ihre Zeit, Ihr Geld und andere Ressourcen begrenzt, und das bedeutet, dass Sie die Bemühungen Ihres Teams auf effiziente Produktstrategietechniken konzentrieren müssen. Sie verstehen die Lean-Startup-Prinzipien, wollen bei Forschung und Evaluierung sparen, aber Sie wissen auch, dass Sie Entscheidungen auf der Grundlage einer soliden Strategie treffen müssen. Dieses Buch gibt Ihnen und Ihrem Team die notwendigen leichtgewichtigen Werkzeuge an die Hand, um Geschäftsideen zu testen, Wettbewerbsforschung zu betreiben und Marketingkanäle zu validieren.

Produkt-Designer, UX/UI-Designer oder UX Researcher

Sie sind frustriert. Sie haben das Gefühl, ein Rädchen im Getriebe zu sein, das Design- oder Studienergebnisse liefert. Sie möchten, dass Ihre Arbeit innovativer und ganzheitlicher wird, jedoch sind Sie nicht an der Produktdefinition auf strategischer Ebene beteiligt. Sie befürchten, dass Sie an eine Karrieremauer stoßen, weil Sie keinen betriebswirtschaftlichen Abschluss oder Marketingkenntnisse haben. Dieses Buch zeigt Ihnen, wie Sie sich in den folgenden Situationen durchsetzen können:

- Sie haben den Auftrag, User Flows und Wireframes für ein Produkt zu erstellen, von dem Sie glauben, dass es nur ein Abklatsch eines bestehenden Produkts ist. Sie wollen nicht die nächsten sechs Monate damit verbringen, das Rad neu zu erfinden. Dieses Buch zeigt Ihnen, wie Sie innovativ sein können, indem Sie systematisch Funktionen Ihrer Mitbewerber und Konkurrenten herauspicken und sie mit einem Weniger-ist-mehr-Ansatz integrieren.
- Sie haben Stakeholder, die sich zu 100 % sicher sind, dass ihre Produktvision richtig ist, und Ihnen wird gesagt, Sie sollen sie so umsetzen, wie sie ist. Sie wollen Marktforschung betreiben, um von der ursprünglichen Vision abzuweichen, aber Sie bzw. Ihr Team erhält hierfür kein Budget. In diesem Buch werden verschiedene Möglichkeiten aufgezeigt, wie man unabhängig von der Situation als Intrapreneur agieren und Fakten zusammentragen kann.
- Sie haben ein bestehendes Produkt und sollen neue Features entwickeln, um neue Kunden zu gewinnen und das Engagement zu erhöhen. Dieses Buch zeigt Ihnen, wie Sie mittels Rapid Prototyping schnell Experimente entwerfen, um Konzepte durch Online-Nutzerforschung und Landingpage-Smoke-Tests zu validieren.

Warum ich dieses Buch schrieb

Was mich auf Trab gehalten hat, während ich als Produktdesignerin arbeitete, war meine Tätigkeit als Teilzeitprofessorin für die sich entwickelnde Disziplin des User Interface (UI) Designs und der Produktstrategie. Seit 1993 habe ich alle möglichen Gruppen unterrichtet, von Graduiertenkursen für Ingenieur- und Psychologiestudierende bis hin zu Volkshochschulkursen für Berufstätige, die ihre Karriere mit marktgerechteren Fähigkeiten neu ausrichten wollten. Aber in keiner dieser Situationen fand ich ein perfektes Buch, das meinen Studierenden alles gab, was sie brauchten. Stattdessen wurde an mich ständig die Bitte herangetragen, meine Präsentationen, Beispieldokumente und Vorlagen zu teilen. Ich habe dieses Buch geschrieben, um endlich in einer Ressource alles zu konsolidieren, was ich über die Praxis der UX-/Produktstrategie weiß und was ich durch meine Arbeit mit Start-ups, Agenturen und Unternehmen gelernt habe.

Außerdem hoffe ich, dass angehende Strategen von meiner langjährigen Berufserfahrung profitieren können. Ich habe in meinem beruflichen und privaten Leben viele Höhen und Tiefen erlebt, die meine Einstellung zu Versuch und Irrtum geprägt haben. Deshalb wollte ich auch von Anfang an kein trockenes Business- oder Technikbuch schreiben. Stattdessen wollte ich ein Buch schreiben, das die Vitalität und Veränderlichkeit dessen beschreibt, was wir in der realen Welt des technologischen Fortschritts tatsächlich erleben. Ich wollte den unternehmerischen Geist darstellen, bei dem es nicht nur um Erfolg oder Techniken geht, die immer funktionieren. Ich wollte diese Reise mit Ihnen teilen, in der Hoffnung, dass Sie auf diesem Weg nicht so viele Schrammen abbekommen werden, wie ich sie abbekommen habe.

Wie dieses Buch aufgebaut ist

Der Aufbau dieses Buch orientiert sich daran, wie ich meinen Prozess im Laufe der Jahre verfeinert habe. Daher ist die erste Möglichkeit, dieses Buch so zu lesen, wie es ursprünglich gedacht war – als Anleitung für die Entwicklung eines innovativen Produkts. Wenn Sie es auf diese Weise lesen wollen, sollten Sie mit einer Idee oder einem Problem beginnen, das Sie durch eine Benutzeroberfläche lösen wollen, denn der einzige Weg, schwimmen zu lernen, ist, in den Pool zu steigen und sich mit dem Unbekannten vertraut zu machen. Während Sie und Ihr Team sich von vorne nach hinten durch die einzelnen Kapitel bewegen, werden Sie die Techniken in einer linearen Reihenfolge kennenlernen. Wenn Sie dann mit allen Techniken vertraut sind, können Sie diese zukünftig in der Reihenfolge anwenden, die für Sie am besten funktioniert.

Das Buch besteht aus 10 Kapiteln. Kapitel 1 legt fest, was UX-Strategie und Produktstrategie sind. Kapitel 2 stellt das UX-Strategie-Framework vor, das alle Werkzeuge und Techniken in diesem Buch prägen wird. In den Kapiteln 3 bis 9 lernen Sie, wie Sie die Techniken der Produktstrategie anwenden. Und schließlich bindet Kapitel 10 den Sack mit einer kurzen Schlussfolgerung zu.

Was ist das UX-Strategie-Toolkit?

Für dieses Buch gibt es ein kostenloses Toolkit, damit Sie und Ihre Teams sofort damit beginnen können, eine gültige Strategie für Ihr Produkt zu entwickeln. Ich habe diese Werkzeuge über Jahre hinweg mit Kunden verfeinert und sie sowohl für die Zusammenarbeit als auch für die Ausgabe von Ergebnissen verwendet. Sie mögen auf den ersten Blick unhandlich erscheinen, aber sie sind ein wichtiger Ausgangspunkt, um grundlegende Taktiken zu lernen. Im Laufe der Lektüre werden Sie auf ausführliche Erklärungen zur Funktionsweise und den Vorteilen der einzelnen Tools stoßen. Das Toolkit befindet sich in einer Arbeitsmappe, die Sie mit unterschiedlichen Tabellenkalkulationsprogrammen online und offline bearbeiten können.

Die englischsprachige Version des kostenlosen UX-Strategie-Toolkits können Sie von dieser Website herunterladen: *https://userexperiencestrategy.com*.

Erstellen Sie eine Kopie dieser Arbeitsmappe. Wenn Sie Google Sheets bevorzugen, vergewissern Sie sich, dass Sie in Ihrem Google-Konto angemeldet sind und klicken Sie auf **Datei | Kopie erstellen**. Wenn Sie Microsoft Excel bevorzugen, klicken Sie auf **Datei | Herunterladen | Microsoft Excel (.xlsx)**. Mit Ihrer eigenen Kopie haben Sie Bearbeitungs- und Freigabeberechtigungen, sodass Sie die Arbeitsmappe für Ihr Team freigeben können. Am unteren Rand des Arbeitsblatts befinden sich Registerkarten, mit denen Sie zwischen den verschiedenen Werkzeugen umschalten können.

Die deutsche Fassung des Toolkits können Sie in Form einer Excel-Arbeitsmappe von dieser Website herunterladen: *https://www.oreilly.de/ux-strategie*.

UX-Strategie erfordert die Zusammenarbeit zwischen Teammitgliedern und Stakeholdern. Dabei spielt es keine Rolle, ob Sie Studierende in einem Seminarraum, ein junges Start-up oder ein funktionsübergreifendes Team in einem Unternehmen sind. Die Techniken funktionieren nur dann, wenn Sie *alle* das gemeinsame Ziel haben, durch Experimentieren eine Lösung zu finden. Die beste Art der Zusammenarbeit im digitalen Zeitalter sind Cloud-basierte Tools. Das Cloud-basierte Toolkit für dieses Buch hilft Ihnen, Ihre Teams vor Ort und aus der Ferne auf eine Produktvision auszurichten. Außerdem ist es großartig, weil Sie synchron und asynchron an demselben Dokument zusammenarbeiten können.

Wie Sie uns erreichen

Mit Anmerkungen, Fragen oder Verbesserungsvorschlägen zu diesem Buch können Sie sich jederzeit an den Verlag wenden: *kommentar@oreilly.de*

Danksagungen

Bei der ersten Ausgabe von *UX Strategy*[1] habe ich viel Unterstützung von Sarah Dzida erhalten. Sie hat alles getan, angefangen von der Hilfe beim Schreiben des Exposés über ihre Rolle als Schreibcoach fungierte sie als leitende Redakteurin und setzte ihre genialen Talente ein, um all die verrückten Erzählungen in den Kapiteln zu einem nahtlosen Epos zu verweben. Als es fertig war, sagte ich ihr, dass ich nie wieder ein Buch schreiben würde. Sie lachte vielsagend.

Fünf Jahre später. Aufgrund des Erfolgs des Buches habe ich es genossen, auf zahlreichen Strategie- und Designkonferenzen zu sprechen und mich weltweit mit Produktmachern zu treffen. Außerdem gewann ich neue Erkenntnisse und verfeinerte meine Produktstrategietechniken. Ich beschloss, die zweite Auflage zu schreiben, und arbeitete wieder allein in Bibliotheken, bis die COVID-19-Pandemie zuschlug. Zu diesem Zeitpunkt brachte ich eine meiner Studentinnen namens Jessica Lupanow dazu, mir als Forscherin und Muse zu dienen. Wir trafen uns fast das ganze Jahr 2020 auf Zoom und arbeiteten an den gemeinsamen Google-Dokumenten der einzelnen Kapitel. Jessica hat einen scharfen Verstand, einen trockenen Witz und ist wahnsinnig schnell beim Recherchieren. Sie können einige unserer vielen lustigen und synergetischen Schreibsitzungen miterleben, wenn Sie auf YouTube nach »UX Strategy (2nd Edition) Book Editing Sessions playlist« suchen.[2]

Außerdem möchte ich den folgenden Personen meinen Dank aussprechen:

- Dank an Ena De Guzman, Nico Filip-Sanchez, Lane Goldstone, Jeffrey Head, Ulrich Höhfeld, Jared Krause, Darren Levy, Sebastian Philipp, Douglas Rushkoff, Bita Sheibani, Matt Stein, Eric Swenson, Svenja von Holt, Indi Young, Marvin Zindler und meinen UX-Strategy-Kurs im Frühling 2020 an der University of Southern California.
- Danke an O'Reilly Media und mein Redaktionsteam, Mary Treseler und Angela Rufino.

---

1 A.d.Ü.: Die erste Ausgabe von *UX Strategy* wurde nicht ins Deutsche übersetzt.

2 Jaime Levy und Jessica Lupanow: »UX Strategy (2nd Edition) Book Editing Sessions«, *YouTube*, 2020. *https://oreil.ly/Ezd0R*

- Danke an meinen großartigen Sohn Terry, der mir die besondere Daseinsberechtigung gibt. Ich widme dieses Buch ihm und meiner lieben Mutter Rona.

Danke, Los Angeles und Berlin, dass ihr so wunderbare Städte seid, in denen ich gerne lebe und schreibe.

Jaime Levy
Los Angeles/Berlin

1 Was ist UX-Strategie?

Zwei Wege boten sich mir im Walde dar, und ich –
ich ging den, der weniger betreten war,
und das, das änderte mein Leben.[1]

– Robert Frost

Im vergangenen Jahr war ich schlecht gelaunt, nachdem ich mich an einem Sonntagnachmittag mit einem Kollegen traf, der Hilfe bei der Planung eines Workshops benötigte. Vielleicht lag es daran, dass ich es überhaupt nicht mag, am Wochenende zu arbeiten. Vielleicht lag es daran, dass es immer eine schlechte Idee ist, in Los Angeles von der Eastside zur Westside zu pendeln. Oder vielleicht lag es auch einfach daran, dass der Gedanke, eine glorreiche Brainstorming-Session für Führungskräfte zu leiten, einfach nicht gut zu mir passt. Was auch immer die Gründe waren, meine Stimmung wurde noch schlechter, als das Auto hinter mir so hart auf meinen Wagen auffuhr, dass mein halb gegessener, folienumwickelter Burrito vom Rücksitz gegen meine Windschutzscheibe klatschte.

Die andere Fahrerin und ich verließen sofort die volle Autobahn, um auf einer Straße in einem Wohngebiet den Unfall sicher zu regeln. Mein Auto war so stark beschädigt, dass der Benzintank aus seiner Verankerung gerissen war. Glücklicherweise wurde bei dem Unfall keine von uns verletzt. Die andere Fahrerin war versichert und entschuldigte sich sogar. Wie auch immer, während ich am Straßenrand stand und all diese Gefühle fühlte, wusste ich, dass die nächste Aufgabe darin bestand, herauszufinden, wie ich meinen ersten Schaden bei meinem Hightech-Autoversicherer Metromile abwickeln konnte.

Metromile ist ein mittelständisches Start-up mit Sitz in San Francisco, das mit seinem innovativen Geschäftsmodell und dem Einsatz von Telematik-Technologien die Autoversicherungsbranche umkrempeln will. Anstatt den Kunden eine feste Prämie für eine Jahrespolice in Rechnung zu stellen, besteht das Ta-

---

1 Frost, Robert: »The Road Not Taken«, in: *Mountain Interval*, New York: Henry Holt, 1916.

rifsystem aus einem niedrigen monatlichen Basistarif plus einer Gebühr pro gefahrener Meile. Obwohl ich in Los Angeles lebe, fahre ich eigentlich nicht viel, weil ich nicht täglich zu einem Vollzeitjob pendeln muss. Im Jahr 2018 beschloss ich, zu prüfen, um wie viel meine monatlichen Zahlungen sinken würden, wenn ich von einem traditionellen Versicherungsanbieter zu diesem Tech-Disruptor wechseln würde. Ein paar Tage, nachdem ich mich angemeldet hatte, erhielt ich per Post ein kleines drahtloses Metromile-Pulse-Gerät. Dieses steckte ich in die Buchse des On-Board-Diagnose-Systems meines Wagens, damit meine Logistikdaten nachverfolgt werden können. Im ersten Monat sank meine monatliche Prämie um 40 %! Ich war begeistert.

Aber jetzt war wirklich Showtime. Das Modell einer Versicherung als Produkt besteht darin, dass Sie ein Unternehmen dafür bezahlen, um Sie vor bestimmten Risiken zu schützen: nicht vorhersehbare Gesundheitsprobleme, Naturkatastrophen oder Autounfälle. Oft interagieren die Kunden jenseits der Zahlungen nicht mit ihrem Versicherungsanbieter, es sei denn, es ist notwendig. Aber Metromile unterscheidet sich von traditionellen Anbietern dadurch, dass es verschiedene Berührungspunkte gibt. Beispielsweise gibt es eine gut gestaltete mobile App, die Telematik-Technologie nutzt, um Fahrern Informationen über den Zustand des Fahrzeugs, dessen Standort und das Fahrverhalten zu geben. Und als neugierige UX-lerin habe ich ab und zu mit der App herumgespielt. Generell müssen sich Kunden in den USA, wenn sie mit ihren Versicherern interagieren wollen, durch ein komplexes bürokratisches System navigieren, das nicht benutzerfreundlich ist. Wie würde Metromile mich und mein verunfalltes Auto behandeln? Vielleicht waren die Einsparungen zwar groß, aber könnte sich das Produkt insgesamt nun in ein großes Ärgernis verwandeln?

In der Regel ist das Erste, was ein Autofahrer in den USA nach einem Unfall tut, die Kundendienstrufnummer seiner Versicherungsgesellschaft anzurufen. Ein Mitarbeiter nimmt Details über den Unfall und den beteiligten Fahrer auf, um in Ihrem Kundenkonto einen Versicherungsfall zu eröffnen. Damit beginnt der Prozess, in dem die Versicherung den Schadensfall untersucht und dann für Sie eventuelle Kosten bezahlt oder an Sie erstattet.

Metromile stellt diesen Prozess in ihrer App zur Verfügung und ich konnte es nun selbst ausprobieren (siehe Abbildung 1.1). Während ich also neben der anderen Fahrerin stand, folgte ich in der App einem intuitiven Flow, der mich durch den Schadensmeldungs-Trichter leitetet. Der Flow verwendete sogar Geolokalisierung, um den genauen Ort des Unfalls zu ermitteln, sodass ich keine Straßenschilder beachten musste. Außerdem war ich, wie jeder andere nach einem Unfall, ein wenig durcheinander. Jedoch kümmerte sich die Checkliste der App um alles. Die Liste stellte sicher, dass ich den Namen und die Adresse der anderen Fahrerin eingab, ein Foto von ihrem Führerschein und der Kfz-Versicherung machte, alle Zeugendaten sammelte und Fotos von meinem Auto und ihrem Auto machte, um den Schaden zu dokumentieren. Die klare Führung sorgte dafür, dass ich ruhig blieb und die Dinge, die zu tun waren, aufmerksam und konzentriert erledigen konnte. Alles in allem dauerte dies weniger als zehn Minuten.

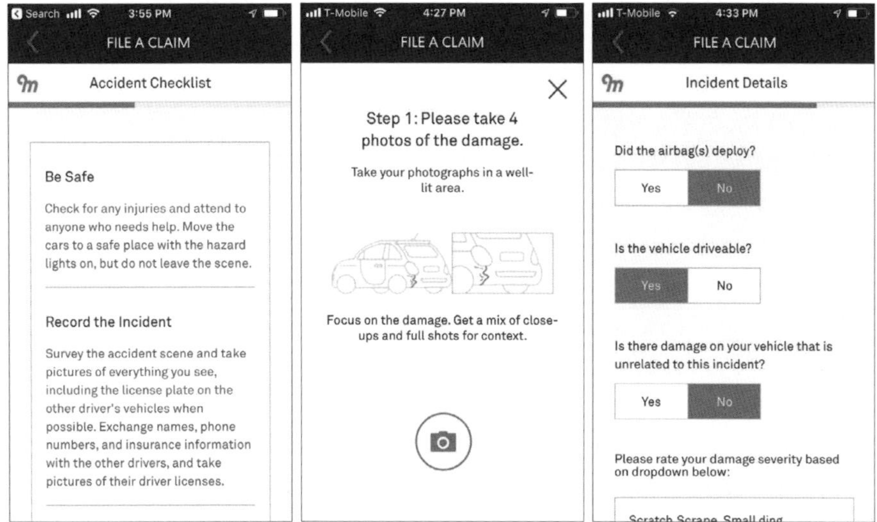

Abbildung 1.1: Mehrere Screenshots des Metromile-Flows, mit dem ein Schaden gemeldet wird

Die andere Fahrerin und ich verabschiedeten uns und wir gingen getrennte Wege. Als ich zu Hause eintraf, hatte ich von Metromile eine E-Mail mit einer Liste von nahe gelegenen Werkstätten erhalten. Außerdem wurde ich aufgefordert, einen Mietwagenanbieter zu wählen, damit dieser mich genau zu dem Zeitpunkt treffen konnte, zu dem ich mein Auto in der Werkstatt abgeben wollte. Während mein Auto in der Werkstatt war, fuhr ich in einem coolen schwarzen Jeep durch Los Angeles, während Metromile Verhandlungen mit dem Versicherer der anderen Fahrerin führte, um mir zu helfen, meine Selbstbeteiligung in Höhe von 500 Dollar zu vermeiden. Im Prinzip hat es dieses Start-up irgendwie geschafft, eine in der Regel für sehr viele Amerikaner sehr anstrengende Kundenerfahrung in etwas zu verwandeln, was reibungslos abläuft. Und ihr Erfolg ist nicht nur im UX-Design begründet.[2] Es ging eigentlich mehr um ihre UX-Strategie.

2 Kucheriavy, Andrew: »How Customer-Centric Design Is Improving the Insurance Industry«, in: *Forbes*, 17. April 2018. *https://oreil.ly/8-Ceg*

Die Entwicklung des Begriffs »UX-Strategie«

Der Begriff UX-Strategie begegnete mir zum ersten Mal in gedruckter Form im Jahr 2008 und zwar im Buch *Mental Models* von Indi Young,[3] die damals versuchte, das UX-Design auf eine strategischere Ebene zu heben. Dort bot sie ihren Lesern ein Mini-Manifest zusammen mit einer von Jesse James Garrett geschriebenen Gleichung für Experience-Strategie an, die Sie im Original in Abbildung 1.2 sehen können.

> **Experience Strategy**
>
> The strategy that you develop for your product ought not evolve in isolation. Even though the value of user experience is clear, your over-arching reasons for providing something should be considered with equal weight. Jesse James Garrett describes the phrase Experience Strategy thusly:
>
> Experience Strategy = Business Strategy + UX Strategy
>
> A mental model helps you visualize how your business strategy looks compared to the existing user experience. Thus, it is a diagram that can support your experience strategy.

Abbildung 1.2: Kasten aus dem Buch »Mental Models«, © 2008 Rosenfeld Media, LLC

Experience-Strategie war eine neue Disziplin, die von Young und Garrett, Mitgründer von Adaptive Path in San Francisco, geprägt wurde. Sie kombinierten Methoden aus verschiedenen Disziplinen, einschließlich der Unternehmensstrategie und der Nutzerforschung. Ich wollte wirklich verstehen, was UX-Strategie bedeutete und warum man Experience-Strategie erhält, wenn man UX-Strategie um Geschäftsstrategie ergänzt.

Im Laufe meiner beruflichen Laufbahn hatte ich mit Agenturen, Start-ups und Unternehmen gearbeitet und dabei viele Definitionen des Begriffs *UX-Strategie* gesehen und gehört. Das Problem mit der sich entwickelnden Technologieterminologie besteht darin, dass sie Verwirrung bei Kunden, Stakeholdern, Personalvermittlern, Personalabteilungen, Universitäten und vor allem neuen Designern verursacht. Die gleichen Arten von semantischen Debatten kenne ich

3 Young, Indi: *Mental Models*, New York: Rosenfeld Media, 2008.

auch aus den frühen 2000er-Jahren, in denen es um widersprüchliche Interpretationen von *User Experience Design* und *Interaktionsdesign* ging, und aus den frühen 1990er-Jahren um die Begriffe *Neue Medien* und *Multimedia*.

Was UX-Strategie in der ersten Ausgabe dieses Buches bedeutete

In der ersten Ausgabe dieses Buches, die 2015 erschien, habe ich geschrieben, dass die UX-Strategie der Prozess ist, der als Erstes begonnen werden sollte, also bevor das Design oder die Entwicklung eines digitalen Produkts beginnt. Es ist die Vision einer Lösung, die mit echten potenziellen Kunden validiert werden muss, um zu beweisen, dass es im Markt einen Bedarf für diese Lösung gibt. Obwohl das UX-Design unzählige Details wie visuelles Design, Content Messaging und die einfache Ausführung einer Aufgabe für einen Benutzer umfasst, ist die UX-Strategie das »große Ganze«. Sie ist der übergeordnete Plan, um ein oder mehrere Geschäftsziele unter ungewissen Bedingungen zu erreichen.

Die erste Ausgabe beinhaltete auch ein Interview mit einem anderen Gründer von Adaptive Path, Peter Merholz. Darin sagte er:

> In einer idealen Welt bräuchten Sie keine UX-Strategie, denn sie wäre lediglich eine Komponente Ihrer Produkt- oder Geschäftsstrategie. Ich denke, dass wir uns hin zu dieser idealen Welt bewegen. Wir sehen immer häufiger, dass UX als Teil einer breiteren Strategie betrachtet wird. Ich denke aber, dass das separate und eigenständige Konzept der UX-Strategie für uns notwendig war – zumindest, damit wir uns darauf konzentrieren konnten, es genauer zu beleuchten und ein Toolkit zu entwickeln, das dann in die Produktstrategie einfließt.[4]

Jetzt, sechs Jahre später, sehen wir, dass Merholz weitestgehend recht hatte. Die Praxis der UX-Strategie, die ich in meiner ersten Ausgabe beschrieben habe, ist jetzt ein Synonym für Produktstrategie. Inzwischen wird der Begriff UX-Strategie am häufigsten dafür verwendet, die strategische Umsetzung von UX in einer bestimmten Organisation oder Business Unit zu bezeichnen: wie die UX-Abteilung geführt werden sollte, wie Sie die Fähigkeiten Ihres Teams bewerten und ausbauen, wie Sie die Reichweite und den Einfluss Ihres UX-Teams erweitern und wie Sie UX-Projekte priorisieren, die den größten Return on Investment (ROI) erzielen können.[5] Es ist eher prozessorientiert.

---

4 Levy, Jaime: *UX Strategy*, Sebastopol, CA: O'Reilly, 2015.

5 Spool, Jared: »A UX Strategy Workshop Led by Jared Spool. Creating a UX Strategy Playbook«. *https://playbook.uie.com*

Was ist also Produktstrategie?

Die traditionelle Produktstrategie beschreibt, wer Ihre Kunden sind, wie Ihr Produkt in den aktuellen Markt passt und wie es Geschäftsziele erreicht. Es beginnt mit der Produktvision und endet mit einer Roadmap, die beschreibt, wie man taktisch dorthin kommt. In einer Unternehmensumgebung ist eine klare Produktstrategie für die Abstimmung mit den Stakeholdern entscheidend. Sie wird in der Regel von einem Director of Product, einem Produkt Owner oder Produktmanager geleitet. Der Strategieprozess umfasst die Markteinführung eines Produkts, führt es zu Wachstum und Reife und schließlich durch die Degenerationsphase.

Aber auch die Disziplin der Produktstrategie hat sich weiterentwickelt. Sie legt nun einen stärkeren Schwerpunkt auf die Befriedigung der Bedürfnisse des Kunden durch Nutzerforschung und Design-Praktiken. Parallel dazu entwickeln sich auch die Berufsbezeichnungen weiter. UX-Designer nennen sich heute Produktdesigner. Außerdem habe ich beobachtet, dass sich viele ehemalige UX-Strategen heute in Produktstrategen umbenannt haben. Vielleicht werde ich dies auch tun.

Warum die Strategie für digitale Produkte entscheidend ist

Der Zweck jeder Strategie ist es, einen Spielplan zu erstellen, der Ihre aktuelle Position betrachtet und Ihnen dann hilft, dorthin zu gelangen, wo Sie tatsächlich sein möchten. Ihre Strategie sollte Ihre Stärken ausspielen und auf Ihre Schwächen achten. Sie sollte sich auf empirische, leichtgewichtige Taktiken verlassen, die Sie und Ihr Team – denn seien wir ehrlich, Sie tun dies wahrscheinlich nicht allein – schnell in Richtung Ihres gewünschten Ziels bewegen. Strategie geht über den abstrakten Charakter des Designs hinaus und betritt das Land des kritischen Denkens. Kritisches Denken ist diszipliniertes Denken, das klar, rational, aufgeschlossen und durch beweisbare Fakten untermauert ist.[6] Eine fundierte Strategie macht den Unterschied zwischen Erfolg und Misserfolg aus. In der digitalen Produktwelt verschärft sich das Chaos – Zeitverzögerungen, erhöhte Kosten und schlechte Benutzererfahrungen –, wenn es unter den Teammitgliedern keine gemeinsame Produktvision gibt.

Eine gemeinsame Produktvision bedeutet, dass Ihr Team und Ihre Stakeholder das gleiche mentale Modell für Ihr zukünftiges Produkt haben. Ein mentales Modell repräsentiert jemandes Denkprozess darüber, wie ein Ding in der realen Welt funktioniert. Als ich beispielsweise zehn Jahre alt war, glaubte ich, dass die Art und Weise, wie meine Mutter Bargeld bekam, darin bestand, zu einer Bank zu gehen, einen Zettel zu unterschreiben und dann das Geld vom Kassie-

6 »Critical Thinking«, *Wikipedia*. *https://oreil.ly/J34r8*

rer zu erhalten. Als ich 20 war, glaubte ich, dass ich eine Bankkarte und einen PIN-Code brauche, um an einem Geldautomaten Bargeld zu bekommen. Aber wenn Sie meinen 16-jährigen Sohn fragen würden, wie man Geld bekommt, würde er Ihnen sagen, dass Sie zum Supermarkt gehen und nach Cashback fragen sollen, wenn Sie Ihre Lebensmittel bezahlen. Das mentale Modell aus dem Jahre 2021, um Geld zu bekommen, unterscheidet sich stark von dem mentalen Modell von 1976. Das liegt daran, dass neue Technologien und neue Geschäftsprozesse zusammenkommen, um den Menschen eine effizientere Möglichkeit zu bieten, Aufgaben zu erledigen.

Veraltete mentale Modelle werden verworfen. Das Leben wird gestört, damit es sich bessert!

Daher arbeite ich lieber mit aufgeschlossenen Kunden zusammen, egal ob Start-up-Gründer oder Führungskräfte in Unternehmen. Aufgeschlossenheit bedeutet, dass sie für Herausforderungen und Experimente empfänglich sind und sie verstehen, dass ihre ursprüngliche Geschäftsidee eventuell nicht nachhaltig ist. Wenn ich sehe, dass ein potenzieller Kunde auf eine Idee fixiert und gegenüber eventuellen Änderungen nicht aufgeschlossen ist, dann braucht er meine Hilfe nicht. Meine Lieblingskunden sind diejenigen, die wirklich ein mentales Modell ändern wollen und offen für Experimente sind, um so ihren Weg zu einem erfolgreichen Ergebnis zu finden.

Auch wenn es Spaß macht, sich innovative Produkte vorzustellen, ist es schwierig, Menschen dazu zu bringen, ihr Verhalten zu ändern. Kunden müssen den Wert der neuen Art und Weise sehen, bevor sie erwägen, die alte aufzugeben. Die Entwicklung neuer Produkte zur Lösung ernster Dilemmata ist nichts für schwache Nerven. Sie müssen leidenschaftlich und zumindest ein wenig verrückt sein, um sich kopfüber in all die Hindernisse zu stürzen, die sich Ihnen unweigerlich in den Weg stellen.

Doch es ist die Leidenschaft, ein Problem zu lösen, die Welt zu verändern und sie lebenswerter zu machen, die zu bahnbrechenden Produkten führt. Und diese Leidenschaft ist nicht auf Existenzgründer beschränkt, die ihren normalen Beruf aufgeben. Sie ermutigt auch Menschen mit Berufsbezeichnungen wie beispielsweise Product Owner, UX/Produktdesigner oder Entwickler. Dies sind Menschen, die ebenfalls leidenschaftlich gerne Technologie einsetzen, um Produkte zu entwickeln, die Kunden sich wünschen. Wenn Sie diese Arten von Menschen zusammenbringen, haben Sie alle erforderlichen Mittel, um potenziell etwas Magisches geschehen zu lassen und veraltete mentale Modelle zu zerstören.

Mein Ziel in diesem Buch ist es, die Praxis der UX-Strategie zu entmystifizieren, damit Sie genau das tun können. Sie werden in der Lage sein, in unterschiedlichsten Umgebungen sofort Produktstrategietechniken auf Ihre Projekte anzuwenden, um Sie und Ihr Team davor zu schützen, überlastet zu werden, mit welchen Einschränkungen Sie auch konfrontiert sind. Die in diesem Buch beschriebenen Techniken lassen sich verwenden, um ein neues Produkt zu entwickeln oder ein bestehendes Produkt zu überarbeiten. Auch ein bestehendes Produkt ist noch beinflussbar durch technologische Fortschritte, neue Konkurrenten und veränderte Verbrauchererwartungen, die seinen Lebenszyklus unerwartet verkürzen könnten.

Da ein Produkt mit einer wachsenden Benutzerbasis reift, ist es wichtig, Ihre Strategie zu überdenken. Daher sind Validierungsexperimente, um neue Kundensegmente, Marketingkanäle und Umsatzströme zu entdecken, eine Aufgabe, mit der Sie nie fertig sind.

Ich zeige Ihnen anhand einer Vielzahl von Fallstudien, wie dies umgesetzt werden kann. Ich werde sogar zurück zu meinen familiären Wurzeln gehen, weil ich weiß, dass ich dazu inspiriert wurde, unternehmerisch zu sein, indem ich meine Familie beobachtete und von ihr lernte. Sie werden sehen, dass die Reise die Belohnung ist, egal ob Sie Lehrer, Schüler oder Macher sind. Sie werden auch sehen, dass unabhängig vom Projekt oder den Umständen die Herstellung von innovativen Produkten einer Achterbahnfahrt ähnelt und dass die einzige Möglichkeit, das Produkt in der Spur zu halten, ein evidenzbasierter Ansatz ist, um so Ungewissheiten zu verringern.

Sie können Ungewissheiten auf zwei Arten begegnen: Sie können die sichere Route nehmen und Umwege vermeiden oder Sie können eine weniger befahrene Straße wählen und sehen, wohin sie führt. Die erste Option könnte direkter sein und wesentlich einfacher. Aber für mich ist es viel verlockender, neue Wege zu gehen.

2

Die vier Säulen der UX-Strategie

Daher ist das Wichtigste in einer militärischen Unternehmung der Sieg und nicht das Durchhaltevermögen.[1]

– Sun Tzu, Die Kunst des Krieges

Eine hervorragende UX-Strategie ist ein Mittel, um den Markt durch mentale Modellinnovation zu stören. Denn was ist der Sinn darin, Zeit und Energie in die Herstellung eines Produkt zu stecken, wenn es nicht einzigartig ist? Oder es zumindest eine viel bessere Alternative zu aktuellen Lösungen auf dem Markt darstellt?

Um diesen Vorteil umzusetzen, benötigen wir ein Framework, in dem alle Punkte verbunden werden, die zu einer kohäsiven UX-Strategie führen. In diesem Kapitel werde ich die wichtigsten Grundsätze aufschlüsseln, die Sie verstehen müssen, um die Werkzeuge und Techniken in diesem Buch erfolgreich einzusetzen. Stellen Sie sich das als Wissensfundament vor, um Sie und Ihr Team dazu zu bringen, wie Strategen zu denken.

Wie ich mein UX-Strategie-Framework entdeckte

In der digitalen Welt beginnt die Strategie in der Regel in der Discovery-Phase. Dies ist die Phase, in der Teams intensive Untersuchungen durchführen, um wichtige Informationen über das Produkt, das sie erstellen möchten, zutage zu bringen. Ich habe die Discovery-Phase immer gerne mit dem sogenannten »Pre-Trial-Discovery-Verfahren« in angloamerikanischen zivilrechtlichen Prozessen verglichen. In diesem Verfahren können Anwälte die Beweismittel der Gegenseite einsehen, damit sie ausreichend Gegenbeweise vorbereiten können, um einen »trial by ambush« (also eine Situation, in der unbekannte Beweismittel angeführt werden, gegen die sie sich nicht mehr verteidigen können) zu vermei-

1 Sun Tzu: *Art of War*, übersetzt von Lionel Giles, London: Luzac and Co., 1910.

den. Anwälte versuchen so, Überraschungen zu vermeiden, und Sie als Produkthersteller sollten strategisch das Gleiche tun wollen.

Zum ersten Mal hatte ich 2007 die Möglichkeit, UX-Strategie zu praktizieren. Zu dieser Zeit war ich als UX Lead bei einer Digitalagentur namens Schematic (jetzt Possible) beschäftigt, die an der Neugestaltung der Website von *Oprah.com* arbeitete. Zusammen mit den anderen Teamleitern flog ich für den Kick-off unserer Discovery-Phase nach Chicago.

Vor dieser Zeit konzentrierte ich mich in meiner 15-jährigen Berufserfahrung auf das Interface-Design und die Integration neuer Technologien wie Flash in Schnittstellen, um »topaktuelle« Produkte zu erstellen. Oft wurde mir ein umfangreiches Anforderungsdokument übergeben, das Hunderte von »unverzichtbaren« Funktionen auflistete. Oder ich erhielt ein dünnes Projekt-Briefing mit hübschen Entwurfszeichnungen, die erklärten, wie das Endprodukt aussehen und was es erreichen sollte. Basierend auf diesen Dokumenten erstellte ich eine Site- oder Anwendungsmap, die auf einen besonderen Satz von Anwendungsfällen einging, die diese Interaktionen aktivierten. Da es zu diesem Zeitpunkt üblicherweise zu spät war, die Sinnhaftigkeit und Begründung hinter der Produktvision infrage zu stellen, konnte ich nur hoffen, dass meine Kreation sowohl für die Endnutzer als auch für die Stakeholder einen Mehrwert brachte. Meine Aufgabe war lediglich, das Design fristgerecht und im Rahmen des Budgets abzuliefern.

2007 beobachtete ich unseren UX-Direktor Mark Sloan dabei, wie er ein Dutzend strittiger Stakeholder – nein, Oprah war nicht da – dazu brachte, dass sie sich einig wurden. Mark verwendete Konsensbildungstechniken wie Affinitätsdiagramme, Dot-Voting und Forced Ranking,[2] um uns zu helfen, all die verschiedenen Inhalte und kritischen Funktionen zu verstehen, die das System bilden würden, das wir umgestalten mussten. Diese Discovery-Phase half uns – den Stakeholdern und dem Produktteam –, unsere Ziele genau zu prüfen, um eine bessere Plattform für die Millionen von treuen Oprah-Fans in aller Welt zu erstellen.

Nach den Workshops hatten wir eine Woche Zeit, um eine Zusammenfassung der Discovery zu erstellen, das sogenannte Discovery-Briefing, die Concept-Map-Analysen, eine Liste empfohlener Funktionen und User Personas enthielt. Wir baten um zusätzliche Zeit und darum, Oprahs Website-Benutzer interviewen zu dürfen, um aus erster Hand von ihnen zu lernen. Stattdessen wurde uns gesagt, wir sollten die Personas nur auf der Grundlage der zur Verfügung ge-

2 Gray, Dave/Brown, Sunny/Macanufo, James: *Gamestorming: A Playbook for Innovators, Rulebreakers, and Changemakers*, Sebastopol, CA: O'Reilly, 2010.

stellten demografischen und psychografischen Marketingdaten erstellen. Da der Prozess für mich völlig neu war, habe ich naiverweise drei völlig erfundene Personas erstellt. (Was ich stattdessen besser hätte tun sollen, erfahren Sie in Kapitel 3.)

Eine Woche später stellten das Produktteam und ich das Discovery-Briefing vor, das die Produktvision definiert. Da die Stakeholder schnell loslegen wollten, stimmten sie sofort zu. Unser digitales Team legte los und befand sich ab dann in einer Implementierungsphase, die mehr als sechs Monate dauerte und viele emotional geladene Übergaben aufwies. Zwischen Stakeholdern, Designern und Entwicklern wurden Hunderte von Seiten mit Wireframes und funktionalen Spezifikationen ausgetauscht.

Das Briefing, das das Ergebnis der Discovery-Phase darstellte, wurde nie wieder erwähnt. Die Personas und die vorgeschlagene Lösung wurden nie von bestehenden Kunden validiert. Die Stakeholder kämpften wieder darum, für ihre Business Units möglichst viele der erstklassigen Bereiche auf dem Bildschirm zu ergattern. Die Discovery-Phase hatte für mich jedoch etwas Gutes. Ich war eine UX-Designerin, die endlich einen Vorgeschmack darauf bekommen hatte, was eine UX-Strategie potenziell sein könnte. Das hat mich verdorben: Ich musste fortan an Projekten arbeiten, bei denen User Research und Geschäftsstrategie mehr Gewicht erhielten!

Ich konnte mir nicht mehr vorstellen, weiterhin einfach nur ein Wireframe-Monkey zu sein.

Im darauffolgenden Jahr begann ich, für eine andere Digitalagentur (Huge) zu arbeiten, wo ich meine Energie direkter auf die Discovery-Phase konzentrieren konnte. Ich war in den Prozess integriert, um die UX-Strategie mitzugestalten und zu entscheiden, wie am besten überprüft werden kann, dass sie auf dem richtigen Weg war. Ich musste mich nicht mehr länger dafür schämen, dass ich so viele Stunden damit verbracht habe, Produkte zu entwickeln, für die mir ein tiefes Verständnis für das Kundensegment und das Geschäftsmodell fehlte.

Heute wende ich meine eigene Methode an, die sich speziell auf Strategien für digitale Lösungen richtet. Seit meiner ersten Discovery-Phase habe ich viel darüber gelernt, wie man einen iterativen, leichtgewichtigen und empirischen Prozess der intensiven Zusammenarbeit zwischen Stakeholdern, Designern, Entwicklern und so weiter gestaltet. Denn wenn alle eine Produktvision teilen, haben Sie und Ihr Team eine größere Chance, die Spielregeln für Ihr Produkt, Ihr Unternehmen und Ihre zukünftigen Kunden zu ändern.

Ich möchte jedoch erwähnen, dass diese Methodik meine Version der UX-Strategie darstellt und sich von der Methodik anderer Strategen unterscheiden kann. Das passiert, wenn eine neue Disziplin oder Methodik entsteht; jeder wird seinen eigenen Ansatz finden, aber selbst bei diesen Unterschieden haben wir alle das gleiche Ziel: ein erfolgreiches Produkt zu liefern, das die Kunden wollen.

Nach all diesen Ausführungen möchte ich nun mit einem Trommelwirbel mein UX-Strategie-Framework vorstellen, das Sie in Abbildung 2.1 sehen.

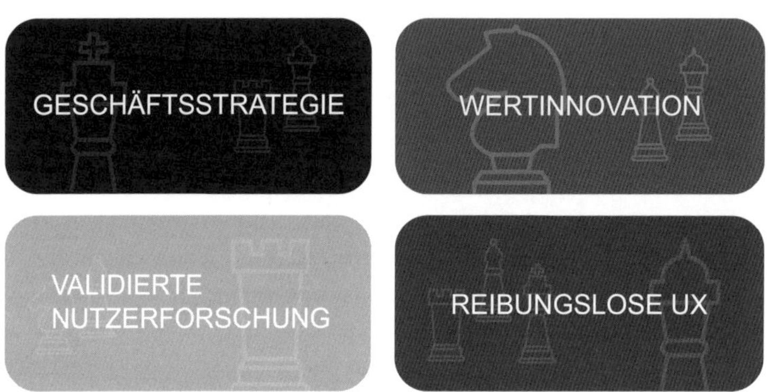

Abbildung 2.1: Die vier Säulen der UX-Strategie

Meine Formel lautet: UX-Strategie = Geschäftsstrategie + Wertinnovation + Validierte Nutzerforschung + Reibungslose UX

Dies sind die vier Säulen bzw. Komponenten, aus denen sich mein Framework zusammensetzt. Sie müssen verstehen, wie die verschiedenen Komponenten interagieren und sich gegenseitig beeinflussen. Es reicht nicht aus, Ihren Markt zu erforschen, wenn Sie kein innovatives Nutzenversprechen identifizieren können. Es reicht nicht aus, eine reibungslose UX zu entwerfen, wenn Sie nicht sicherstellen können, dass die Benutzer Ihr Produkt wollen. Es ist wie bei einer Schachpartie. Sie sollten mehrere Züge im Voraus denken und sich bewusst sein, wie alle Figuren verwendet werden können, um Ihre Strategie zum Gewinnen des Spiels zu unterstützen. Die Anwendung der Techniken und Werkzeuge in den folgenden Kapiteln wird Ihnen dabei helfen, Ihre Konkurrenten zu schlagen.

Was lernen wir daraus?

- Die UX-Strategie beginnt in der Discovery-Phase. Die UX-Strategie basiert auf vier Säulen: Geschäftsstrategie, Wertinnovation, validierte Nutzerforschung und reibungslose UX.
- Der Output der Discovery-Phase sollte auf empirischen Erkenntnissen beruhen, wie z.B. dem direkten Input von Zielanwendern, bevor man von einer Idee direkt zu Wireframes und Entwicklung übergeht.
- Die Art und Weise, wie ein Team die Discovery-Phase durchführt, kann dafür ausschlaggebend sein, ob ein Produkt letztendlich einen echten Mehrwert für die Kunden und das Unternehmen liefert oder nicht.

Säule 1: Geschäftsstrategie

Die Geschäftsstrategie ist die übergeordnete Vision des Unternehmens. Sie sichert das langfristige Wachstum und die Nachhaltigkeit der Organisation. Sie steuert den Entscheidungsprozess der Stakeholder darüber, welche Initiativen zu mehr Profitabilität und Erfolg führen können. Die Geschäftsstrategie ist die Grundlage für die Kernkompetenzen und Angebote, also für die Produkte. In diesem Buch verwende ich den Begriff Produkte für digitale Produkte, Dienstleistungen, Plattformen und hybride Kundenerlebnisse mit digitalen und nichtdigitalen Touchpoints, wie beispielsweise bei Metromile.

Die Geschäftsstrategie identifiziert die Leitlinien des Unternehmens, wie es sich positioniert und dennoch seine Ziele erreicht, während es die Konkurrenz schlägt. Um dies zu erreichen, muss das Unternehmen kontinuierlich einen Wettbewerbsvorteil identifizieren und nutzen. Ein Wettbewerbsvorteil ist für das langfristige Bestehen des Unternehmens unerlässlich.

Kostenvorsprung versus Differenzierung

In seinem als Klassiker geltenden Buch »Wettbewerbsvorteile«[3] beschreibt Michael Porter die zwei gängigsten Wege zur Erreichung eines Wettbewerbsvorteils: Kostenvorsprung und Differenzierung.

Der Vorteil beim Kostenvorsprung besteht darin, in einer bestimmten Branche für Produkte den niedrigsten Preis anbieten zu können. Ob es nun das billigste Auto, der billigste Fernseher oder der billigste Hamburger ist, dies war die tra-

3 Porter, Michael E.: *Wettbewerbsvorteile [Competitive Advantage]*, Frankfurt: Campus Verlag GmbH, 2014.

ditionelle Art und Weise, wie Unternehmen ihre Marktdominanz erreicht haben. In der Vergangenheit haben wir gesehen, wie dies bei Unternehmen aus der Zeit vor dem Internet, wie Walmart und McDonald's, funktioniert hat. Wir sehen heute, dass es auch bei Unternehmen wie Amazon und Uber funktioniert. Einer der Hauptgründe, warum sie den Markt weiterhin dominieren, ist, dass sie den Verbrauchern nützliche Dienstleistungen zu niedrigen Preisen anbieten. Das ist der Grund, warum sie vor allen anderen gewählt werden. Natürlich haben diese Praktiken ihren Preis – Amazon und Uber wird oft zu Recht die Ausbeutung von Angestellten/Vertragsarbeitern und Fehlverhalten vorgeworfen[4] – aber das ungezügelte Wachstum dieser Unternehmen geht weiter.

Was passiert jedoch, wenn die Preise den Tiefpunkt erreichen? Dann muss sich der Kampf darum drehen, was das Produkt besser macht. Das bringt uns zu Porters zweiter Art von Wettbewerbsvorteil: Differenzierung. Da wir Erfinder sind, die bahnbrechende Lösungen entwickeln wollen, liegt hier unsere eigentliche Stärke. Bei der Differenzierung basiert der Vorteil auf einem neuen oder einzigartigen Produkt oder einem einzigartigen Aspekt des Produkts, für den die Kunden aufgrund des wahrgenommenen Werts bereit sind, einen Aufpreis zu zahlen.

Als Verbraucher entscheiden wir uns basierend auf den Dingen, die wir persönlich schätzen – angefangen von der Nützlichkeit des Produkts bis hin zu dem Vergnügen, das wir daraus ziehen –, für ein bestimmtes Produkt und nicht für ein anderes. Dieser wahrgenommene Wert ist sehr wichtig und hat dazu beigetragen, dass aus einem kleinen Café und einer Tasse Kaffee um die Jahrhundertwende die verrückte Erfolgsgeschichte von Starbucks mit Sitz in Seattle wurde. Dies ist auch der Grund, warum die Leute weiterhin bereit sind, bis zu fünf Dollar für ein Getränk zu bezahlen. Mit dem Produkt ist ein *Erlebnis* verknüpft. Früher begann es in dem Moment, in dem ein Kunde den Laden betrat und den Duft von frisch geröstetem Kaffee roch. Aber jetzt kann sich die Reise von der mobilen App über den Moment erstrecken, in dem der Kunde den Kaffee bei seinem lokalen Starbucks abholt, bis zu dem Moment, in dem er die Tasse und die Verpackung in den Müll wirft.

In welcher Beziehung steht die UX-Differenzierung zur Geschäftsstrategie?

Differenzierte Benutzererfahrungen haben die Art und Weise, wie wir mit der Welt kommunizieren, komplett revolutioniert. Denken Sie daran, wie die Welt vor dem Microblogging aussah. Als Twitter 2006 auf den Markt kam, irritierte es die Nutzer mit seinem anfänglichen 140-Zeichen-Limit. Jedoch erwies sich

4 Sonnemaker, Tyler: »Amazon Employees Say They're Scared to Go to Work, but They're Not Alone – Here Are 9 Big Companies Facing Worker Criticism Over Their Coronavirus Safety Response«, in: *Business Insider*, 1. Mai 2020. *https://oreil.ly/vfuo9*

diese Begrenzung als wertvoller Vorteil, vor allem in Bezug auf Nachrichten. Heute suchen viele Nutzer nicht mehr in den traditionellen Nachrichtenkanälen nach aktuellen Informationen, sondern auf Twitter. Als der Hurrikan Sandy im Jahr 2012 die Ostküste verwüstete, fiel der Strom aus, aber es gab mehr als 20 Millionen Tweets zwischen Nutzern, Anwohnern, die sich im Sturm befanden, und Medien- und Regierungsvertretern.[5] Ich weiß, dass ich einige Zeit auf Twitter verbracht habe und mit meinen Freunden in New York über die Hurrikan-Updates twitterte, die ich in meinem Zuhause an der Westküste im Fernsehen sah.

Ein weiteres Tool, das sich durch eine UX-Differenzierung von der Konkurrenz abgesetzt hat, ist die Karten-App Waze. Sie kombiniert per Crowdsourcing erfasste Daten mit GPS-Navigation und ermöglicht es den Nutzern so, in einem bestimmten Moment die schnellste Route zu ihrem Ziel zu finden. Durch das bloße Herumfahren mit geöffneter Waze-App liefern die Nutzer passiv Verkehrs- und andere Straßendaten an das Netzwerk. Benutzer können auch eine aktivere Rolle einnehmen, indem sie Berichte zur Verkehrslage wie Unfälle, Radarfallen oder andere Gefahren entlang des Weges übermitteln. So werden andere in der Gegend mit einer Vorwarnung darüber informiert, welche Überraschungen vor ihnen liegen könnten. Im Juni 2013 wurde Waze (ein israelisches Start-up) von Google für 1,1 Milliarden Dollar übernommen. Jetzt bietet Waze seinen Nutzern immer noch seine eigene UX, jedoch fließen seine Daten auch in Google Maps ein.[6] Offensichtlich erkannte Google den Wettbewerbsvorteil von Waze und entschied sich, Waze zu übernehmen, anstatt mit Waze zu konkurrieren.

Produkte wie Facebook haben Angebote wie MySpace oder Friendster nicht verdrängt, weil sie die billigere Alternative waren. Facebook hat sich durchgesetzt, weil es eine differenzierte UX bot, die von den Nutzern als wertvoller wahrgenommen und von allen angenommen wurde. Im Jahr 2007 nutzte Facebook seine Massenakzeptanz für ein innovatives Geschäftsmodell: die Monetarisierung von Benutzerdaten für den Verkauf von Werbung im Rahmen von Mikrotargeting. Douglas Rushkoff schrieb bereits 2011 für CNN:[7]

> »Auf Facebook sind wir nicht die Kunden.
> Wir sind das Produkt.«

---

5 Guskin, Emily: »Hurricane Sandy and Twitter«, Pew Research Center, 6. November 2012. *https://oreil.ly/IDOtj*

6 »New Features Ahead: Google Maps and Waze Apps Better Than Ever«, in: *Google Maps Blog*, 20. August 2013. *https://oreil.ly/9-3sx*

7 Rushkoff, Douglas: »Does Facebook Really Care About You?«, CNN, 23. September 2011. *https://oreil.ly/DSJ-k*

Was Rushkoff meinte, war, dass Anwender sich darüber bewusst sein sollten, dass Produkte, die kostenlos erscheinen, einen Preis haben. Neben anderen Dingen ist der Preis unsere Privatsphäre. Seit 2007 hat sich dieses Geschäftsmodell nur noch weiter verbreitet. Zahlreiche Unternehmen monetarisieren heute den Datenabzug der Anwender, obwohl sowohl Regierungen als auch Mainstream-Medien weltweit endlich gegen diese Art von fragwürdigen Praktiken vorgehen.

Anwender versus Kunde

Die traditionelle Definition von Anwendern ist die von Menschen, die etwas nutzen, und Kunden sind Menschen, die für etwas bezahlen. Diese Zweiteilung wird jedoch unübersichtlich, wenn man versucht, sie auf moderne Geschäftsmodelle anzuwenden.

Bei einigen B2C-Lösungen (Business-to-Consumer) sind die Anwender des Produkts oder der Dienstleistung die Kunden. Ein Beispiel hierfür ist Dropbox. Anwender, die sich für einen der kostenpflichtigen Pläne von Dropbox anmelden, sind zahlende Kunden, während diejenigen, die die kostenlose Version nutzen, nicht zahlende Kunden sind. Sowohl zahlende als auch nicht-zahlende Kunden müssen in der Cloud-Speicherplattform einen Nutzen sehen, damit sie erfolgreich ist.

Aber diese Prämisse bricht zusammen, wenn Sie Dritte wie Werbekunden einbeziehen. Wie bereits erwähnt, verkauft Facebook seine Anwender an seine Kunden (Werbetreibende). In diesem Fall haben die Anwender und die Kunden zwei unterschiedliche Erfahrungen mit dem Produkt. Wie bei traditionellen Medien können Sie keine Werbung verkaufen, wenn Sie keine Nutzer oder kein »Publikum« haben. Das Nutzererlebnis ist also immer noch entscheidend für Facebook, aber es ist optimiert, um Werbung zu verkaufen.

Bei B2B-Lösungen (Business-to-Business) sind die Benutzer des Produkts oder der Dienstleistung nicht die Kunden. Der Kunde kann der CTO sein, der entscheidet, welche Softwareprodukte für das Unternehmen angeschafft werden sollen, während der Anwender der Mitarbeiter ist, der die Produkte verwenden wird. Aus diesem Grund werde ich in bestimmten Kapiteln ausdrücklich darauf hinweisen, wie meine Techniken angepasst werden müssen.

Das Business Model Canvas

Ein Geschäftsmodell beschreibt das Grundprinzip, nachdem eine Organisation Werte erstellt, liefert und erfasst. Ich werde diese allgemeine Definition im Zusammenhang mit digitalen Produkten analysieren. Mit *erstellen* meine ich die Sache, die unser gesamtes Produktteam entwirft und implementiert, z.B. die Produktion einer mobilen App. Mit *liefern* meine ich die Art und Weise, wie diese Sache unseren Kunden präsentiert wird, z.B. über Smartphones, den App-Store und das Internet. Mit *erfassen* meine ich die Art und Weise, wie diese Sache letztendlich etwas generiert, das als wertvoll erachtet wird – z.B. eine große Anzahl von Nutzern, die zu Geld gemacht werden. Die Logik, die die Funktionsweise all dieser Elemente erklärt, ist unser Geschäftsmodell.

Der Prozess der Erstellung eines Geschäftsmodells ist das Fundament für eine Geschäftsstrategie. Wie Steve Blank schreibt, beschreibt ein Geschäftsmodell den »Fluss zwischen den Schlüsselkomponenten des Unternehmens«.[8] Dieses Zitat stammt aus Blanks Manifest zum Customer Development, in dem er Produktgründer dazu auffordert, keine statischen Geschäftspläne mehr zu schreiben. Stattdessen ermutigt er sie, auf einer A4-Seite ein flexibles Geschäftsmodell zu entwerfen, bei dem alle Schlüsselbereiche mithilfe empirischer, kundenorientierter Discovery-Methoden validiert werden müssen. Um ein Gefühl für diese Schlüsselbereiche zu bekommen, werfen wir einen Blick auf ein Tool namens Business Model Canvas und wenden es auf das Unternehmen Metromile aus Kapitel 1 an.

In ihrem bahnbrechenden Buch »Business Model Generation«[9] dekonstruieren die Autoren Alexander Osterwalder und Yves Pigneur jeden der neun wesentlichen Bausteine eines Geschäftsmodells, sodass Visionäre die Logik, wie das Unternehmen letztendlich Geld verdienen wird, systematisch durchdenken können. Blank bezieht sich auf dieses Werkzeug auch in seiner eigenen Arbeit über die Erstellung von Geschäftsmodellen. Was für uns in diesem Buch relevant ist, ist, wie viele dieser Bausteine mit der UX-Strategie für ein digitales Produkt übereinstimmen.

Es sind die folgenden (siehe Abbildung 2.2), die unten in der Abbildung in der logischen Reihenfolge aufgeführt sind, in der die Komponenten angegangen werden sollten:

8 Blank, Steve/Dorf, Bob: *Das Handbuch für Startups [The Startup Owner's Manual]*, Köln: O'Reilly, 2014.

9 Osterwalder, Alexander/Pigneur, Yves: *Business Model Generation*, Hoboken, NJ: Wiley, 2010.

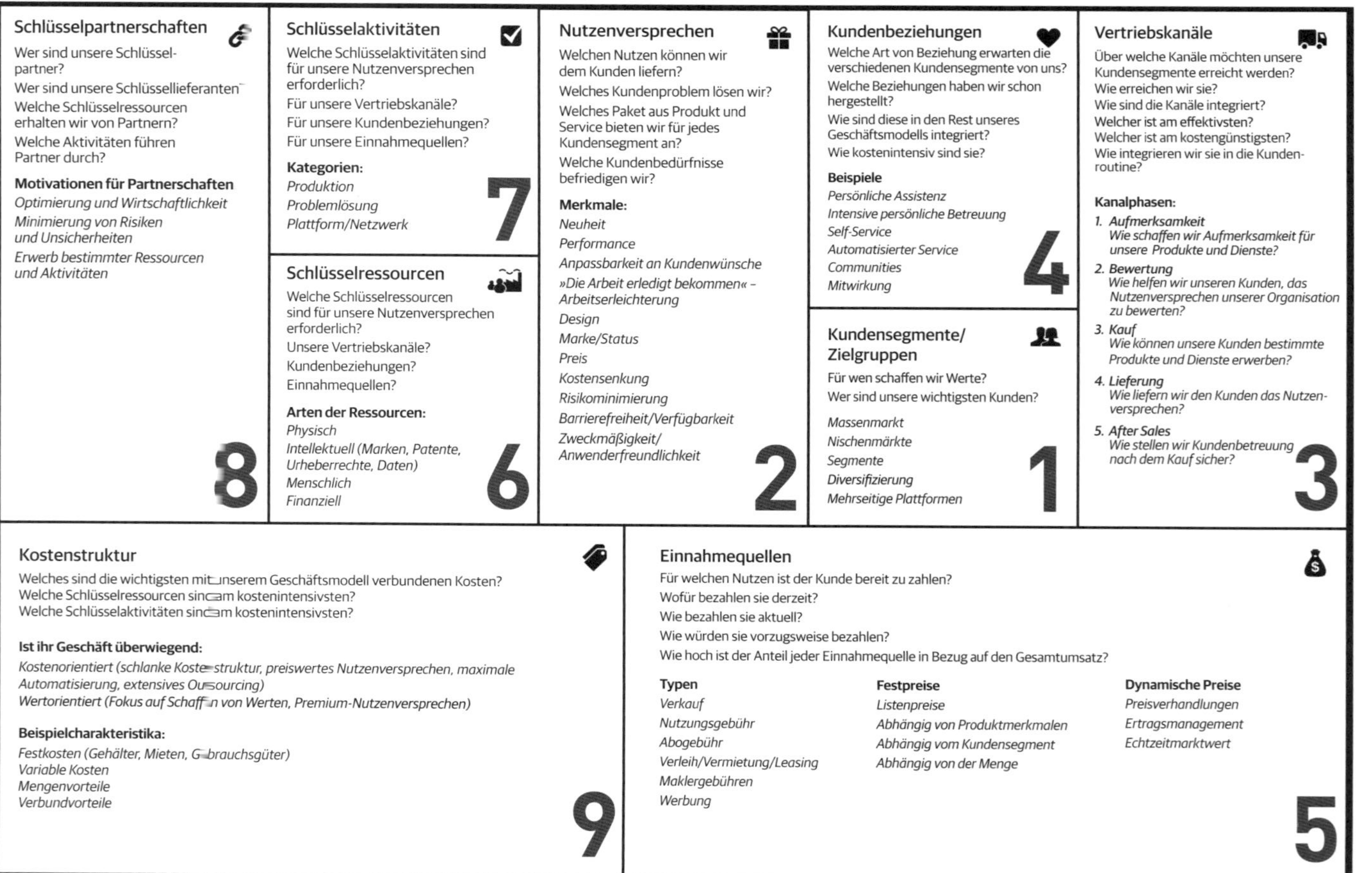

Abbildung 2.2: Business Model Canvas: Neun Bausteine für Geschäftsmodelle, Osterwalder, Pigneur et al., 2008

1. *Kundensegmente/Zielgruppen*
   Wer sind die primären Kunden? Möglicherweise existieren mehrere Kundensegmente, die jeweils ein eigenes Angebot benötigen. Wie kann jedes der Segmente am einfachsten beschrieben werden?

   Für Metromile: Das primäre Kundensegment sind Autofahrer mit geringer Kilometerleistung in den Staaten der USA, in denen die Metromile-Versicherung angeboten wird.

2. *Wertangebote/Kundennutzen*
   Was ist der zentrale Wert der Dienstleistung oder des Produkts, den das Unternehmen dem Kunden zu liefern verspricht?

   Für Metromile: Das Wichtigste, was sie versprechen, sind Einsparungen bei der Versicherung durch ihr Pay-per-Mile-Preismodell. Sie versprechen auch eine reibungslose Schadensabwicklung und Funktionen wie Streckenübersichten und Verbrauchsstatistiken, Warnungen, wenn in bestimmten Städten die Straßen gereinigt werden und dann dort Parkverbote gelten, sowie einen Decoder für Motor-Fehlercodes. Zusätzlich bieten sie Versicherungen für Personen an, die kurzfristig einen Pkw mieten und hierfür Teilversicherungen benötigen.[10]

3. *Vertriebskanäle*
   Wie werden wir unser Kundensegment erreichen? Was sind die Touchpoints der Kunden, wenn sie mit dem Produkt in Berührung kommen?

   Für Metromile: Sie erreichen ihre potenziellen und gewonnenen Kunden über ihre Online-Website, die mobile App, soziale Netzwerke und ihr 24/7-Schadenteam sowie über den Kundensupport, der per Telefon, E-Mail und über eine Vielzahl digitaler Kanäle wie SMS, Facebook Messenger usw. erreichbar ist.

4. *Kundenbeziehungen*
   Dies beschreibt die Art der Beziehung, die das Unternehmen mit dem Kunden haben wird. Sie kann von einem persönlichen Concierge-Service bis hin zu einem unpersönlichen Self-Service reichen, bei dem der Kunde eigentlich nie mit einem Menschen in Kontakt kommt.

   Für Metromile: Sie bieten persönlichen Service oder automatisierte Unterstützung. Wie bei traditionellen Anbietern gibt es auch bei Metromile ein telefonisches Verkaufsteam für diejenigen, die es vorziehen, bei der Anmeldung mit jemandem zu sprechen. Aber ich habe mich persönlich über

10 »Metromile and Turo Are Teaming Up to Redefine Auto Insurance«, in: *Metromile Blog*, 20. Mai 2019. *https://oreil.ly/TfWU_*

die Website angemeldet. Ich habe nie mit einem Menschen gesprochen, bis ich den Schaden nach meinem Autounfall gemeldet hatte.

5. *Einnahmequellen*
   Eine Einnahmequelle ist die Art und Weise, wie das Unternehmen Geld verdient. Es gibt zahlreiche Möglichkeiten, wie ein Unternehmen Einnahmen erzielen kann, z. B. durch Werbung, Abonnements, Direktverkauf, Premiumfunktionen und Transaktionsgebühren.

   Für Metromile: Sie berechnen den Kunden eine monatliche Grundgebühr plus eine Gebühr je gefahrener Meile.

6. *Schlüsselressourcen*
   Welche strategischen Assets muss das Unternehmen haben, damit das Produkt funktioniert? Es können menschliche, finanzielle, intellektuelle oder physische Ressourcen sein. Außerdem kann es etwas sein, das entwickelt werden muss.

   Für Metromile: Die erste wichtige Ressource, die entwickelt werden musste, war ein Team von Menschen, um ihr Metromile-Pulse-Gerät zu bauen, mit dem die Fahrdaten ihrer Kunden genau erfasst und zusammengefasst werden konnten. Dann musste eine Plattform erstellt werden, um durch den Einsatz von künstlicher Intelligenz und maschinellem Lernen Schadensfälle effizienter abzuwickeln. Sie brauchten auch die Leute, die die Plattform entwickelt und gestaltet haben, sowie die Mitglieder des Schadenteams, damit ihre Kunden richtig behandelt werden.

7. *Schlüsselaktivitäten*
   Was sind die wichtigsten Aktivitäten, die das Unternehmen durchführen muss, damit sein Geschäftsmodell funktioniert? Dazu gehören Aktivitäten, die es ihnen ermöglichen, Kunden zu akquirieren und sicherzustellen, dass sie das Wertversprechen erleben. Außerdem werden die Aktivitäten hinter den Kulissen identifiziert, damit das Unternehmen so funktioniert, dass dieses Versprechen erfüllt werden kann.

   Für Metromile: Sie brauchen ein starkes Marketing und einen starken Vertrieb, ein Produkt, ein Design, eine Software-Entwicklung, eine effiziente Schadensabwicklung und so weiter.

8. *Schlüsselpartnerschaften*
   Welche Partnerschaften und Lieferanten braucht das Unternehmen, um das Wertversprechen zu erfüllen?

   Für Metromile: Das Unternehmen ist für verschiedene Aspekte seines Leistungsversprechens auf Partner angewiesen, z. B. Autowerkstätten, Autovermieter, Pannenhilfe und Glasreparaturen.

9. *Kostenstruktur*
   Was sind die wichtigsten Kosten, die anfallen, damit das Geschäftsmodell funktioniert? Gibt es Fixkosten, die nicht verschwinden werden? Versuchen wir, die Kosten zu senken, indem wir den Schnickschnack entfernen?

   Für Metromile: Die größten Kosten entstehen durch die Reparatur von Fahrzeugen aufgrund der Schadensmeldungen der Kunden. Zu den Fixkosten gehören Mitarbeitergehälter, Miete, Computer, Internet-Hostingdienste und Versicherungen.

Durch die Verwendung des Canvas können Produktentwickler systematisch alle Hypothesen über ihr Produkt an einem Ort zusammentragen. Sie überarbeiten sie dann während der Discovery-Phase; das ist etwas, was Sie sehen werden, wenn wir alle Techniken in diesem Buch durchgehen. Für diese Säule ist dies ein weiterer Punkt, an dem wir sehen können, wie sich Geschäftsstrategie und UX-Strategie überschneiden. Viele Aspekte des Business Model Canvas – Kundensegmente, Vertriebskanäle, Nutzenversprechen, Einnahmequellen und Kundenbeziehungen – sind Elemente, die für die Gestaltung des Online- und Offline-Erlebnisses eines Produkts unerlässlich sind, was, wie Sie gesehen haben, der Schlüssel zu unserem Wettbewerbsvorteil ist.

Dies führt uns zu der Tatsache, dass das Business Model Canvas auch die Bedeutung der Zusammenarbeit zwischen Stakeholdern und Teammitgliedern in der Discovery-Phase hervorhebt. Kategorien wie Schlüsselressourcen, Kostenstruktur und Partnerschaften sind nichts, was sich ein Produktmanager oder Designer in einem Vakuum ausdenken sollte. Vielmehr sind es diese Kategorien, zu denen die Stakeholder eine Fülle von Erkenntnissen beitragen können.

Das Lean Canvas

Ein weiteres großartiges Tool zum Testen von Geschäftsmodell-Hypothesen ist das Lean Canvas. Es wurde von Ash Maurya im Jahr 2010 entwickelt – etwa zwei Jahre, nachdem das Business Model Canvas vorgestellt wurde. Maurya sagte: »Mein Hauptziel mit dem Lean Canvas war es, es so umsetzbar wie möglich zu machen und dabei unternehmerisch orientiert zu bleiben«.[11] Es ist außerdem selbsterklärender und konzentriert sich auf das Problem, das gelöst werden muss. Werfen wir einen Blick auf das Lean Canvas (siehe Abbildung 2.3) für Metromile, um es mit dem Business Model Canvas zu vergleichen. Die Zahlen stellen die logische Reihenfolge dar, in der die einzelnen Komponenten angegangen werden.

11 Maurya, Ash: »Why Lean Canvas vs Business Model Canvas?«, *Leanstack*. *https://oreil.ly/zJYVu*

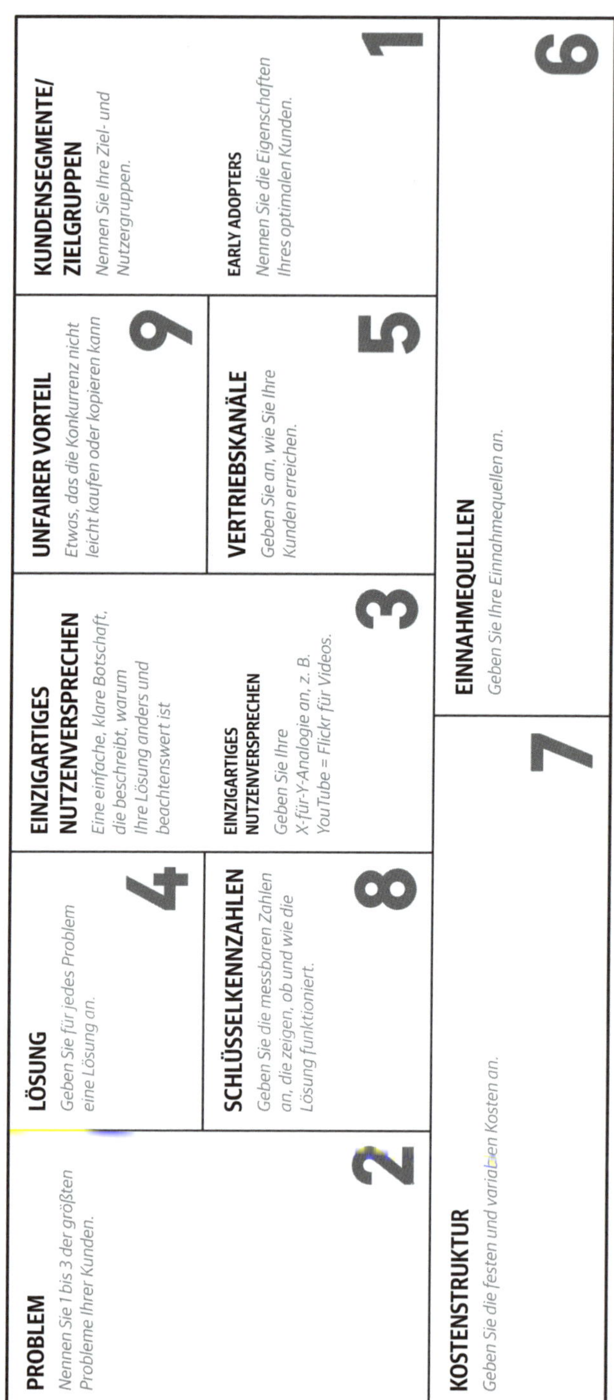

Abbildung 2.3: Lean Canvas: Abgeleitet vom Business Model Canvas, Ash Maurya, 2010

Das Lean Canvas ersetzt vier Komponenten (Schlüsselaktivitäten, Schlüsselressourcen, Schlüsselpartner und Kundenbeziehungen) aus dem Business Model Canvas durch die folgenden:

2. *Problem*
   Dies sind die drei größten Probleme, die das Kundensegment hat.
   Für Metromile gab es drei Probleme zu lösen:
   - Meine Autoversicherung ist zu teuer für mich, wenn man bedenkt, wie wenig ich fahre.
   - Jedes Mal, wenn ich einen Schaden melden muss, ist dies eine unangenehme und schreckliche Erfahrung.
   - Meine Autoversicherung tut nichts anderes, als mich ewig in der Warteschleife zu halten, wenn ich anrufe.
4. *Lösung*
   Dies sind die drei wichtigsten potenziellen Lösungen für die Probleme.
   Für Metromile gab es drei Lösungen, die anzustreben waren:
   - Preisgestaltung nach zurückgelegter Strecke
   - Reibungsloses System zur Schadenbearbeitung
   - High-Touch-Kundenservice, reibungslose Benutzererfahrung (Desktop + native App) mit hilfreichen Funktionen, die über die reine Ansicht der Police hinausgehen
8. *Schlüsselkennzahlen*
   Schlüsselkennzahlen sind die Aktivitäten, die die Kundenbindung und den Umsatz fördern.
   Für Metromile sind dies:
   - Neue Kundenanmeldungen
   - Gesamtzufriedenheit mit der Schadensabwicklung
   - Hohe NPS- und CSAT-Werte
   - App-Bindung
9. *Unfairer Vorteil*
   Ein unfairer Vorteil ist etwas, das nicht einfach kopiert oder gekauft werden kann.
   Bei Metromile gibt es diese unfairen Vorteile:
   - ADA Claims Automation System
   - Marktführer bei Pay-per-Mile

- ◦ Telematikdaten für alle seine Versicherungsnehmer und nicht nur für ein Segment von ihnen

Es gibt noch weitere Ansätze, aber diese beiden sind die bekanntesten. Das Wichtigste ist, dass Sie gestaltbare Dokumente haben, die Ihre Geschäftsmodellannahmen und Erkenntnisse festhalten, damit sie mit anderen Personen geteilt und diskutiert werden können. Diese Werkzeuge dienen als Startpunkt für relevante Gespräche über das Geschäftsmodell und die Produktstrategie. Es sind keine narrensicheren, ausführbaren Pläne für Ihre Geschäftsstrategie.

Wenn das Produkt skaliert und der Markt sich weiterentwickelt, muss die Geschäftsstrategie flexibel sein. Bei einem neuen Produkt dreht sich die Strategie wahrscheinlich nur darum, genug Product/Market-Fit[12] zu erreichen, um eine Finanzierung zu erhalten oder genug Marktanteile zu erobern, um die Benutzerbasis in einen Wettbewerbsvorteil zu verwandeln. Bei einem reiferen Unternehmen hingegen geht es darum, auf seinem zentralen Nutzenversprechen aufzubauen und gleichzeitig zu versuchen, seine Infrastruktur und die internen Prozesse weiterzuentwickeln, um das Wachstum zu unterstützen, was oft als *digitale Transformation* bezeichnet wird. Netflix ist ein gutes Beispiel für ein Unternehmen, das mehr als eine digitale Transformation durchlaufen hat. Netflix begann mit der Zustellung von DVDs per Post, wurde dann aber zu einem wichtigen Video-Streaming-Dienst. Jetzt sind die Originalinhalte von Netflix ein noch größerer Teil des Geschäftsmodells geworden. Stellen Sie sich vor, wie sich die Infrastruktur, die Systeme und die Belegschaft ändern mussten, um all dies zu bewerkstelligen.

So kann es sein, dass das Geschäftsmodell oder der Wettbewerbsvorteil, der im frühen Lebenszyklus des Produkts bestand, in späteren Phasen nicht mehr derselbe ist. Nichtsdestotrotz müssen Unternehmen bei der Verfolgung dieses beweglichen Ziels weiterhin mit verschiedenen Angeboten experimentieren, damit sie skalieren können, wettbewerbsfähig bleiben und den Anwendern in einem sich ständig verändernden Markt weiterhin einen Mehrwert bieten.

Säule 2: Wertinnovation

Als Produkterfinder müssen wir uns über die sich verändernde Marktdynamik im Klaren sein. Wir müssen verstehen, wie und warum Menschen ihre Geräte benutzen und was eine erfolgreiche und eine misslungene UX definiert. Der Grund dafür ist, dass in der Regel der erste Kontakt eines Benutzers mit dem Interface über Erfolg oder Misserfolg entscheidet. Es vermittelt dem Benutzer

12 »Product/Market Fit«, *Wikipedia*. *https://oreil.ly/MUHoc*

den ersten Eindruck von Ihrer Wertinnovation, und es ist die Wertinnovation, die neue mentale Modelle für Menschen schafft.

Bevor wir uns in die Wertinnovation vertiefen, lassen Sie uns das Wort *Wert* diskutieren. Das Wort wird überall verwendet. Man findet es seit den 1970er-Jahren in fast allen traditionellen und zeitgenössischen Wirtschaftsbüchern. In *Management: Tasks, Responsibilities, Practices*[13] erörtert Peter Drucker, wie sich Kundenwerte im Laufe der Zeit verändern. Als Beispiel führt er ein Mädchen im Teenageralter an, das einen Schuh kauft, weil er in Mode ist, aber sobald sie eine berufstätige Mutter ist, wird sie wahrscheinlich einen Schuh wegen seines Komforts und Preises kaufen. Michael Porter definierte 1985 den Begriff der Wertschöpfungskette als die Kette von Aktivitäten, die ein in einer bestimmten Branche tätiges Unternehmen durchführt, um ein wertvolles Produkt zu liefern, das dem Geschäftsmodell und den Kunden dient.[14] Abbildung 2.4 zeigt eine traditionelle Wertschöpfungskette für einen Hersteller von physischen Produkten.

Abbildung 2.4: Die traditionelle Wertschöpfungskette

Das ist der Geschäftsprozess, den Toyota zur Herstellung von Fahrzeugen und Apple zur Herstellung von Computern und anderen Geräten nutzt. Bei jeder der Aktivitäten in dieser Wertschöpfungskette gibt es Möglichkeiten für Unternehmen, ihre Konkurrenten zu identifizieren und zu übertreffen. Die Links-Rechts-Linearität dieser Kette war jedoch ursprünglich für physische Produkte gedacht. Im Gegensatz dazu ermöglichen digitale Produkte wie Dropbox, Pinterest und Slack, dass eine Wertschöpfungskette potenziell in nichtlinearer Reihenfolge abläuft. Sie haben schnellere Wiederholungsschleifen und in einigen Fällen laufen die Aktivitäten parallel ab. In zweiseitigen Märkten (siehe Kapitel 3) bewegen sich Einnahmen und Kosten sowohl nach links als auch nach rechts, da es auf jeder Seite der Plattform Nutzer gibt. Das Produkt verursacht Kosten, um beide Gruppen zu bedienen, während es gleichzeitig von jeder Gruppe Einnahmen erhält. Oder Unternehmen beginnen am Markt oder verkaufen ein Glied in der Wertschöpfungskette, indem sie mit einer Landingpage experimentieren, um die Lage zu peilen, bevor sie das Produkt entwerfen oder herstellen (siehe Kapitel 9).

Dies ist einer der Gründe, warum sich die traditionellen Prinzipien der Geschäftsstrategie nicht perfekt auf die digitale Welt übertragen lassen. Wenn wir

13 Drucker, Peter: *Management: Tasks, Responsibilities, Practices*, New York: Harper Business, 1973.

14 Porter, Michael E.: *Wettbewerbsvorteile [Competitive Advantage]*, Frankfurt: Campus Verlag GmbH, 2014.

digitale oder hybride Produkte (z. B. Nest-Thermostat) herstellen, müssen wir sie ständig erforschen, neu gestalten und neu vermarkten, um mit dem sich schnell entwickelnden Online-Markt, den Kundenwerten und den Wertschöpfungsketten Schritt zu halten, die erforderlich sind, um unsere Produkte am Leben zu erhalten.

Im Jahr 1988 prägte Michael Lanning erstmals den Begriff der *value proposition*, im Deutschen *Nutzenversprechen* oder *Wertversprechen*, um zu erklären, wie ein Unternehmen beabsichtigt, ein wertvolles Kundenerlebnis zu bieten.[15] Damit ein Unternehmen jedoch Vermögen generieren kann, muss es ein Produkt anbieten, das besser ist als das seiner Konkurrenten, aber zu Herstellungskosten, die unter dem liegen, was die Kunden dafür bezahlen. Dies bringt uns zu einer weiteren Herausforderung bei der Entwicklung digitaler Produkte: die Software, Apps und andere Dinge, die Benutzer im Internet finden und täglich nutzen. Wie bereits erwähnt, muss ein Produkt für die Benutzer wertvoll sein, damit sie es ständig benutzen. Es muss auch für das Unternehmen wertvoll sein, damit es sich selbst erhalten kann. Wenn ein Geschäftsmodell einem Unternehmen helfen soll, Nachhaltigkeit zu erreichen, wie kann man das tun, wenn der Online-Markt mit kostenlosen Produkten überschwemmt ist?

Wertinnovation ist der Schlüssel. In dem Buch *Der Blaue Ozean als Strategie*[16] beschreiben die Autoren W. Chan Kim und Renée Mauborgne Wertinnovation als »das gleichzeitige Streben nach Differenzierung und niedrigen Kosten, wodurch ein Wertzuwachs sowohl für die Käufer als auch für das Unternehmen entsteht.« Das bedeutet, dass Wertinnovation entsteht, wenn Unternehmen Neuheit mit Nutzen und einer niedrigeren Kostenstruktur (siehe Abbildung 2.5) zum Nutzen der Kunden *und* der Stakeholder in Einklang bringen.

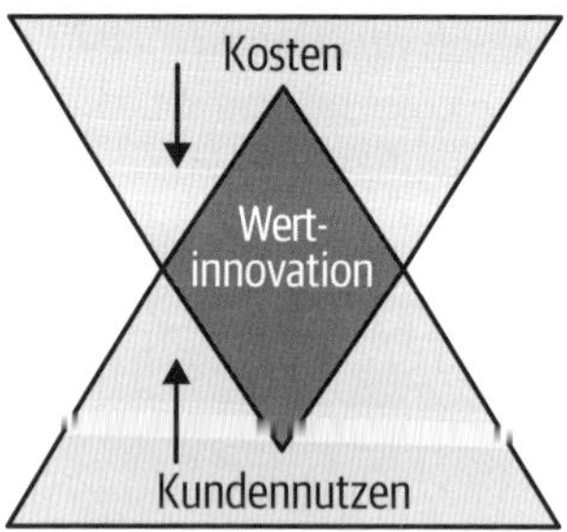

Abbildung 2.5: Wertinnovation = das gleichzeitige Streben nach Differenzierung und niedrigen Kosten

15 Lanning, Michael J./Michaels, Edward G.: »A Business Is a Value Delivery System«, Chicago: McKinsey and Co., 1988. *https://oreil.ly/3n4nS*

16 Kim, W. Chan/Mauborgne, Renée: *Der Blaue Ozean als Strategie [Blue Ocean Strategy]*, München: Carl Hanser Verlag, 2016.

Innovation bedeutet, etwas zu tun, das neu, originell und wichtig genug ist, um einen Markt aufzurütteln. In ihrem Buch erörtern die Autoren ihre Studien von 150 strategischen Schachzügen, die mehr als 100 Jahre und 30 Branchen umfassen. Sie erklären, wie die Unternehmen, die hinter Cirque du Soleil, Viagra und dem iPod stehen, gewonnen haben, weil sie in blaue statt in rote Märkte vorgedrungen sind. Das Meer voll mit anderen Wettbewerbern mit ähnlichen Produkten wird als *roter Ozean* bezeichnet. Wenn ein Ozean voller Konkurrenten ist, die wie Haie um denselben Kunden kreisen, wird das Wasser blutig; das Überleben auf dem Markt ist mörderisch. Im Gegensatz dazu ist ein *blauer Ozean* ein unangefochtenes Territorium. Er kann noch erobert werden. Sie schlagen die Konkurrenz nicht nur, Sie machen sie völlig irrelevant.

In der Geschäftswelt hat der Impuls, den Rivalen durch einen Wettbewerbsvorteil zu vernichten, seine Wurzeln in der Militärstrategie. Im Krieg spielt sich der Kampf typischerweise auf einem bestimmten Terrain ab. Die Schlacht wird blutig, wenn eine Seite das will, was die andere Seite hat – ob es nun Öl, Land, Regalfläche oder Augen sind. In einem blauen Ozean sind die Möglichkeiten nicht durch traditionelle Grenzen oder Geschäftsmodelle eingeschränkt. Es geht darum, ein paar Regeln zu brechen, bei denen es sich noch nicht um feste Regeln handelt, oder sogar ein eigenes Spiel zu erfinden, das einen unangefochtenen neuen Marktplatz und Raum für die Nutzer schafft, in dem sie sich bewegen können. Dies wird auch als *Category Creation* bezeichnet.

Wenn wir die Strategie des blauen Ozeans auf die Welt der digitalen Produkte übertragen, müssen wir zugeben, dass es größere Chancen in unbekannten Märkten gibt. Ein perfektes Beispiel für ein Unternehmen des 21. Jahrhunderts, das sich einen Blue-Ocean-Markt zunutze gemacht hat, ist Airbnb. Sein Kerngeschäft ist ein »Community-Marktplatz«, auf dem Menschen praktisch alles auflisten, entdecken und buchen können – von einem Baumhaus in Los Angeles bis hin zu einem Schloss in Frankreich. Hauseigentümern bietet es eine sicherere und einfachere Möglichkeit, Zimmer oder ihr ganzes Haus unterzuvermieten, wenn sie auf der Suche nach zusätzlichen Einnahmen sind. Es hat Reisenden eine sicherere und einfachere Möglichkeit gegeben, eine Unterkunft zu mieten, die weniger touristisch und preisgünstiger ist. Es hatte jedoch auch unvorhergesehene Konsequenzen, die die Gründer nicht vorausgesehen haben. Es hat sich negativ auf das tägliche Leben der Menschen ausgewirkt, die Wohnungen in Städten auf der ganzen Welt mieten, und es hat den Mietmarkt so in die Höhe getrieben, dass nur wohlhabende Menschen es sich leisten können, dort zu leben. Im Guten wie im Schlechten hat das Wertangebot von Airbnb die Reisebranche und den Wohnungsmarkt komplett durcheinandergebracht.

Disruptive Innovation ist ein Begriff, der Mitte der 1990er-Jahre von Clayton M. Christensen geprägt wurde.[17] In seinem Buch »The Innovator's Dilemma« analysierte er die Wertschöpfungskette von Hightech-Unternehmen und unterschied zwischen Unternehmen, die nur *nachhaltige Innovationen* durchführen, und solchen, die *disruptive Innovationen* durchführen. Er beschrieb nachhaltige Innovation als jede Innovation, die es Branchenführern ermöglicht, etwas für ihre bestehenden Kunden besser zu machen. Hier können disruptive Innovationen jedoch etablierte Wettbewerber überraschen. Christensen sagte, dass disruptive Innovation in der Regel »ein Prozess ist, bei dem ein Produkt oder eine Dienstleistung zunächst in einfachen Anwendungen am unteren Ende eines Marktes Fuß fasst und sich dann unaufhaltsam auf dem Markt nach oben bewegt, um schließlich etablierte Wettbewerber zu verdrängen.«[18]

Disruptoren stören Märkte und schaffen letztlich neue Segmente mit Gewinnern und Verlierern. Aus diesem Grund ist das Wort »disruptiv« ziemlich provokativ geworden. Wenn sich die Unternehmen nicht selbst regulieren, werden die »Verlierer« anfangen sich zu beschweren, bis hoffentlich die Regierung eingreift und neue Gesetze erlässt. Deshalb ist Silicon Valleys Mantra »Move Fast and Break Things« ethisch fehlerhaft und veraltet.[19] (Siehe auch die Website der *Ethics & Compliance Initiative*[20] für Tools sowie Mike Monteiros *Ruined by Design*[21] für weitere Informationen.)

Aber bevor die Disruptionen all diese Probleme an die Oberfläche spülten, erreichte Airbnb seine Wertinnovation durch die Verbindung eines reibungslosen UX-Designs mit einem verlockenden Nutzenversprechen. Und wie ich bereits erwähnt habe, entsteht echte Wertinnovation, wenn sich UX und Geschäftsmodell überschneiden. In diesem Fall haben sie sich in einem blauen Ozean gekreuzt, weil Airbnb die Regeln gebrochen und neu erfunden hat.

Vor Airbnb zum Beispiel war Craigslist in den USA die primäre Möglichkeit für Menschen, Untermieter zu finden und Übernachtungsmöglichkeiten anzubieten, aber dies konnte ein gruseliges und unsicheres Unterfangen sein. Heute halten wir verifizierte Nutzerprofile und Bewertungen von Angeboten (siehe Abbildung 2.6) für selbstverständlich, aber damals waren die einzigen Informationen über das Angebot das, was der Anbieter posten wollte. Airbnb verlangte jedoch von den Kunden, ihre mentalen Modelle zu ändern. Sie stellten die so-

17 Fisher, Lawrence M.: »Clayton M. Christensen, the Thought Leader Interview«, in: *Strategy+Business*, 1. Oktober 2001. *https://oreil.ly/bBpYH*

18 Christensen, Clayton: »Disruptive Innovation«, *Clayton Christensen*. *https://oreil.ly/wj8Kz*

19 Taneja, Hemant: »The Era of ›Move Fast and Break Things‹ Is Over«, in: *Harvard Business Review*, 22. Januar 2019. *https://oreil.ly/RiK8S*

20 Ethics & Compliance Initiative: »Seven Steps to Ethical Decision Making«. *https://oreil.ly/qCD_p*

21 Monteiro, Mike: *Ruined by Design: How Designers Destroyed the World, and What We Can Do to Fix It*, San Francisco: Mule Books, 2019.

ziale Etikette, ein guter Gastgeber und ein guter Gast zu sein, in den Mittelpunkt ihrer Erfahrung. Indem Airbnb diese Benutzererfahrung ermöglichte, bei der sich beide Parteien gut fühlten, wenn sie im Haus eines Fremden übernachteten oder einen Fremden beherbergten, erzeugte Airbnb eine neue Teilökonomie, in der Qualität und Vertrauen die dominierenden Indikatoren für den Wert wurden.

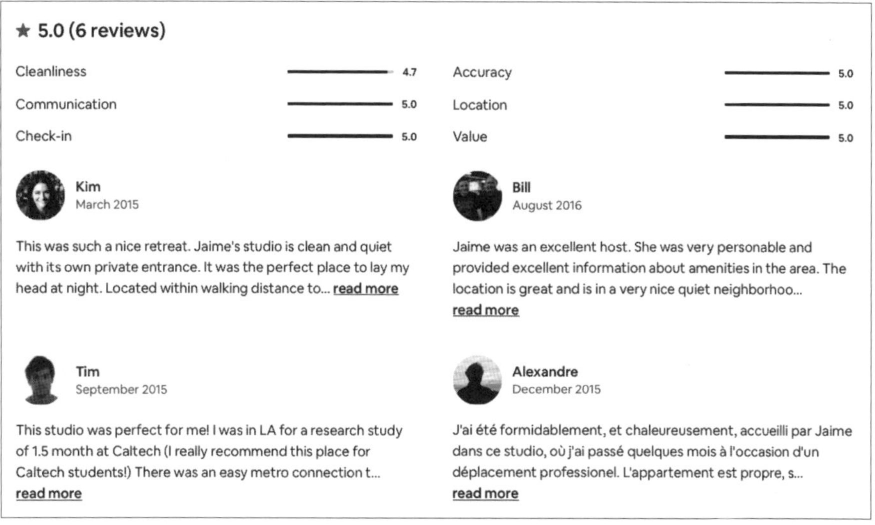

Abbildung 2.6: Airbnb-Bewertungen auf der Listing-Seite für mein Studio-Apartment

Die Geschäftsstrategie von Airbnb stellte außerdem sicher, dass es eine Parität unter den Nutzern gibt. Airbnb bedient einen zweiseitigen Markt, in dem Menschen, die ihre Wohnung anbieten, die Menschen bedienen, die sie buchen, und umgekehrt. Sie bieten weiterhin einen Mehrwert durch Funktionen, die das Geschäftsmodell und die UX erleichtern, wie Kalendertools, Kartenintegration und ein nahtloses Transaktionssystem, das von Konkurrenten wie Vrbo, HomeAway oder Craigslist nicht angeboten wurde. Letztendlich bot Airbnb eine benutzerfreundlichere Plattform, die das Risiko minimierte, auf angsteinflößende Menschen zu treffen, und das gepaart mit marktgerechten Preisen. All dies führte zu einer ernsthaften Disruption durch Wertinnovation für Kunden, Nutzer, Stakeholder und sogar die gesamte Reise- und Immobilienbranche. Der Wettbewerbsvorteil funktioniert online und offline.

Wenn wir die Wertinnovation von Metromile betrachten, verbindet sie ein reibungsloses UX-Design mit einem verlockenden Wertangebot. Was die Senkung der Kosten angeht, so haben sie dies sowohl für die Kunden (die Fahrer) als auch für die Hauptaktivitäten des Unternehmens geschafft. Wie in Kapitel 1 erwähnt, waren die monatlichen Kosten für meine Versicherungsprämie im Vergleich zu einem traditionellen Versicherer um 40 % niedriger. Und die Kosten für den Betrieb des Unternehmens sind auch aufgrund des automatisierten KI-Schadensystems namens AVA, das künstliche Intelligenz und maschinelles Lernen zur Optimierung der Schadensbearbeitung einsetzt, niedriger. Matt Stein, VP of Product bei Metromile, erklärt: »Eine der Hauptkosten für Autofahrer sind die sogenannten Schadensregulierungskosten (Loss Adjustment Expenses, LAE). Diese stellen den Geldbetrag dar, den der Versicherer für die Bearbeitung und Regulierung eines Schadens ausgeben muss, von den Schadenregulierern bis hin zu den verwendeten Werkzeugen.« Und wenn Sie tatsächlich einen Anspruch einreichen müssen, ist ihr schlüsselfertiges System wirklich reibungslos. All dies führte zu einer ernsthaften Disruption durch Wertinnovation für alle Kunden und Stakeholder dank der Online- und Offline-Erfahrung.

Es gibt viele andere Unternehmen und Produkte, die durch ihre kombinierte Wertinnovation aus Kostenvorsprung und Differenzierung in Blue-Ocean-Märkten den Status quo auf breiter Front stören. Und durch ihre UX-Strategien machen sie letztendlich das Leben der Menschen einfacher, bringen Kunden auf neue Art und Weise zusammen und zertrümmern veraltete mentale Modelle. Unternehmen wie Waze, Spotify und Eventbrite haben die Art und Weise, wie Menschen zu ihren Zielen fahren, neue Musik entdecken und Veranstaltungen organisieren, komplett verändert. Tatsächlich habe ich mit Eventbrite meine Hypothese getestet, dass es da draußen Menschen mit Wissensdurst über das Thema UX-Strategie gibt. Über die Schnittstelle von Eventbrite habe ich schnell eine Veranstaltung mit 60 Plätzen zum Preis von 40 Dollar pro Person organisiert und sie ausverkauft. Wenn ich Eventbrite nicht als Werbeplattform zum Experimentieren gehabt hätte, hätte ich vielleicht keinen Buchvertrag bekommen, denn es waren diese Beweise, die ich an potenzielle Verlage schickte, um meine Argumente vorzubringen. Vielen Dank, Eventbrite, für die Ermöglichung der einen Wertinnovation, die andere Plattformen wie Meetup zu dieser Zeit nicht bieten konnten: die Möglichkeit, kostenpflichtige Veranstaltungen durchzuführen.

Säule 3: Validierte Nutzerforschung

Den Wert eines Produkts nicht zu erkennen, ist einer der Hauptgründe für das Scheitern von Produkten. Stakeholder sind Träumer, da sie vermuten und annehmen, was die Kunden schätzen, anstatt es zu überprüfen. Ähnlich wie Kevin Costner in dem Film »Feld der Träume« glauben diese Unternehmer, dass, wenn sie es herstellen, die Benutzer schon kommen werden. Die Wahrheit ist jedoch, dass jedes neue Produkt ein Risiko darstellt.

Metromile hätte in die gleiche Falle tappen können, aber sie entschieden sich dafür, ihre potenziellen Kunden buchstäblich aufzusuchen. Als das Unternehmen in Portland an den Start ging, begab es sich an einen Ort, an dem viele Rad fuhren. Sie hielten Radfahrer an, um zu sehen, ob sie an dieser neuen Pay-per-Mile-Versicherung interessiert waren. Mithilfe von iPads machten sie diesen potenziellen Nutzern ein Angebot und konnten so die ersten Verkäufe realisieren. Dank dieser ersten Kohorte konnten sie damit beginnen, die Benutzererfahrung und das Geschäftsmodell in Echtzeit zu optimieren.

Mit der Nutzerforschung können Sie überprüfen, ob Sie auf dem richtigen Weg sind, die Ziele und Bedürfnisse Ihrer potenziellen oder bestehenden Nutzer zu verstehen. Es gibt viele Möglichkeiten, dies zu tun – ethnografische Feldstudien, kontextbezogene Befragungen, Fokusgruppen, Tagebücher und Journale, Kartensortierung, Eye-Tracking, Benutzerumfragen und mehr. Aber es soll hier nicht um eine dieser traditionellen Methoden gehen. Stattdessen möchte ich *Lean Startup* erörtern.

Es hört sich seltsam an, aber bevor das Buch »Lean Startup«[22] von Eric Ries (das Sie inzwischen gelesen haben sollten) im Jahr 2011 ein Riesenerfolg wurde, machten es sich Gründer nicht zur Aufgabe, Kunden »früh und oft« zu konfrontieren. Die empirische, schnelllebige und transparente Natur von Lean Startup greift Ideen von Steve Blanks Customer Development-Methodik auf.[23] Sicher, Unternehmen hatten UX-Designer, um »nutzerzentriertes« Design zu betreiben (im Gegensatz zu »ingenieurszentriertem«), aber Lean Startup machte validierte Nutzerforschung zu einem entscheidenden Aspekt, um die Produktstrategie voranzutreiben.

Lean Startup zwang die Nutzerforschung, messbar zu werden. Dies führt uns zu unserer dritten Säule, der validierten Nutzerforschung. Validierung ist die geheime Zutat des Lean-Startup-Geschäftsansatzes. *Validierung* ist der Prozess der Bestätigung, dass ein bestimmtes Kundensegment einen Wert in Ihrer Lösung findet. Ohne Validierung gehen Sie einfach davon aus, dass die Kunden dafür eine Verwendung haben. Validierte Nutzerforschung geht über das bloße Beobachten und Einfühlen in potenzielle Nutzer hinaus; sie erzwingt ein direktes Engagement. Sie hilft Ihrem Team, festzustellen, ob die Vision Ihres Produkts ein Traum oder ein potenzieller Albtraum ist.

Eric Ries hat den Begriff »Minimum Viable Product« (MVP) populär gemacht, den er als »das kleinste Produkt, das es dem Team erlaubt, ein Maximum an

---

22 Ries, Eric: *Lean Startup: Schnell, risikolos und erfolgreich Unternehmen gründen [Lean Startup]*, München: Redline Verlag, 2014.

23 Blank, Steve: *The Four Steps to the Epiphany*. Plano, Texas: K&S Ranch Press, 2005.

validierten Erkenntnissen über Kunden zu sammeln« beschreibt.[24] Indem Sie sich frühzeitig der Kundenakzeptanz vergewissern, verringern Sie das Risiko für Ihr Produkt. Und wenn den Anwendern nicht gefällt, was sie sehen, müssen Sie entweder auf ein anderes Kundensegment oder auf ein anderes Problem umschwenken, das Ihr Wertangebot adressieren kann.

Iterationen wie das MVP erfordern, dass Ihr Team vor der Implementierungsphase des Produkts Untersuchungen durchführt und Validierungen gewinnt. Es hilft Ihrem Team, zu überprüfen, dass es den richtigen Kunden anspricht und nicht nur eine allgemeine Persona. Wenn Sie einen bestimmten Pain Point, der behoben werden muss, validiert haben, können Sie weitere Funktionen hinzufügen und diese dann mit denselben Forschungsmethoden testen. Diese Feedbackschleife wird auch *Build-Measure-Learn-Zyklus* (Bauen – Messen – Lernen) genannt, auf die ich später noch eingehen werde. Nutzen Sie Ihre Forschung, um Ihre Entscheidungen zu validieren, damit die Produktvision mit den Bedürfnissen der Endbenutzer übereinstimmt.

Validierte Nutzerforschung ist ein kollaborativer Prozess, der so viele Mitglieder des Produktteams wie möglich einbeziehen sollte. Die Zusammenarbeit wird dabei helfen, organisch einen Konsens über das Wertangebot und die darauffolgenden Pivots herzustellen. Das mag naiv klingen, wenn man bedenkt, dass wir alle in unterschiedlichen Umgebungen mit einer Reihe von Leuten mit dynamischen Persönlichkeiten arbeiten, die sich in verschiedenen Machtpositionen befinden. In einer Unternehmensumgebung gibt es typischerweise viele Stakeholder, die alle ein Mitspracherecht bei den Produktanforderungen haben, basierend auf ihrer persönlichen Agenda oder Präferenz. Ich hatte schon Agenturkunden, bei denen die Produktanforderungen in einer Phase der Anforderungserhebung, an der ich nicht beteiligt war, in Stein gemeißelt wurden. Ich beging Blasphemie, als ich die Durchführung von validierter Benutzerforschung oder die Erstellung eines MVP zum Testen während der Entwurfsphase vorschlug, da dies ihrem Festpreis-Modell zuwiderlief.

Wenn Sie sich zufällig in dieser Position befinden, ist das genau der Moment, in dem Sie sich als Mitarbeiter im Unternehmen unternehmerisch verhalten müssen. *Intrapreneurship* ist der Akt, sich wie ein Unternehmer zu verhalten, während man innerhalb einer großen Organisation arbeitet. Sie müssen sich dazu entschließen, das Schicksal des Produkts durch selbstbewusste Risikobereitschaft und Innovation in Ihre eigenen Hände zu nehmen. Bitten Sie um ein oder zwei zusätzliche Wochen, damit Sie validierte Nutzerforschung durchführen können. Oder wenden Sie einige Guerilla-Methoden an, die mit geringem

24 Ries, Eric: *The Startup Way: Das Toolkit für das 21. Jahrhundert, mit dem jedes Unternehmen erfolgreich sein kann [The Startup Way]*, München: Verlag Franz Vahlen, 2018.

Aufwand zu starten sind, wie z. B. sich Leute in der Cafeteria zu schnappen, die zur Persona passen, oder eine schnelle Onlineumfrage durchzuführen.

Die meisten Menschen haben Angst, unternehmerisch tätig zu sein oder sich als Mitarbeiter im Unternehmen unternehmerisch zu verhalten, weil sie risikoscheu sind. Aber ich sehe das Konzept der Risikobereitschaft aus einer eher existenziellen Perspektive. Ich sehe das Nichtstun als eine weitaus größere Bedrohung für unseren Karriereweg und andere Leidenschaften an. Das ist genau das, was ich bei dem Oprah-Projekt nicht getan habe, als ich die fiktiven Personas geschaffen habe. Hätte ich eine zweite Chance, dann würde mein Prozess von 2007 folgendermaßen aussehen:

1. Ein paar Bekannte, die Fans der Oprah-Winfrey-Show waren, kontaktieren.
2. Sie um zehn Minuten ihrer Zeit bitten; im Gegenzug erhalten sie einen 10-Dollar-Geschenkgutschein.
3. Sieben bis zehn von ihnen am Telefon interviewen, während sie auf der aktuellen Website surfen.
4. Die Ergebnisse in meinen Personas und schließlich im Projektbriefing zusammenfassen.

Ja, es wäre eine kleine Stichprobe gewesen. Ja, es hätte mich persönlich 100 Dollar und zwei meiner Abende gekostet. Aber das wäre ein kleiner Preis für die Erfahrungen und Erkenntnisse gewesen, die ich bei der Nutzerforschung hätte gewinnen können.

Unterm Strich ist es nicht verhandelbar, den Zielkunden früh gegenüberzutreten. Wir müssen so schnell wie möglich lernen, ob die Idee, an der wir arbeiten, dumm und wertlos ist. Wir müssen für Experimente und für das Scheitern offen sein. Es stimmt, wir gehen eine Wette ein und die Wahrscheinlichkeiten sind gegen uns. Letztlich ist dieser Ansatz aber kosteneffizienter, sinnvoller und schneller.

Säule 4: Reibungslose UX

Die »User Experience« oder »UX« beschreibt, wie ein Mensch ein digitales Produkt erlebt, während er versucht, eine Aufgabe oder ein Ziel zu erreichen. War es einfach oder schwierig zu bedienen? War es ansprechend oder frustrierend? War es nützlich oder nutzlos? Die UX eines Produkts kann das Unterscheidungsmerkmal sein, das als Rammbock gegen die Konkurrenz eingesetzt wird.

Traditionell – ich wage es einfach mal, dieses Wort für eine kaum drei Jahrzehnte alte Disziplin zu verwenden – wird UX-Design mit Artefakten für die Entwicklung und Designausführung in Verbindung gebracht: Sitemaps, Wireframes, User Flows und funktionale Spezifikationen. Personalvermittler für Unternehmen und Agenturen identifizieren UX-Design mit den Berufsbezeichnungen, die diese Ergebnisse erstellen, darunter Interaktionsdesigner, Informationsarchitekten und Produktdesigner. Diese Definitionen werden von großen Unternehmen und Agenturen verwendet und entsprechen so ziemlich dem, wie UX-Design derzeit praktiziert wird. Doch was in diesem »traditionellen« System letztlich passiert, ist, dass der UX-Designer gezwungen ist, sich mehr auf die Deadlines zu konzentrieren als auf die Erhöhung der Kundenloyalität, indem er das Wichtigste gestaltet, was das Produkt unglaublich gut macht.

Unerfahrene Produktmanager erkennen oft nicht den Zusammenhang zwischen UX-Entscheidungen und Kundenakquise, Kundenbindung und Monetarisierungssystemen und sehen nicht, wie wichtig die UX für ihre Geschäftsstrategie ist. Denken Sie an eine Transaktionswebsite oder sogar einen einfachen Anmeldeprozess. Das UX-Design sollte sich sehr mit den Einstiegsbarrieren befassen, die potenzielle Erstnutzer, die gerade erst von dem Produkt gehört haben, daran hindern können, zu Kunden zu werden. UX-Strategen sollten alles tun, was ethisch möglich ist, um sie dazu zu bewegen, wiederzukommen.

Interfaces und User Flows sollten auf erfolgreiche Ergebnisse ausgerichtet sein. Es geht um Einfachheit, Engagement und die praktische Nützlichkeit des Produkts. Das ist es, was einen unerfahrenen UX-Designer von einem erfahrenen UX-Designer unterscheidet. Erfahrene UX-Designer wissen, wie sie die Wertinnovation eines Produkts auf die folgenden Arten steuern können:

- Sie sprechen direkt mit potenziellen Anwendern oder bestehenden, häufigen Nutzern des Produkts, um dessen primären Nutzen in Bezug auf das zu lösende Problem zu entdecken und zu validieren. Mehr über Gespräche mit Kunden und Anwendern erfahren Sie in den Kapiteln 3 und 8.
- Sie führen Wettbewerbsanalysen und Analysen des bestehenden Marktes durch, um Möglichkeiten für Lösungen zu identifizieren, die das Leben der Menschen effizienter machen. Mehr über die Untersuchung von Marktplätzen erfahren Sie in den Kapiteln 4 und 5.
- Sie helfen dabei, die wichtigsten Funktionen zu bestimmen, die für Ihr Produkt absolut entscheidend sind. Sie verwenden Techniken wie das Storyboarding, um die wichtigsten Funktionen auf einfache und elegante Weise miteinander zu verweben. In Kapitel 6 erfahren Sie mehr über Taktiken, die Ihnen helfen, Wertinnovationen zu entdecken.

- Sie können schnell Prototypen erstellen, die für das Testen von Geschäftsideen geeignet sind. Sie entwerfen und führen strukturierte Experimente zur Validierung von Hypothesen durch. Mehr dazu erfahren Sie in Kapitel 7.
- Sie arbeiten mit Stakeholdern und Teammitgliedern zusammen, um eine Idee zu entwickeln. Anhand messbarer Ergebnisse treffen sie Entscheidungen zur Produktstrategie, die auf echten Beweisen und nicht auf Vermutungen basieren. In den Kapiteln 8 und 9 werden wir uns sowohl mit qualitativen als auch mit quantitativen Untersuchungstechniken befassen.

Reibung im Alltag beseitigen

Ein Produkt ist dann erfolgreich, wenn es dem Benutzer ermöglicht, etwas zu tun, was sein Leben einfacher oder besser macht. Unser Ziel als Produktdesigner ist es, die Reibung bei allen wesentlichen Interaktionen zu beseitigen oder zu reduzieren, sodass der Benutzer immer das *Gefühl* hat, sein Schicksal selbst in der Hand zu haben. Heutzutage sind Menschen in der Lage, mit Technologie alle möglichen Dinge zu tun, die in der Vergangenheit viel schwieriger waren.

Ich zum Beispiel war nie gut mit Karten oder öffentlichen Verkehrsmitteln, um mich in einer Stadt zurechtzufinden. Das gilt besonders, wenn ich in einem fremden Land unterwegs bin, dessen Sprache ich nicht spreche. Deshalb ist die ÖPNV-App Citymapper, die von einem Start-up in London entwickelt wurde, mein Lieblingsbeispiel für reibungslose UX. Das Produkt gibt mir die Freiheit, mehrere öffentliche Verkehrsmittel zu nutzen, um effizient durch neue Städte zu navigieren, ohne mich zu verlaufen.

Auf den nächsten zwölf Abbildungen (siehe Abbildung 2.7 bis Abbildung 2.18) möchte ich Sie auf eine Reise mitnehmen, die ich kürzlich in Berlin unternommen habe. Es war ein sonniger Sonntagmittag, und ich wollte mich mit meinem Freund David, einem ausgewanderten Schriftsteller aus New York City, treffen. In weniger als einer Stunde musste ich vom Prenzlauer Berg nach Kreuzberg kommen, wo er und seine Tochter auf einem Flohmarkt auf mich warteten. So lief es ab:

Abbildung 2.7: *Ich schaue mir die verschiedenen Routenoptionen an.*

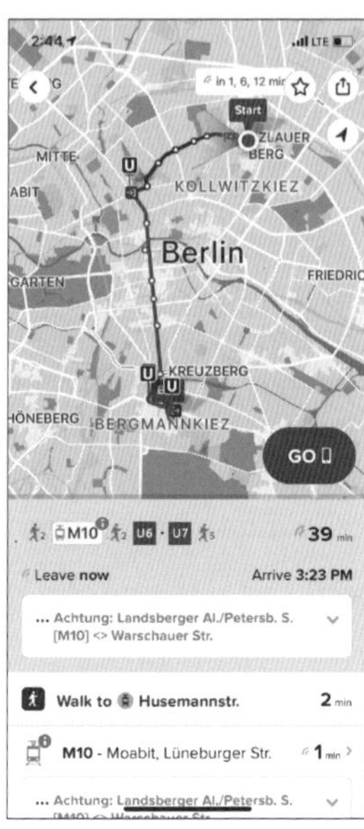

Abbildung 2.8: *Ich sehe mir die gesamte Route auf der Karte an und laufe zur Straßenbahnhaltestelle.*

Abbildung 2.9: *Am Gleis kann ich an der Anzeigetafel erkennen, dass die Straßenbahn pünktlich ist.*

Abbildung 2.10: *Ich sehe, dass ich mich der zweiten von sieben Haltstellen nähere.*

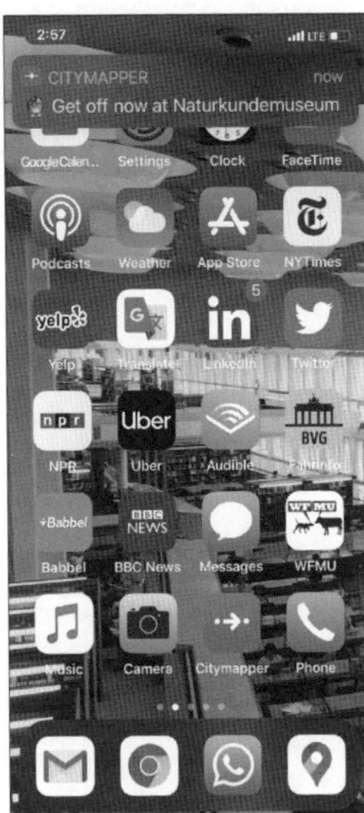

Abbildung 2.11: Mein Smartphone benachrichtigt mich, dass ich an der nächsten Haltestelle aussteigen muss.

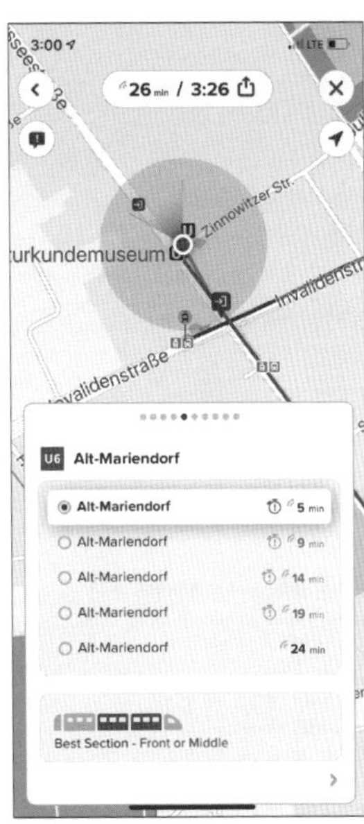

Abbildung 2.12: Auf dem U-Bahn-Gleis sehe ich den besten Bereich, in dem ich in der Bahn sitzen kann.

Abbildung 2.13: Die U-Bahn fährt zur erwarteten Zeit in den Bahnhof ein.

Abbildung 2.14: Mein Smartphone informiert mich, dass ich an der nächsten Haltestelle zu einem anderen Gleis wechseln muss.

Abbildung 2.15: Ich sehe, welchen der Ausgänge ich am besten nehmen sollte, nachdem ich aus der U-Bahn ausgestiegen bin.

Abbildung 2.16: Mein Smartphone benachrichtigt mich, dass ich an der nächsten Haltestelle aussteigen muss.

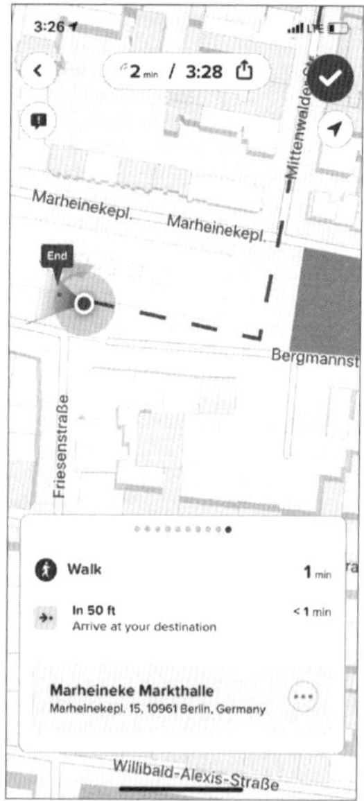

Abbildung 2.17: Ich überprüfe den Fußweg, den ich noch gehen muss, und wie lange ich dafür brauche.

Abbildung 2.18: Rechtzeitig treffe ich meinen Freund und seine Tochter auf dem Flohmarkt.

Wie Sie sehen, wusste ich bei jedem Schritt, wo ich mich befand, was ich als Nächstes tun musste, und fast genau, wann ich mein Ziel erreichen würde – mit einer Straßenbahn, zwei U-Bahnen und einem kurzen Spaziergang. Auf dem Weg hielt mich die App an der Hand und machte mir Vorschläge, wo ich in der Bahn sitzen sollte und an welcher Station ich aussteigen sollte, um meine Route zu optimieren. Seit vielen Jahren ist Citymapper ein unverzichtbarer Teil meines Lebens.

Produkte wie Citymapper sind nicht durch einen statischen Businessplan, einen einwöchigen Design-Sprint oder eine zweiwöchige UX-Diskussionsphase dorthin gekommen, wo sie jetzt sind, sondern durch Experimente, Fehlschläge und Iterationen über Monate und manchmal Jahre. Es waren die aus strategischen Irrungen geborenen Erkenntnisse, die sich zu einem beeindruckenden Produktdesign entwickelt haben. Es war die Art und Weise, wie die Gründer und Teams hinter den Kulissen Risiken eingingen, während sie die Bausteine der Geschäftsmodelle ihrer Produkte zusammensetzten. Sie feilten an ihrer Strategie und gewannen begeisterte Kunden.

Im Laufe des Buches werde ich weitere Produkte vorstellen, die eine reibungslose Nutzererfahrung aufweisen. Das sind UX-Designs, die nicht durch Glück, Ideensitzungen oder »geniales Design« einfach so vom Himmel fielen. Sie sind reibungslos, weil sich in ihnen die vier Säulen manifestieren. Nur mit Übung und Achtsamkeit werden wir das Produkt als Summe seiner materiellen und immateriellen Teile verstehen.

Zusammenfassung

UX-Strategie ist eine empirische Tätigkeit. Es geht nicht darum, einen perfekten Plan zu formulieren und auszuführen; vielmehr geht es darum, zu recherchieren, was es da draußen gibt, den Raum der Möglichkeiten zu untersuchen, Hypothesen zu testen, zu scheitern, zu lernen und zu iterieren, bis Sie etwas Wertvolles entwickelt haben, das die Menschen wirklich wollen. Sie müssen Risiken eingehen und Fehlschläge akzeptieren. Sie werden lernen, wie Sie intelligent scheitern können, indem Sie schnelle Experimente durchführen, um zu überprüfen, ob Ihre Strategie Ihr Team in die richtige Richtung führt.

Das anfängliche Nutzenversprechen definieren

Um zu wissen, was ein Unternehmen ist, müssen wir mit seinem Zweck beginnen. Sein Zweck muss außerhalb des Unternehmens selbst liegen. In der Tat muss er in der Gesellschaft liegen, da das Unternehmen das Organ der Gesellschaft ist. Es gibt nur eine gültige Definition des Unternehmenszwecks: einen Kunden zu schaffen.[1]

– Peter Drucker

Am Anfang definieren Sie nicht einfach Ihre Lösung. Vielmehr müssen Sie zuerst herausfinden, welches Problem Sie lösen werden und welche Art von Kundenbedürfnissen es am meisten löst. Das ist eine Menge Arbeit, und wenn Sie nur einen Teil davon falsch machen, kann Ihre Vision zu einer Desillusion werden. Um also auf dem Boden der Tatsachen zu bleiben, werden Sie sich mit Säule 1: *Geschäftsstrategie* und Säule 3: *Validierte Nutzerforschung* beschäftigen (siehe Abbildung 3.1 und Kapitel 2, wenn Sie eine Auffrischung der vier Säulen der UX-Strategie benötigen). In diesem Kapitel lernen Sie, wie Sie ein Nutzenversprechen *(value proposition)* erstellen, also das magische Etwas, das Sie für Kunden greifbar machen müssen. Anschließend führen Sie eine Customer Discovery durch, um herauszufinden, wer Ihre Kunden sind und ob sie ein starkes Bedürfnis und Verlangen nach Ihrem Nutzenversprechen haben.

Abbildung 3.1: Säule 1 und Säule 3: Geschäftsstrategie und validierte Nutzerforschung

---

1 Drucker, Peter: *Management: Tasks, Responsibilities, Practices*, New York: Harper Business, 1973.

Das Blockbuster-Nutzenversprechen

Als ich in der achten Klasse war, habe ich immer so getan, als hätte ich Bauchschmerzen, damit mich meine Mutter mit zu ihrer Arbeit nahm. Sie war Rechtsanwaltsgehilfin in den Burbank Studios, und ich liebte es, durch die Hinterhöfe zu wandern, mich auf den Sets zu verstecken und den Crews beim Drehen von Fernsehsendungen und Filmen zuzusehen. Es war wie ein Spaziergang durch eine Fantasiewelt. Die jüngere Version von mir konnte sich 1978 einfach keinen cooleren Job vorstellen. Und deshalb war meine ältere Version im Jahr 2012 besonders begeistert, als ein Blockbuster-Filmproduzent ein Treffen mit mir in einem Bungalow auf demselben Grundstück arrangierte. Er wollte sich mit mir über eine Idee für ein Produkt beraten, um zu sehen, ob sie sich langfristig halten kann.

BUNGALOW - AUSSEN/MORGENS

Die Aufnahme beginnt in der Totalen und macht dann einen Schwenk durch das Fenster in das Innere des Bungalows.

BUNGALOW - INNEN/MORGENS

Ein Produktionsassistent führt unsere UX-Strategin JAIME in den Raum. Der Filmproduzent PAUL sitzt hinter seinem Schreibtisch. Er steht auf, um sie zu begrüßen. Sie schütteln einander die Hände und nehmen dann wieder Platz. Der Assistent verlässt den Raum.

PAUL

Ich habe eine Idee für eine E-Commerce-Site und ich hoffe, Sie können mir dabei helfen.

JAIME

Erzählen Sie einfach mal.

PAUL

Es ist wie ein Amazon.com-Wunschzettel für den viel beschäftigten Mann, der Hilfe beim Einkaufen für seine Garderobe benötigt.

JAIME

Können Sie mir mehr über diesen „viel beschäftigten Mann" erzählen?

Paul wird richtig begeistert. Er beugt sich vor und gestikuliert viel, während er Jaime den „viel beschäftigten Mann" beschreibt.

PAUL

Er ist der Typ, dessen Leben fast nur aus Arbeit besteht. Er verdient gutes Geld, hat aber keine Zeit, es auszugeben. Er liebt hochwertige Produkte, aber er hasst es, sie zu kaufen. Er ist es leid, sich vor Verkäufern zu wiederholen, möchte aber trotzdem die VIP-Behandlung bekommen.

Jaime beugt sich vor, die Hände ruhen auf ihren Knien. Sie atmet einmal tief durch, bevor sie zu sprechen beginnt.

JAIME

Das ist sehr spezifisch. Aber denken Sie, dass dies ein Problem für die meisten viel beschäftigten Männer ist? Glauben Sie, dass sie hierfür eine Lösung brauchen?

PAUL

Auf jeden Fall! Ich bin fest davon überzeugt.

In Los Angeles trifft man überall auf Hollywood-Typen, die Filmideen vorstellen, und auf Tech-Unternehmer, die Ideen für Internetprodukte pitchen. Das Lustige daran ist, wie ähnlich sie sich sind. Beide wollen etwas Originelles und Fesselndes schaffen, das viel Geld einbringt. Beide müssen eine Menge Geld auftreiben, um ihre Ideen in die Realität umzusetzen. Aber es erfordert eine gute Geschichte, um potenzielle Stakeholder und Investoren davon zu überzeugen, dass es da draußen ein Publikum gibt, das die Idee haben will.

Die meisten Investoren wissen, dass die Chancen nicht zu ihren Gunsten stehen, weil der Markt ständig mit miesen Filmen und schrottigen Apps überschwemmt wird. Andererseits, wenn etwas wirklich großartig ist, kann der Gewinn groß sein, und nicht nur in Bezug auf das Geld. Einen Hit zu haben, ist auch das, was uns als Ersteller von Inhalten und Produkten Erfüllung gibt. Wir wollen etwas schaffen, das die Leute nützlich und sinnvoll finden – etwas, das vielleicht sogar unserer Mutter gefällt!

Es gibt jedoch einen großen Unterschied zwischen der Produktion von Filmen und der Herstellung digitaler Produkte. Bei Filmen – ganz gleich, ob die Strategie darin besteht, bekannte Schauspieler zu besetzen, alles von Fortsetzungen bis hin zu Brettspielen zu kreieren oder abgedroschene Plots und Metaphern zu verwenden – gibt es während der Produktion kaum Möglichkeiten, das Risiko durch empirisches Feedback zu »entschärfen«. Sicher, Filmemacher können frühe Schnitte auf dem Zielmarkt testen, aber zu diesem Zeitpunkt ist ein erneuter Dreh in der Regel eine Option, die unbezahlbar ist. Mit digitalen Produkten können Sie Ihre Konzepte viel früher und mit viel weniger Treue zur beabsichtigten Idee auf dem Markt »testen«. Sie können Ihr Team auf Herz und Nieren prüfen, damit alle auf dem richtigen Weg sind. Es gibt keinen Grund, in einer Fantasiewelt zu leben, es sei denn, Sie genießen es, große Risiken einzugehen und Ihre Existenz aufs Spiel zu setzen.

Was lernen wir daraus?

- Nur weil Ihre Stakeholder (oder Sie) Ihr Produkt wirklich wollen, heißt das nicht, dass es auch jeder andere will. Die meisten Start-ups scheitern, weil der Markt das Produkt nicht unbedingt braucht.
- Sie müssen Ihre Stakeholder und Ihr Team mit empirischen Beweisen in der Realität verankern. Sie müssen Annahmen und Vermutungen in Fakten umwandeln.
- Nehmen Sie nicht alles für bare Münze, was Ihre Stakeholder oder Ihre Teammitglieder sagen. Um zu erfahren, was potenzielle Kunden wollen, suchen Sie sie persönlich auf.

Was ist ein Nutzenversprechen?

Ein Nutzenversprechen hat die Form einer prägnanten Aussage, die die einzigartigen Vorteile zusammenfasst, die Kunden von Ihrem Produkt oder Ihrer Dienstleistung erwarten können. Stellen Sie es sich wie einen Elevator Pitch vor, bei dem Sie etwas in einen leicht zu merkenden, überzeugenden Satz destillieren. Hier sind Beispiele für Nutzenversprechen für einige bekannte Produkte:

- Airbnb ist ein Online-Community-Marktplatz, auf dem Menschen Unterkünfte auf der ganzen Welt veröffentlichen, entdecken und buchen können.
- Waze ist eine mobile Navigations-App, die es Fahrern ermöglicht, Live-Karten zu verwenden und Echtzeit-Verkehrsinformationen und andere Straßendaten zu erhalten.
- Slack ist eine Softwareplattform für Unternehmen, die es Teams und Unternehmen jeder Größe ermöglicht, effektiv zu kommunizieren.

Egal, in welchem Umfeld Sie als Produktentwickler arbeiten, Sie werden ständig mit Nutzenversprechen konfrontiert oder müssen diese selbst erstellen. Heutzutage sind es alles bekannte Namen, aber stellen Sie sich vor, wie oft die Teams von Airbnb, Waze und Slack an ihren Nutzenversprechen feilen mussten, bis die Investoren mit ihnen einverstanden waren.

Es kommt häufig vor, dass Nutzenversprechen in der Anfangsphase der Entwicklung verkürzt werden. Der Grund dafür ist, dass das Team oder der Gründer vielleicht noch nicht weiß, wie sie ihre Idee am besten beschreiben können, also verwenden sie bekannte Referenzen. Dies war ein Running Gag in dem preisgekrönten Film *The Player* aus dem Jahre 1992, in dem ein Drehbuchautor eine Filmidee als »Jenseits von Afrika trifft Pretty Woman« anpreist. Diese Art von Kurzform ist auch in der Welt der digitalen Produkte üblich. Es gibt sogar eine Website namens itsthisforthat (*https://itsthisforthat.com*), die zufällige Nutzenversprechen so schnell generiert, wie Sie auf *Refresh* klicken können. Ich habe das Versprechen generiert, das Sie in Abbildung 3.2 sehen.

Abbildung 3.2: Ein auf der Website itsthisforthat maschinell erzeugtes Nutzenversprechen mit der Botschaft »Airbnb for Wedding Venues« – Airbnb für Hochzeitslocations

Lassen Sie uns die Formel des Nutzenversprechens der Website dekonstruieren.

Das *This* beschreibt im Wesentlichen die magischen Kräfte des Produkts. Das *This* für die Dating-App Tinder ist, wie man jemandem mit einer Swipe-Interaktion sofort mitteilen kann, dass man ihn attraktiv findet. Das *This* bei Waze ist, wie Sie schnell ans Ziel kommen, weil andere Menschen um Sie herum ihre Waze-App geöffnet haben und Sie mit Echtzeitdaten versorgen, damit Sie Staus umfahren können. Das *This* ist das mentale Modell; es erlaubt den Menschen, die interaktive Dynamik eines Produkts und wie sie es nutzen können, leicht zu verstehen.

Das *That* beschreibt entweder das spezifische Kundensegment oder deren Bedürfnis. Das *That* für Tinder sind Menschen, die einen einfacheren Weg suchen, um sich zu verabreden, anstatt ein zeitaufwendiges Dating-Profil ausfüllen zu müssen. Das *That* für Waze sind Autofahrer, die vermeiden wollen, im Verkehr stecken zu bleiben, auch wenn das bedeutet, Routen abseits der ausgetretenen Pfade zu nehmen. Das *That* gibt uns Hinweise darauf, wer das *This* will oder braucht und warum. Diese Formel gibt uns eine schnelle Möglichkeit, eine Lösung zu formulieren.

Jedoch sind Nutzenversprechen nicht wertvoll, wenn sie nicht ein echtes Problem lösen. Es geht nicht um kleine Probleme wie einem aufgeschürften Knie; es geht um schmerzhafte Probleme wie einem gebrochenen Bein. Ich meine Probleme, die eine bestimmte Gruppe von Menschen daran hindern, das zu tun, was sie tun müssen, und zwar rechtzeitig. Eine Lösung für diese Art von Problemen würde dieser großen Gruppe Erleichterung oder Freude bringen. Sie müssen alles, was Sie über diese Probleme und Menschen in Erfahrung bringen können, wissen, bevor Sie diese Lösungen bauen, da die Softwareentwicklung Zeit und Geld kostet. Daher ist es ein riskantes Unterfangen, ein neues innovatives Produkt nur aufgrund eines Bauchgefühls zu entwickeln.

Was ist, wenn Sie sich irren?

Oder Ihr Chef falschliegt?

Oder sich der Kunde irrt?

Oder sogar der erfolgreiche Filmproduzent daneben liegt?

Oder dieses digitale Nutzenversprechen, das wir in 0,05 Sekunden generiert haben, falsch ist?

Die Antwort ist einfach. Wenn die Person mit der großen Ahnung falschliegt und Ihr Team das erst herausfindet, nachdem das Geld weg ist, haben alle dabei versagt, etwas mit einem echten Nutzenversprechen zu erstellen. Alle Beteiligten haben es lediglich geschafft, Ressourcen zu verschwenden. Und da dies das Anfangsstadium Ihrer Produktstrategie ist, sollten Sie sich nicht zu sehr an irgendwelche Ideen klammern – vor allem, wenn Sie nicht sicher sind, dass *echte* Kunden die Lösung auch *wirklich* wollen.

Wenn Sie nicht in einer Fantasiewelt leben wollen ...

Folgen Sie einfach diesen fünf Schritten, die ich anschließend im Detail beschreiben werde.

Schritt 1: Definieren Sie Ihr primäres Kundensegment.

Schritt 2: Identifizieren Sie das (größte) Problem Ihres Kundensegments.

Schritt 3: Erstellen Sie auf der Basis Ihrer Annahmen vorläufige Personas.

Schritt 4: Führen Sie eine Customer Discovery durch, um Ihre provisorische Persona und Problemstellung zu validieren oder zu entkräften.

Schritt 5: Überprüfen Sie Ihr ursprüngliches Nutzenversprechen auf der Grundlage der gewonnenen Erkenntnisse!

Schritt 1: Definieren Sie Ihr primäres Kundensegment

Da Sie und Ihr Team ein innovatives Produkt auf den Markt bringen, beginnen Sie mit null Kunden. Wenn Sie also denken, dass jeder Ihr Kunde ist, denken Sie genauer nach. Andernfalls steht Ihnen ein harter Kampf bei der Kundenakquise bevor. Was ist einfacher: alle dazu zu bringen, Ihre App zu nutzen, oder die Leute, die sie wirklich brauchen, dazu zu bringen, sich zu registrieren? Viele erfolgreiche digitale Produkte haben genau das getan. Als Facebook an den Start ging, war es nur für Studierende der Harvard University zugänglich und nicht für die ganze Welt. Airbnb testete sein Produkt im Jahr 2008 während der Industrial Design Conference in San Francisco, und sogar Tinder führte sein erstes Pilotprojekt durch, indem es sich auf College-Studierende an der University of Southern California konzentrierte.[2]

Das Kundensegment ist eine Gruppe von Personen mit einem gemeinsamen Bedürfnis. Diese Segmente können durch eine Kombination aus demografischen, psychografischen und verhaltensbezogenen Merkmalen identifiziert werden. Beispiele für Kundensegmente sind Autofahrer in Vorstädten mit geringer Kilometerleistung, die sich von herkömmlichen Autoversicherungen abgezockt fühlen, 30-Jährige in Brasilien, die nur schwer ein Date finden, und aufstrebende Rockmusiker in Großstädten, die dringend einen Proberaum benötigen. Das Bedürfnis oder der Pain Point, der Schmerzpunkt, Ihres Kundensegments muss gravierend sein, denn es birgt eine Menge Risiken, wenn man versucht, die Art und Weise zu ändern, wie Menschen etwas erledigen.

Lassen Sie uns zu dem computergenerierten Nutzenversprechen kommen und stellen wir uns den offensichtlichsten Primärkunden vor. Wer zum Teufel muss eine Hochzeit planen? Hmmm ... wie Abbildung 3.3 zeigt, vielleicht zukünftige Eheleute? Ja, lassen Sie uns damit anfangen.

2 »Tinder and Bumble Are Throwing Parties at Frat Houses«, in: *Inside Hook*, 21. August 2019. *https://oreil.ly/q3VlH*

Abbildung 3.3: Mock-up der typischen ersten Seite eines Pitch Decks mit dem Namen des Produkts und dem Nutzenversprechen

Schritt 2: Identifizieren Sie das (größte) Problem Ihres Kundensegments

Das Problem sollte spezifisch sein. Und es kann als Problemstellung geschrieben werden. Eine Problemstellung ist eine kurze, klare Erklärung aus der Sicht des Kunden für ein Problem, das gelöst werden muss. Die Problemstellung sollte im Normalfall keine Lösung voraussetzen, bis das Problem tatsächlich validiert wurde. Wenn sich die Produktteams auf die Problemstellung konzentrieren, ist es wahrscheinlicher, dass sie die Entwicklung von Lösungen unvoreingenommen angehen.

Es ist wichtig, sich einzugestehen, dass Sie und Ihr Team ausschließlich mit Annahmen, mit Vermutungen arbeiten. Das ist einfach die Realität, mit der Sie bei der Entwicklung eines Produkts beginnen. Eine Annahme ist etwas, von dem Sie annehmen, dass es wahr ist, wie z.B. »Menschen, die in der Technik arbeiten, wissen, wie man Computer repariert.« Oder: »Unser Kundensegment liebt vegane Eiscreme.« Sie machen Annahmen über Ihre Nutzer und deren Bedürfnisse und wie Sie diese erfüllen können. Sie müssen nur sehr ehrlich über die Annahmen sein, die Sie machen, und sie als das nehmen, was sie sind: Vermutungen. Oder, wie der großartige Coach Buttermaker (Walter Matthau) in meinem Lieblingsfilm aus Kindertagen, *Bad News Bears*, zu seinem Baseballteam in einem Wortspiel sagte, das sich nicht gut eindeutschen lässt: »When you ›ASSUME‹, you make an ASS out of U and ME.«

Lassen Sie uns nun eine prägnante Problemstellung formulieren. Hier ist ein Beispiel:

> Heiratswillige in Los Angeles haben es schwer, Hochzeitslocations zu finden, die erschwinglich sind.

Wenn sich das bewahrheitet, würde dies einen potenziellen Bedarf für dieses Nutzenversprechen bestätigen:

> **Airbnb for Weddings ist ein Online-Marktplatz für das Anbieten und Mieten von privaten Immobilien als Hochzeitslocations.**

Der nächste logische Schritt ist also, den gesamten Funktionsumfang für diese dringend benötigte Lösung zu entwerfen, oder? Nein. Noch nicht.

> Bauen Sie die UX Ihres Produkts nicht um ein Nutzenversprechen herum auf, wenn Sie keine greifbaren Beweise dafür haben, dass die Leute das Produkt haben wollen!

Wenn Sie ein Problemlöser sind, was bei UX-Designern, Produktmachern und Unternehmern instinktiv der Fall ist, fühlt sich dieser Prozess zunächst rückständig an. Das liegt daran, dass es auch so ist. Wir führen ein Reverse-Engineering des Konzepts unserer Lösung durch, um die Annahmen über die Kunden und ihre Probleme zu validieren. Dieser Ansatz ist besonders wichtig für diejenigen unter Ihnen, die schon Dutzende von Produkten hergestellt haben, darunter auch sehr erfolgreiche. Glauben Sie nicht an Ihren eigenen Hype. Stattdessen sollten Sie jedes neue Produkt oder Projekt wie ein Experiment angehen.

Wie ich im Vorwort erwähnt habe, bin ich seit mehr als 25 Jahren nebenberuflich als Hochschuldozentin tätig. Ich habe meine Kurse immer auf die gleiche Weise durchgeführt: In der ersten Woche müssen sich die Studierenden Probleme ausdenken, die sie mithilfe von Technologie lösen wollen. Anschließend arbeiten sie Woche für Woche auf das abschließende Kursprojekt hin, das darin besteht, ein echtes Produkt zu pitchen, das sie mit den in diesem Buch behandelten Methoden getestet haben. In einem Semester habe ich meinen Studentinnen Bita und Ena UX-Praktika angeboten, um die Produktvision »Airbnb for Weddings« zu übernehmen. Ich werde ihre Methoden und Ergebnisse vorstellen, um zu zeigen, wie Sie jedem Nutzenversprechen eine echte Chance geben können, um zu sehen, ob es lebensfähig ist. Ihre erste Aufgabe war es, eine provisorische Persona zu erstellen.

Schritt 3: Erstellen Sie auf der Basis Ihrer Annahmen provisorische Personas

Personas können ein hilfreiches Werkzeug sein, um Stakeholdern und dem Produktteam ein realistisches Bild von den Bedürfnissen, Zielen und Motivationen der Endbenutzer zu vermitteln. Sie halten uns davon ab, für uns selbst zu entwerfen, und fokussieren uns auf den Nutzer. Das Konzept der Personas hat jedoch eine turbulente Geschichte mit Verfechtern auf beiden Seiten des Tisches hinter sich, daher versuche ich, in einer kleinen Lektion zu erklären, warum ich sie hier verwende.

In den frühen Tagen des Softwaredesigns waren die Ingenieure, die die Produkte entwickelten und programmierten, typischerweise auch die Designer der Produktoberflächen. Diese Produktschnittstellen waren selten benutzerfreundlich, weil sie nicht am Endbenutzer des Produkts getestet wurden. Zu oft wurden die Schnittstellen in aller Eile zusammengeklebt, damit ein Liefertermin eingehalten werden konnte.

Alan Cooper, ein weithin anerkannter Software-Designer und -Programmierer aus der Bay Area, der 1988 die visuelle Programmiersprache Visual Basic erfand,[3] kannte dieses Problem allzu gut. Im Jahr 1995 erfand er die Personas und verfasste Bücher, um Software-Teams zu helfen, eine zielgerichtete Design-Methodik zu verwenden. Für Cooper waren Personas ein entscheidendes Werkzeug, um Produktverantwortliche dazu zu inspirieren, benutzerfreundlichere Oberflächen zu erstellen.[4] Aber um diese Art von Persona zu erreichen, musste monatelang qualitative ethnografische Forschung durchgeführt werden, um ein authentisches Modell jedes Endbenutzers zu erstellen.

Bis zum Jahr 2002 waren Personas ein beliebtes Werkzeug im Werkzeugkasten von Designern, aber oft wurden sie nicht verwendet, um ihren ursprünglichen Zweck zu erreichen. Stattdessen nutzten große, interaktive Agenturen wie Razorfish oder Sapient Personas, um Kunden in der Discovery-Phase ein Upselling zu ermöglichen. Bei dieser Verwendung waren Personas oft lächerliche Karikaturen voller stereotyper Details, die bestenfalls auf Marketingdaten basierten. Genau das passierte mit den drei Personas, die ich für das Re-Design von Oprah.com erstellt habe, das ich in Kapitel 2 beschrieben habe. Die Personas, die es in das Discovery-Briefing schafften, wurden als drei fiktive Personen mit unterschiedlichem Minderheitenhintergrund dargestellt, aber nur, weil Oprah eine große multirassische Anhängerschaft hatte. In Wirklichkeit hatte die ethnische Zugehörigkeit wenig mit der UX des Produkts zu tun. Brauchten schwarze Oprah-Fans ein anderes Interface oder Feature-Set als weiße Oprah-Fans? Auf diese Weise konnten die Personas den strategischen Prozess nicht beeinflussen. Cooper warnt: »Verwechseln Sie Persona-Archetypen nicht mit Stereotypen. Da Personas ein präzises Designziel liefern und dem Entwicklungsteam außerdem als Kommunikationswerkzeug dienen, müssen die Designer ein bestimmtes demografisches Merkmal mit Sorgfalt auswählen.«

In der dritten Auflage des Buches *About Face*, die 2007 erschien, fügte Cooper einen neuen Abschnitt mit dem Titel »When Rigorous Personas Aren't Possible: Provisional Personas« (Wenn exakte Personas unmöglich sind: Provisorische

3 »Alan Cooper«, *Wikipedia*. *https://oreil.ly/5GeHk*

4 Cooper, Alan: *About Face*. Hoboken, NJ: Wiley, 1995.

Personas) hinzu.[5] Das Konzept richtete sich an Produktentwickler, die nicht die Zeit, das Budget oder die Unterstützung des Unternehmens hatten, um die für die Sammlung detaillierter Daten erforderliche Feldarbeit durchzuführen. Stattdessen war es eine einfache, kollaborative Gruppenübung für Designer und Nicht-Designer, die schnell erledigt werden konnte. Der Produktdesigner und Autor Jeff Gothelf hat sie später in seinem 2016 erschienenen Buch *Lean UX*[6] als »Proto-Personas« als Werkzeug eingeführt, um Führungskräften dabei zu helfen, ihre Sichtweise über den Kunden anders auszurichten.

Ich bevorzuge den Begriff *provisorisch*, was so viel bedeutet wie »für die Gegenwart existierend«, weil er impliziert, dass die Persona später möglicherweise noch geändert wird. Das liegt daran, dass unser ultimatives Ziel darin besteht, unsere provisorischen Personas durch den Prozess der Customer Discovery in validierte Personas umzuwandeln. In diesem Zusammenhang werden Sie die provisorische Persona als hilfreiches Kommunikationsinstrument verwenden, um Ihr vermutetes Kundensegment darzustellen und Ihr Team auf die wichtigsten Annahmen auszurichten. Dies gibt jedem einen Ausgangspunkt für den Validierungsprozess in Bezug darauf, welche geschäftskritischen Fragen zu stellen sind. Sie können also eine provisorische Persona als »Platzhalter«-Persona für die Durchführung einer Form der validierten Nutzerforschung betrachten.

Und weil wir diese Art der Persona-Erstellung schließlich sowohl als Recruiting- als auch als Marketing-Tool nutzen, müssen wir lernen, alle Merkmale mit mittelgroßen Pinselstrichen zu malen. Wir wollen eine Persona, die nicht zu spezifisch ist, in der nur eine Handvoll Personen vertreten ist, und wir wollen keine Persona, die so umfassend ist, dass jeder vertreten ist. In Kapitel 9 werden wir unsere validierte Persona als Grundlage für unsere Landingpage-Kampagne verwenden, um Benutzer durch Mikrotargeting auf Facebook zu gewinnen. Da die Durchführung einer Online-Werbekampagne Geld kostet, ist dieser Prozess ein wichtiger Realitätscheck, um eine fiktive Darstellung in etwas zu verwandeln, das auf nachgewiesenen Fakten basiert.

Layout und Gliederung der provisorischen Personas

In den provisorischen Personas werden die Annahmen, die Sie über Ihre primären Kundensegmente treffen, gesammelt und dargestellt. Daher sind alle Informationen kontextbezogen auf das angenommene Kundensegment und relevant für das ursprüngliche Nutzenversprechen. Demografische Details und Benutzerverhalten müssen die Zielgruppe widerspiegeln, auf die Sie abzielen, und nicht nur eine Person. Füllen Sie die Persona nicht mit einem Haufen von

---

5 Cooper, Alan: *About Face*, Third Edition, Hoboken, NJ: Wiley, 2007.

6 Gothelf, Jeff/Seiden, Josh: *Lean User Experience (Lean UX): Produktentwicklung und -design mit agilen Teams [Lean UX]*, Frechen: mitp, 2020.

Marketingdaten. Sie wollen Ihre Personas auf das fokussieren, von dem Sie annehmen, dass es entscheidend ist, um die Bedürfnisse Ihrer Kunden und die Art und Weise, wie sie derzeit mit Ihrem Problem umgehen, zusammenzufassen.

Bei B2B-Produkten sollten Sie zwei Personas erstellen: eine für die Person, die das Produkt bezahlen wird, (z.B. den CTO), und eine für die Person, die das Produkt nutzen wird (z.B. den Mitarbeiter). In diesem Fall ist es sinnvoll, sie »provisorische Kunden-Persona« bzw. »provisorische Anwender-Persona« zu nennen.

Da Sie die provisorische Persona lediglich als Denkhilfe verwenden, um ein Gefühl für Ihre primären Kundensegmente zu bekommen, möchten Sie und Ihr Team das Layout und den Inhalt einfach halten. In den folgenden provisorischen Personas haben Bita und Ena eine einfache Vorlage verwendet, die ich zur Verfügung gestellt habe. Sie besteht aus einem zwei-mal-zwei großen Raster mit einem Abschnitt für jeden Teil.

Abbildung 3.4 zeigt die provisorische Persona, die Bita für Airbnb for Weddings erstellt hat. Abbildung 3.5 zeigt, was Ena entwickelt hat.

Wertbewusste zukünftige Braut in Los Angeles

Beschreibung

Verlobt, in den 30-ern

Lebt in Los Angeles

Arbeitet Vollzeit

Verhalten

Sieht sich Parks und Gärten als mögliche Hochzeitlocations an

Erledigt die Hochzeitsplanung in ihrer Mittagspause und an Wochenenden

Ist offen für Kompromisse, um Geld zu sparen

Hat Airbnb genutzt, um besondere Unterkünfte zu finden

Bedürfnisse und Ziele

Träumt von einer formellen Hochzeit mittlerer Größe

Möchte, dass die Zeremonie draußen stattfindet

Möchte, dass die Gesamtkosten im Budget bleiben

Sucht nach einer einfachen Möglichkeit, sich über Hochzeitlocations zu informieren, ohne dazu jede einzelne anrufen zu müssen

Abbildung 3.4: Bitas provisorische Persona für eine wertbewusste zukünftige Braut in Los Angeles

Party-zentrierter zukünftiger Ehepartner in Los Angeles

Beschreibung

Verlobt, in den 20-ern

Lebt in Los Angeles

Arbeiterschicht/Mittelschicht

Arbeitet nicht Vollzeit

Verhalten

Liebt es, auf Partys zu gehen, um neue Leute kennenzulernen

Sucht ständig auf Pinterest nach Inspiration

Entspannt sich, indem er an den Strand geht

Bedürfnisse und Ziele

Muss die Hochzeit selbst bezahlen

Möchte eine kleine Hochzeit am Strand

Möchte einen DJ haben, der die ganze Nacht Musik auflegt

Möchte die gesamte Planung online durchführen

Abbildung 3.5: Enas provisorische Persona für einen zukünftigen Ehemann

Obwohl diese Personas das gleiche Nutzenversprechen aufweisen, sind sie recht unterschiedlich, weil sie von zwei verschiedenen Personen mit zwei verschiedenen Perspektiven erstellt wurden. Bita ging davon aus, dass ihre Kundin jemand wie sie selbst ist: eine berufstätige Frau in ihren Dreißigern. Sie gehört zur Mittelschicht und arbeitet Vollzeit. Ena hingegen ging davon aus, dass ihre Kundin eine jüngere Person um die 20 ist, die nicht Vollzeit arbeitet, weil sie vielleicht ein Studium absolviert oder als Freiberuflerin am Anfang ihrer Karriere steht. Diese jüngere zukünftige Ehefrau ist eher an einer ausgelassenen Party am Strand mit allen Freunden interessiert als an einer formellen Feier.

Welche Persona ist die richtige? Das ist eigentlich egal, da sowohl Bita als auch Ena mit Annahmen arbeiten, die noch nicht validiert sind. Vielleicht kann die Lösung die Bedürfnisse beider Personas erfüllen. Unabhängig davon, wer am Ende »richtiger« liegt, helfen die provisorischen Personas Bita und Ena, ein deutlicheres Bild von ihren vermuteten Kunden zu zeichnen.

Die provisorische Persona besteht aus diesen vier Abschnitten:

Name des Kundensegments und Fotos/Skizzen

Da die provisorische Persona eher eine Gruppe von Leuten als eine Person repräsentiert, verwenden Sie einen prägnanten, beschreibenden Namen, um das Segment zu charakterisieren, wie z.B. »Gen-X-Eltern in Los Angeles« oder »Jüdische Expats in Berlin«. Ich finde es nützlich, gemeinsame demografische Nenner zu artikulieren. Der Standort ist nützlich, weil er Ihr Team dazu zwingt, genau zu bestimmen, wo ein Markt für Ihr Produkt existieren könnte, anstatt die ganze Welt ins Visier zu nehmen. Seien Sie vorsichtig, wenn Sie bestimmte Bezeichnungen verwenden, weil die Kohorten, die sie repräsentieren, multidimensional sein können. Zum Beispiel können »Millennials« oder »Babyboomer« oder »mit Hochschulbildung« oder »mit niedrigem Einkommen« ein breites Spektrum von Personen umfassen.

Es ist sinnvoll, diesen Abschnitt zuletzt zu bearbeiten, da die anderen Abschnitte Ihrem Team helfen können, sich besser auf die Definition des Kundensegments einzustellen. Wenn Sie den Text dieses Abschnitts erstellt haben, suchen Sie nach repräsentativen Bildern. Einige Praktiker warnen davor, Fotos zu verwenden, da sie befürchten, dass dadurch Stereotypen verstärkt werden. Alan Cooper meint dazu: »Fotos helfen, da sie sich realer anfühlen, während Sie das Narrativ erstellen und andere im Team einbeziehen.« Da es sich um ein Segment handelt, ziehe ich es vor, eine Collage zu verwenden, um verschiedene Aspekte darzustellen, die das Segment widerspiegeln.

Für unser Nutzenversprechen bedeutet dies, dass meine Studierenden nach Fotos gesucht haben, auf denen Hochzeitslocations, zukünftige Eheleute und verschiedene Planungswerkzeuge abgebildet sind. Nehmen Sie sich dafür nicht mehr als zehn Minuten Zeit, denn Sie verwenden die provisorische Persona als Ausgangspunkt. Nachdem Sie Kundeninterviews durchgeführt haben, werden Sie die Fotos vermutlich aktualisieren.

Beschreibung

Wie würden Sie diese Gruppe von Menschen anhand von drei oder vier entscheidenden demografischen Aussagen beschreiben? Geben Sie die Stadt an, in der Sie Ihre Nutzerstudie durchführen wollen, und stellen Sie sicher, dass dieser entscheidende Datenpunkt validiert wird. Geben Sie das Geschlecht nur an, wenn Sie glauben, dass das Problem, das Sie lösen wollen, vorwiegend von Menschen eines bestimmten Geschlechts empfunden wird. Wenn das Segment Menschen innerhalb einer bestimmten Einkommensklasse repräsentiert und Sie glauben, dass es relevant ist, dann geben Sie sie an. Das Gleiche gilt für die Altersgruppe und das Bildungsniveau.

Wenn Sie Ihre Kundeninterviews durchführen, müssen Sie möglicherweise persönliche Fragen stellen, um herauszufinden, ob ein Teilnehmer den Merkmalen Ihrer Persona entspricht. Dieser Abschnitt sollte sich auf die Beschreibung des Segments konzentrieren, nicht auf seine Aktivitäten oder Bedürfnisse. Heben Sie sich diese Aussagen für die nächsten beiden Abschnitte auf.

Ena hat ursprünglich »in Graduate School« als Beschreibung angegeben. Aber diese Spezifikation ist für Airbnb for Weddings zu ausgrenzend und irrelevant. Also habe ich diese Beschreibung in »arbeitet nicht Vollzeit« aktualisiert, wie Sie in ihrer Persona sehen können (Abbildung 3.5). Hingegen enthielt Bitas Profil die Angabe »arbeitet Vollzeit«, was relevant ist, weil es bedeutet, dass das Segment nicht viel freie Zeit für die Hochzeitsplanung hat.

Verhalten

Motivation und Verhalten stehen im Mittelpunkt der Wertschöpfung. Im Jahr 2016 befürwortete Clayton Christensen einen theoretischen Rahmen namens Jobs-to-Be-Done (JTBD), auch bekannt als Jobs-Theorie.[7] Die Hauptprämisse der Theorie ist, dass das Bedürfnis eines Kunden wie eine Aufgabe ist, die erledigt werden muss, damit er in seinem Leben Fortschritte macht.

An diesen Verhaltensaussagen ist wichtig, dass sie sowohl die Handlung als auch die Motivation des Anwenders beschreiben.

Wenn sie diese Aufgabe nicht erfüllen können, dann hat der Kunde ein Problem. In diesem Framework werden die Verhaltensweisen der Kunden als Job-Treiber bezeichnet; sie sind wichtige Faktoren für die Segmentierung. Daher ist es für jedes Produkt, das Sie entwickeln, entscheidend, zu verstehen, was die Menschen motiviert, es zu benutzen. Lesen Sie Jim Kalbachs ausgezeichnetes Buch *The Jobs to Be Done Playbook*, um mehr darüber zu erfahren, wie Sie die Job-Theorie in die Praxis umsetzen können.[8]

Wenn Sie das Verhalten Ihrer Benutzer beschreiben, sollten Sie über ihre Denkweise und Umgebung nachdenken. Wo und wann versuchen sie, das Problem zu lösen? Welche Tools verwenden sie derzeit? Gibt es psychografische Merkmale, die ihr Verhalten beeinflussen? Gibt es Workarounds, die sie verwenden, um ihre Ziele zu erreichen?

Im vorherigen Beispiel (Abbildung 3.4) vermutete Bita, dass ihre zukünftige Braut wertbewusst ist und sich für einzigartige, besondere Veranstaltungsorte interessiert. Aber wie können wir überprüfen, ob eine Person bei der Planung ihrer Hochzeit wertbewusst ist oder ob sie die Hochzeit an einem einzigartigen Ort abhalten möchte? In diesem Fall könnte eine Verhaltensaussage ein nützlicherer Leitfaden sein als lediglich ein einfaches Adjektiv. Bita formulierte das Verhalten ihrer Nutzer als »ist offen für Kompromisse, um Geld zu sparen« und »hat Airbnb genutzt, um besondere Unterkünfte zu finden«, weil sie glaubte, dass dies ihre Entscheidungsfindung vorantreiben würde.

7 Christensen, Clayton M./Hall, Taddy/Dillon, Karen/Duncan, David S.: »Know Your Customers' ›Jobs to Be Done‹«, in: *Harvard Business Review*, September 2019. *https://oreil.ly/zW3Xm*

8 Kalbach, Jim: *The Jobs to Be Done Playbook: Align Your Markets, Organization, and Strategy Around Customer Need*, New York: Two Waves Books, 2020.

Weitere Beispiele für Verhaltensaussagen sind:

- Geht wöchentlich zu Punkrock-Shows, um interessante Leute zu treffen
- Vermeidet aus Umweltschutzgründen tierische Produkte
- Sieht sich regelmäßig japanische Filme an, um mit der Sprache vertraut zu werden

Aber egal, ob Sie Aussagen oder Adjektive wählen, wählen Sie Ihre Begriffe mit Bedacht, damit sie nicht zu allgemein, zu spezifisch oder zu schwer zu validieren sind.

Bedürfnisse und Ziele

Diese Kategorie erklärt, was die Kunden benötigen, um ihr Problem zu lösen und ihr Ziel zu erreichen. Um dies herauszufinden, sollten wir Fragen stellen wie: Was sind ihre produktrelevanten Hoffnungen und Träume? Was brauchen sie, um ihren primären Pain Point zu lösen? Welche spezifischen Bedürfnisse oder Ziele werden durch verfügbare Lösungen oder Workarounds nicht erfüllt? Was sind die Einschränkungen, mit denen sie konfrontiert sind? Was ist die Aufgabe, die sie zu erledigen versuchen?

Ein häufiger Fehler besteht darin, diesen Abschnitt wie ein Nutzenversprechen oder eine Funktionsliste klingen zu lassen. Menschen, die nicht in der Technologiebranche arbeiten, sagen in der Regel keine Dinge wie, »Ich brauche eine App oder eine Online-Plattform für …« oder »Ich brauche die Möglichkeit, in mein Konto Kooperationspartner einzufügen«. Was sie vielleicht sagen, ist: »Ich möchte meine Hochzeitsideen mit meinem Verlobten teilen, damit er sie auf seinem eigenen Computer sehen kann.« Die letztgenannte Aussage konzentriert sich auf das tatsächliche menschliche Bedürfnis, das auf verschiedene Weise gelöst werden kann. Insbesondere bei B2C-Produkten ist es sinnvoller, nach dem Planungsprozess mit dem zukünftigen Ehepartner zu fragen, als nach einer Kollaborationsfunktion.

Ein weiterer Fehler besteht darin, nicht spezifisch genug zu sein. Im Beispiel von Ena geht sie davon aus, dass ihr Kundensegment eine kleine Hochzeit am Strand haben möchte. Diese Aussage kann nicht bestätigt werden, wenn der Begriff »klein« nicht genauer definiert wird (d.h. 50 Personen oder weniger). Was für den einen klein ist, kann für einen anderen eine riesige Hochzeit sein. Umgekehrt sollten Sie aber auch nicht zu pauschal sein. Die meisten Menschen werden pauschalen Aussagen wie, »Wir wollen eine schöne Hochzeit«, zustimmen. Welche glücklich verlobte Person würde eine schreckliche Hochzeit bevorzugen? Diese sehr allgemeine Aussage bringt Sie nicht näher an das Verständnis des potenziellen Kunden.

Dieser Abschnitt ist besonders wichtig, weil er Ihre Produktstrategie am stärksten beeinflusst. Sie wollen verwertbare Aussagen, die die zugrunde liegenden Kundenanliegen ansprechen.

Weitere Beispiele für Aussagen zu Bedürfnissen und Zielen sind:

- Benötigt eine einfache Möglichkeit, sich über anstehende Punk-Shows in Los Angeles zu informieren
- Möchte wissen, welche lokalen Restaurants gute vegane Gerichte servieren
- Möchte nach Asien umziehen, um eine andere Kultur zu erleben

Denken Sie daran, dass alles in der Persona, die Sie gerade erstellt haben, eine Vermutung bleibt, bis sie sich als wahr oder falsch herausstellt. Jetzt müssen Sie also rausgehen und diese Kunden im echten Leben finden, um zu sehen, was sie wirklich denken!

Schritt 4: Führen Sie eine Customer Discovery durch, um Ihre provisorische Persona und Problemstellung zu validieren oder zu entkräften

Im Jahr 2005 veröffentlichte Steve Blank, ein langjähriger Unternehmer aus dem Silicon Valley, *The Four Steps to the Epiphany: Successful Strategies for Products That Win.*[9] Obwohl sich seine Methodik um vier Phasen dreht, werde ich mich auf die erste konzentrieren: die Customer Discovery und wie sie Teil Ihrer UX-Strategie ist.

Customer Discovery ist ein Prozess, der verwendet wird, um zu entdecken, zu testen und zu validieren, ob ein bestimmtes Produkt ein bekanntes Problem für eine identifizierbare Gruppe von Benutzern löst; es ist im Wesentlichen die Durchführung von Nutzerforschung. Sie wollen jedoch nicht nur Menschen beobachten, sich in sie einfühlen und dann Urteile fällen. Stattdessen müssen Sie »das Gebäude verlassen« (was sowohl wörtlich als auch im übertragenen Sinn gemeint ist) und eine Kundenvalidierung erhalten, die sowohl für den Lean-Startup-Geschäftsansatz als auch für Säule 3: Validierte Nutzerforschung, grundlegend ist. Sie wollen den Menschen aktiv zuhören und sie einbeziehen, denn Ihr Ziel ist es, das spezifische Problem aufzudecken, das sie gelöst haben wollen.

Das mag sich wie eine Selbstverständlichkeit anhören, aber schockierenderweise spricht die Mehrheit der Stakeholder, mit denen ich in Unternehmen und Start-ups arbeite, nicht direkt mit den Kunden. Tatsächlich war es vor Lean

9 Blank, Steve: *The Four Steps to the Epiphany*, Plano, TX: K&S Ranch Press, 2005.

Startup die Norm, dass Unternehmen einfach das Produkt bauten, ohne mit den Kunden zu sprechen. Ähnlich wie Paul, der Filmproduzent, gehen die Stakeholder oder das Produktteam davon aus, dass sie genug über das Problem wissen, weil sie es persönlich haben oder weil sie jemanden kennen, der es hat. Auf Unternehmensebene gibt es mehrere mögliche Gründe dafür: Unwissenheit, Unterbesetzung, Faulheit und so weiter. Im Gegensatz dazu neigen Startup-Gründer dazu, wie Drehbuchautoren zu sein, die an einem Skript feilen, das sie nie jemandem zeigen. Sie haben Angst davor, was ihre Zielgruppe denken könnte, denn niemand will hören, dass sein Baby hässlich ist.

In einer perfekten Welt ist die Customer Discovery ein gemeinschaftlicher Prozess, bei dem so viele Mitglieder des Produktteams wie möglich ins Feld gehen. Die Zusammenarbeit hilft auch dabei, organisch einen Konsens über eine gemeinsame Produktvision zu entwickeln. Wenn die Leute, mit denen Sie zusammenarbeiten, keine Customer Discovery betreiben wollen, tun Sie es für sich selbst. Machen Sie es heimlich, ohne auf die Erlaubnis Ihres Chefs, des Kunden oder irgendwelcher Neinsager zu warten. Entscheidend ist, dass es versucht wird. Sie können von Ihrer Studie zurückkehren und Ihre Entdeckungen anekdotisch mit Ihrem Team teilen, solange Sie die Daten haben, um sie zu untermauern. Wenn niemand zuhören will, können Sie an diesem Punkt entscheiden, ob Sie weiter an diesem Projekt, weiter mit Ihrem aktuellen Team oder weiter für Ihren aktuellen Arbeitgeber arbeiten wollen. Aber gehen Sie wenigstens raus und sammeln Sie nachprüfbare Beweise, die Ihr Produkt in der Zeit, in der Sie daran arbeiten müssen, besser machen könnten. Nehmen Sie Ihr Schicksal in die Hand. In den Kapiteln 8 und 9 werde ich schnelle und kostengünstige Techniken vorstellen, um dies zu tun.

Ich habe bereits einige Gründe erwähnt, aus denen sich Produktentwickler schützend vor ihre Ideen stellen. Glücklicherweise sind Bita und Ena nicht emotional an das Nutzenversprechen gebunden, das ich im Internet generiert habe. Sie müssen nur ihre anfänglichen Annahmen bestätigen, und genau das werden sie auch tun. Sie werden das Gebäude (Büro oder Seminarraum) verlassen, um Interviews zu führen.

Das Kundeninterview

Während der Customer Discovery ist das Ziel des Kundeninterviews, mit echten Menschen zu sprechen, die Ihrer provisorischen Persona entsprechen. Allzu oft preisen Produktentwickler und Tech-Unternehmer gerne die Tugenden ihres beeindruckenden Nutzenversprechens an. Aber wenn man anfängt, Fremden seine Ideen vorzustellen, neigen sie dazu, nur zustimmend mit dem Kopf zu nicken und sich schnell wieder von einem zu entfernen. Das ist nicht die Validierung, die Sie brauchen oder wollen. Bei der Customer Discovery geht es ums Zuhören und nicht ums Verkaufen.

Sie müssen zwei oder drei Orte in der Nähe identifizieren, an denen Sie direkten Kontakt mit Ihren beabsichtigten Kunden aufnehmen können. Sie können sich nicht hinter Ihrem Schreibtisch verstecken. Denken Sie kreativ darüber nach, wo sich Ihre Kunden aufhalten, indem Sie sich auf die Arten von Aktivitäten oder Jobs konzentrieren, denen sie möglicherweise nachgehen. Es wird viele Fälle geben, in denen Sie sie einfach nicht persönlich antreffen können. Die Gründe dafür können von zeitlichen bis hin zu geografischen Einschränkungen reichen. Es kann sogar sein, dass Ihr Kundensegment im Internet viel leichter zu finden ist. In Kapitel 8 werde ich ausführlicher auf die Online-Rekrutierung für die Nutzerforschung eingehen.

Im Fall von Bita war ihre provisorische Persona eine wertbewusste, zukünftige Braut. Bita beschloss, die Einkaufszentren von Los Angeles zu besuchen, weil sie glaubte, dort Menschen zu finden, die zu ihrer Persona passten. Ihre erste Station war der Westside Pavilion in West Los Angeles. In diesem Einkaufszentrum gab es viele Kinderbekleidungsgeschäfte wie Gymboree und Baby Gap, wo Mütter mit Babys einkauften. Das war sicherlich anders als das, was ich mir vorgestellt hatte, wo Bita Leute finden würde, die gerade Hochzeitskleider kaufen wollten. Bita hat diese Idee eigentlich verworfen, nachdem sie aus einem Brautmodengeschäft hinausgeworfen wurde. Aber sie ließ sich durch das Ereignis nicht entmutigen. Stattdessen lernte sie daraus und überlegte sich neue Orte, an denen sie ihre Kunden finden könnte.

Bitas Annahme war, dass ihr diese frischgebackenen Mütter einen Einblick in die Hochzeitsplanung geben könnten, weil sie vielleicht geheiratet hatten, bevor sie ihre Familie gründeten. Und weil sie sehr kleine Kinder hatten, war ihre Hochzeit vielleicht noch nicht so lange her. Bita kleidete sich professionell und angemessen. Sie trug ein Klemmbrett mit mehreren Ausdrucken ihrer Fragen; zwischen den Fragen war ausreichend Platz, um die Antworten zu notieren. Sie näherte sich ihren Zielkunden mit einem Lächeln und nur, wenn das Timing stimmte, beispielsweise wenn das Baby im Kinderwagen schlief.

Das Kundeninterview besteht eigentlich aus drei Teilen: der Einleitung, dem Screener und dem eigentlichen Interview. Dies war Bitas Skript, als sie eine Mutter und ihr Kind ansprach.

Stellen Sie keine Screener-Frage, die Ihre Problemstellung bestätigt oder entkräftet.

Phase 1: Einleitung

> Hallo, ich bin Bita. Ich recherchiere gerade über eine Produktidee für ein Internet-Start-up. Haben Sie ein paar Minuten Zeit, um Fragen zur Hochzeitsplanung zu beantworten? Als kleines Dankeschön für das Interview bekommen Sie einen Amazon-Gutschein im Wert von 5 Dollar.

Diese Einleitung ist sorgfältig formuliert, um schnell zu erklären, warum Sie sie ansprechen und was Sie von ihnen möchten. Sie können versuchen, Menschen zunächst anzusprechen, ohne ihnen einen Anreiz zu bieten. Allerdings bitten Sie die Leute um ihre Zeit, und ein kleiner Gutschein für einen Onlineshop oder ein Café in der Nähe zeigt, dass Sie ihre Zeit zu schätzen wissen. Indem Sie die Worte »für das Interview« einfügen, schützen Sie sich davor, diejenigen zu bezahlen, die den Screener nicht bestehen. Sie können auch daran denken, die Fragen des Screeners mit »Vorher möchte ich Sie jedoch gerne fragen ...« einzuschränken.

Wenn die Frau, die sie ansprach, offen für ein Gespräch schien, begann Bita sofort mit den Fragen ihres Screeners.

Phase 2: Screener

Ein Screener ist eine kurze Liste aus ein bis drei Fragen, die zur Qualifizierung potenzieller Teilnehmer verwendet wird. Screener-Fragen sind entscheidend, weil Sie nicht davon ausgehen können, dass jeder, den Sie ansprechen, für Ihre Studie geeignet ist. Der Zweck dieser Fragen ist es, Personen herauszufiltern, die nicht zu Ihrer provisorischen Persona passen.

Wenn Ihre Problemstellung zum Beispiel lautet: »Vielbeschäftigte Berufstätige in L.A. wissen nicht genau, welche Geschenke sie ihren Liebsten kaufen sollen«, dann könnte Ihre Screener-Frage lauten: »Halten Sie sich selbst für eine viel beschäftigte berufstätige Person?« Wenn sie »Ja« sagen, können Sie nachhaken: »Wann haben Sie das letzte Mal einem geliebten Menschen ein Geschenk gekauft?« Sie entscheiden, wie lange es her sein muss. Diese Frage misst, ob die Person regelmäßig Geschenke kauft oder nicht. Sie ist spezifisch für die Problemstellung, aber es ist keine suggestive Ja-oder-Nein-Frage oder etwas, auf das die meisten Menschen die gleiche Antwort geben würden.

Dadurch wird Ihre Studie verunreinigt, weil Sie nicht in der Lage sind, zu messen, wie viel Prozent Ihrer mutmaßlichen Kunden tatsächlich dieses Problem haben. Es bedeutet auch, dass Sie nicht von denen lernen können, die Lösungen haben. Wenn Ihre Problemstellung zum Beispiel lautet: »Vielbeschäftigte Berufstätige in Los Angeles tun sich schwer darin, Geschenke für ihre Liebsten auszusuchen«, dann sollte Ihre Screener-Frage nicht irgendeine Version von »Wissen Sie nicht genau, welche Geschenke Sie Ihren Lieben kaufen sollen?« sein.

Screener-Fragen sollten dem Teilnehmer nicht aufdringlich erscheinen, aber Sie wissen, dass es sich um Dealbreaker-Fragen handelt. Um sie zu konstruieren, kann es hilfreich sein, rückwärtszuarbeiten. Was sind die genauen Antworten, die Sie von jemandem hören müssen, damit er sich für das Interview qualifiziert? Manchmal sind mehrere Iterationen Ihrer Screener-Fragen erforderlich, damit Sie mit den richtigen Personen sprechen.

Dies sind die Screener-Fragen, die Bita verwendet hat:

1. Sind Sie verheiratet, und wenn ja, wann haben Sie geheiratet?
    - Wenn in den letzten zwei Jahren geheiratet, weiter bei Frage 2.
    - Wenn nicht verheiratet oder vor mehr als zwei Jahren geheiratet, das Interview freundlich beenden.
2. In welcher Stadt haben Sie geheiratet?
    - Wenn in Los Angeles geheiratet wurde, die Person interviewen.
    - Wenn irgendwo anders geheiratet wurde, dann das Interview freundlich beenden.

Basierend auf Bitas Persona war das Ziel ihrer Screener-Fragen, herauszufinden, ob die Person, die sie interviewt, in der jüngeren Vergangenheit in Los Angeles eine Hochzeit geplant hatte. Sie benötigte Teilnehmer mit frischen Erinnerungen an ihre Hochzeitsplanung.

Phase 3: Das Interview

Wenn jemand den Screener-Test bestanden hat, konnte Bita zu den eigentlichen Interviewfragen übergehen. Diese werden mit der Absicht gestellt, jede Annahme, die Sie über Ihr Kundensegment gemacht haben, zu überprüfen. Bitas Persona (Abbildung 3.4) enthielt insgesamt elf Annahmen in den Abschnitten *Beschreibung*, *Verhalten* sowie *Bedürfnisse und Ziele*. Daher muss sie Fragen und Aufforderungen erstellen, mit denen die Richtigkeit der Annahmen ermittelt werden kann. Zum Beispiel benötigt die Verhaltensaussage »Sieht sich Parks und Gärten als mögliche Hochzeitlocations an« eine Frage, die darauf eingeht, wo sie nach Hochzeitslocations sucht. Wenn die Teilnehmerin mit dieser Art von Locations antwortet, dann würde das die Annahme bestätigen. Wenn die Mehrheit der Teilnehmerinnen keine Parks oder Gärten erwähnt, dann muss die Aussage nach der ersten Befragung aktualisiert werden, um genauer zu sein.

Schauen wir uns an, welche Interviewfragen Bita entwickelt hat:

1. Arbeiten Sie in Vollzeit oder in Teilzeit?
2. Wie sind Sie bei der Planung Ihrer Hochzeit vorgegangen?
   - nach beiden Veranstaltungsorten fragen, die sie in Betracht gezogen hatten, und auch nach dem, für den sie sich entschieden haben
   - fragen, wie sie die einzelnen Veranstaltungsorte entdeckt und kennengelernt haben
   - nach Hilfsmitteln fragen, z.B. Internet, Mundpropaganda
   - fragen, wann die Planung durchgeführt wurde, z.B. während der Arbeit, abends, am Wochenende
3. Würden Sie sagen, dass Ihre Hochzeit eher formell oder eher leger war?
4. Sind Sie bei der Planung Ihrer Hochzeit irgendwelche Kompromisse eingegangen? Warum?
5. Hatten Sie ein Budget für die Locations und konnten Sie dieses Budget einhalten? (Wenn nicht, um wie viel haben Sie es überzogen?)
6. Wie viele Personen waren bei der Feier anwesend (z.B. 50 bis 200)?
7. Was waren einige der Herausforderungen bei der Suche nach den Veranstaltungsorten (beispielsweise den idealen Ort zu finden, wie eine Location am Strand)?
8. Wie haben Sie diese Herausforderungen gemeistert? Mussten Sie am Ende Kompromisse bei Ihrer idealen Hochzeit eingehen?
   Diese Fragen setzen den Kontext für unsere Lösung. Jetzt, da der Teilnehmer diesen Kontext hat, ist es an der Zeit, dass Bita die entscheidende Frage stellt.
9. Haben Sie schon einmal von einer Website namens »Airbnb« gehört oder sie ausprobiert?
   - Ja (weiter zu Frage 10)
   - Nein (kurz das Nutzenversprechen von Airbnb in Bezug auf den Teil über kurzfristige Untervermietung erklären und mit Frage 10 fortfahren)
10. Wenn es eine Website wie Airbnb gäbe, auf der Sie eine große Auswahl an wunderschönen Häusern mit großen Gärten in Los Angeles fänden, die Sie speziell für eine Hochzeitsfeier mieten könnten, was würden Sie davon halten?

Sie enden mit Ihren entscheidenden Fragen. Das ist der Moment, in dem Sie Ihr anfängliches Nutzungsversprechen pitchen. Sie wollen zuhören und nicht verkaufen. Haben Sie bemerkt, wie offen die Fragen von Bita sind? Sie versucht nur, die Lösung zu finden, um zu sehen, welche Reaktion sie erhält, ohne zu versuchen, die Teilnehmer für oder gegen die Lösung zu beeinflussen. Wenn Sie die entscheidende Frage stellen, notieren Sie sich das Wesentliche der Antwort und stellen Sie, falls nötig, wichtige Folgefragen.

Bedanken Sie sich, geben Sie der Person den Geschenkgutschein, wenn Sie ihr einen angeboten haben, und lassen Sie sie von dannen ziehen. Idealerweise führen Sie für diese erste Runde der Customer Discovery mindestens zehn vollständige Interviews, vom Screener bis zur entscheidenden Fragestellung, durch. Dies sollte ausreichen, um über mehrere Dimensionen hinweg Muster zu erkennen.

Zweiseitige Märkte

Was, wenn Sie zwei unterschiedliche Kundentypen benötigen, damit Ihr Produkt einen Nutzen hat? Ein zweiseitiger Marktplatz ist eine Plattform für den Austausch von Nutzen zwischen zwei unterschiedlichen Anwendergruppen. Zweiseitige Märkte haben drastische Auswirkungen auf die Produktstrategie, da sie zwei unterschiedliche Benutzererfahrungen erfordern – eine für jedes Kundensegment. Unternehmen wie eBay haben Käufer und Verkäufer. Airbnb hat Gastgeber und Gäste. Eventbrite hat Event-Veranstalter und Event-Teilnehmer. Diese Plattformen sind wahnsinnig gut darin, diese Kundensegmente durch unterschiedliche Funktionen reibungslos zusammenzubringen.

Das reale Airbnb ist eine digitale Plattform, die es einer Gruppe von Kunden (Gastgebern) ermöglicht, ihre Objekte an eine andere Gruppe von Kunden (Gästen) unterzuvermieten. Airbnb kassiert dann von beiden »Seiten« einen kleinen Prozentsatz der Transaktion. Dies ist die Essenz eines Peer-to-Peer-Geschäftsmodells (auch bekannt als *Sharing Economy* oder *Collaborative Consumption)*, was auch für Airbnb for Weddings gelten würde. Damit Bita und Ena zukünftigen Eheleuten helfen können, erschwingliche Hochzeitslocations zu finden, müssen sie sie mit der anderen Seite des Marktes zusammenbringen: mit Menschen, die bereit sind, ihre Häuser für eine Hochzeitsfeier zu vermieten.

Ena hat dies während ihrer Customer Discovery erkannt. Daher ging sie einen Schritt zurück und erstellte eine provisorische Persona ihres anderen Hauptkunden, die Sie in Abbildung 3.6 sehen können.

Dies ist das Kundensegment, das ebenfalls existieren muss, damit ihr Nutzenversprechen funktioniert. Ena braucht Leute, die ein schönes Haus in Malibu besitzen und offen für einfallsreiche Lösungen sind, um den Wert ihres Hauses auszunutzen. Sie sind wahrscheinlich älter als unsere zukünftigen Eheleute und sehr darauf bedacht, dass ihr Haus nicht verwüstet wird, zumindest geht Enas Persona davon aus.

Eigentümer von Häusern mit großem Garten in Los Angeles

Beschreibung

Paar, Alter Ende 40 bis Ende 50

Wohnen in einem Haus mit großem Garten

Leben in Los Angeles

Kinder wohnen nicht zu Hause

Verhalten

Nutzen Airbnb oder VRBO, um ihr Haus zu vermieten

Geben sich Mühe bei der Pflege des Gartens

Reagieren schnell auf E-Mails und Anfragen, um den Überblick zu behalten

Veranstalten im Garten Partys für Freunde

Bedürfnisse und Ziele

Möchten das Einkommen ergänzen

Möchten das geräumige Wohneigentum gut nutzen

Möchten wissen, dass ihr Eigentum sicher ist

Suchen nach einer einfachen Möglichkeit, mit dem Haus mehr zu verdienen als mit Airbnb

Abbildung 3.6: Enas provisorische Persona für einen potenziellen Hochzeitslocation-Anbieter

Ich fragte Ena, wie sie plante, diese provisorische Persona zu validieren. Wo würde sie Menschen dieses Typs finden? Würde sie an große, schicke Türen von Häusern klopfen, die am Strand liegen? Viel Glück dabei. Vielleicht könnte sie Leute fragen, die in einem Delikatessengeschäft in Malibu einkaufen, ob sie ihr Haus vermieten würden. Ich war besorgt, dass sie eine Persona verfolgte, die nicht leicht zu verifizieren sein würde. Also forderte ich sie auf, die Customer Discovery fortzusetzen.

In der darauffolgenden Woche kam Ena mit einer ziemlich coolen Validierung zurück, die in Abbildung 3.7 dargestellt ist. Sie hatte sich als zukünftige Braut ausgegeben und einige echte Gastgeber auf dem echten Airbnb kontaktiert. Sie fragte sie, ob sie ihre Häuser für eine Hochzeitsfeier vermieten würden. Sie fragte sogar, wie viel sie verlangen würden. Wie sich herausstellte, machten die Leute das bereits.

Gastgeber auf Airbnb hatten das System bereits so verändert, wie sie es brauchten. Sie erstellten Preispakete, die völlig unabhängig vom Airbnb-Geschäftsmodell und der UX waren, und die Antworten zeigten Ena, wie vertraut die Gastgeber mit Anfragen für Hochzeiten waren.

Hallo Ena,

vielen Dank für Deine Anfrage! Wir würden uns freuen, Dich und Deine Gäste willkommen zu heißen :)
Der Grundpreis beträgt $1500/Nacht (bis zu sechs Übernachtungsgäste) und $40 pro Person für die Hochzeitsgäste. Bei 50 Personen wären dies zum Beispiel $2000 zusätzlich. Hinzu kommt eine Reinigungsgebühr von $500.

Es sieht so aus, als ob Du aus Kalifornien kommst, daher kennst Du Malibu wahrscheinlich gut. Vorsichtshalber möchten wir Dich trotzdem wissen lassen, dass unser Haus am La-Costa-Strand liegt, einem Privatstrand, der nicht öffentlich zugänglich ist. Es ist perfekt für die Ausrichtung von Hochzeiten.

Ich freue mich darauf, von Dir zu hören.

Beste Grüße,
Kate

Abbildung 3.7: Beispiel für eine positive Antwort von Gastgebern auf Airbnb auf Enas Anfrage, ob sie ihr Haus für eine Hochzeit vermieten

Schritt 5: Überprüfen Sie Ihr ursprüngliches Nutzenversprechen auf der Grundlage der gewonnenen Erkenntnisse

Wie Sie sehen, muss die Durchführung von validierter Nutzerforschung nicht kostspielig oder zeitaufwendig sein. Es kostete Bita einen Samstag, um zu überprüfen, ob ihre Annahmen richtig waren, die sie dann zu den in Abbildung 3.8 gezeigten Ergebnissen zusammenstellte.

Ja, sie sprach nur mit zehn Leuten, die ihre Screener-Fragen bestanden, aber sie fand heraus, dass neun von ihnen ein großes Problem damit hatten, einen bezahlbaren Veranstaltungsort zu finden. Offensichtlich wurde ihre Vermutung bestätigt. Sie gewann jedoch auch zusätzliche Informationen darüber, wie viel diese Leute für ihre Hochzeiten ausgaben und wie viele Personen sie einluden. Sie erfuhr, dass 70 % ihrer Befragten Hochzeiten mit 175 Gästen hatten. Dies beeinflusste ihre Überlegungen zu ihrem Nutzenversprechen, denn es bedeutete, dass das Detail der Veranstaltungsortgröße tatsächlich wichtiger war, als sie ursprünglich angenommen hatte. Es brachte sie dazu, sich zu fragen, ob es in Los Angeles Häuser gibt, die groß genug waren, um die Bedürfnisse ihres Zielkundensegments zu befriedigen. Es war ein Realitätscheck.

Im Gegensatz dazu ergab Enas Customer Discovery, dass es bereits eine bestehende Lösung für Airbnb for Weddings gibt, und zwar ... Airbnb! Allerdings erfuhr sie auch, dass Airbnb nicht darauf ausgelegt ist, alle logistischen Anforderungen des Gastgebers oder der zukünftigen Eheleute zu erfüllen. Sie können sich auf der Website von Airbnb beispielsweise nicht mit anderen Aspekten der Hochzeitsplanung befassen, wie dem Essen, dem Parken, den Blumen usw. Dennoch nutzen die Leute (sowohl Gastgeber als auch zukünftige Ehepartner) Airbnb derzeit als Notlösung, weil es ein Workaround für die Buchung einer erschwinglichen Hochzeitslocation ist. Wenn Sie über Beweise wie diese stolpern, sollten Ihre kreativen Säfte der Wertinnovation anfangen zu fließen.

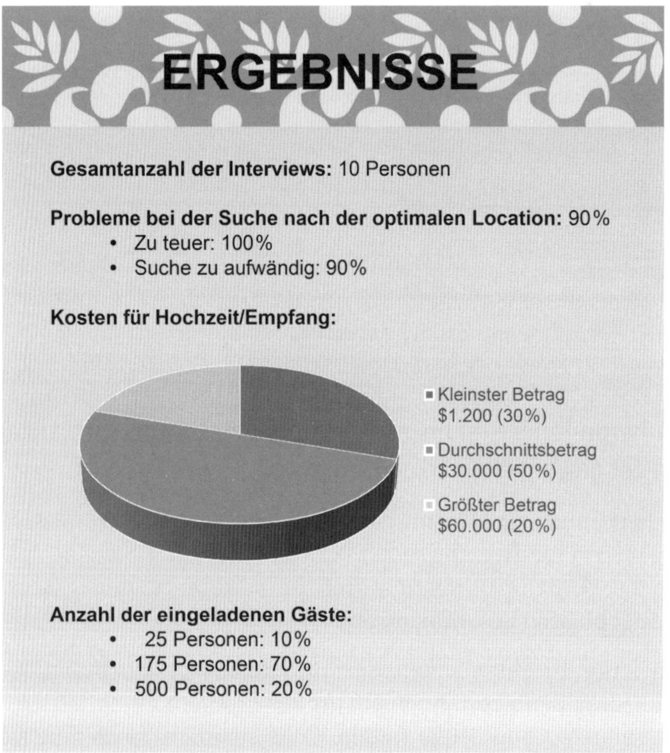

Abbildung 3.8: Die Ergebnisse von Bitas Customer Discovery

Jetzt, wo wir das Feedback haben, müssen Sie und Ihr Team, wie Bita und Ena, einige Entscheidungen treffen, weil eines von drei Dingen hätte passieren müssen:

- Sie haben nicht alle Annahmen aus Ihren provisorischen Personas validiert. Daher müssen Sie einen Pivot durchführen und darüber nachdenken, wer Ihre Kunden wirklich sind. Gehen Sie zurück zu Schritt 1.

- Sie haben einen häufigen Pain Point, den Ihre Kunden erleben, nicht validiert. Daher müssen Sie einen Pivot durchführen und sich erneut auf das Problem fokussieren. Gehen Sie zurück zu Schritt 2.
- Sie haben Ihre Problemstellung und Ihre vorläufige(n) Persona(s) validiert und sind vom anfänglichen Nutzenversprechen Ihrer Lösung überzeugt. Sie können weitere Kundeninterviews mit weiteren Teilnehmern durchführen, um Ihre Persona(s) weiter zu validieren, oder sogar mit anderen Segmenten experimentieren. Wenn Sie bereit sind, machen Sie mit Kapitel 4 weiter.

Zusammenfassung

Eine gute Geschäftsstrategie ist eine, die sich um den Kunden dreht. Aus diesem Grund müssen Sie Ihr vermutetes Kundensegment und dessen unerfüllte Bedürfnisse validieren. Durch die Kombination von Customer-Discovery-Techniken mit traditionellen User-Research-Tools, wie z.B. provisorischen Personas, haben Sie jetzt eine kosteneffiziente Möglichkeit, um festzustellen, ob Sie auf dem richtigen Weg sind. Selbst wenn Sie es unangenehm finden, mit Fremden zu sprechen, neu in der Feldforschung sind, durch ein Anforderungsdokument gefesselt sind, mit einer drohenden Deadline kämpfen oder auf ein zweizeiliges Visionsstatement starren, möchten Sie so viel wie möglich über Ihre zukünftigen Benutzer erfahren, bevor Sie mit der Entwicklung eines Produkts beginnen. Denn das ist allemal besser, als ein »ASS aus U und ME« zu machen.

4

Die Wettbewerbslandschaft recherchieren

Du hattest recht. Ich war auf dem falschen Weg.
Wir sind tief im Tal, wie tief in der Rinne.
Und jetzt in der Schlucht, draußen in der Wildnis.

– Sonic Youth[1]

Jetzt, da Sie ein starkes positives Signal von tatsächlichen Anwendern aus dem echten Leben haben, müssen Sie fragen: »Warum wurde diese Lösung bisher noch nicht umgesetzt?« Oder, wie im Fall von Bita und Ena nach ihrer Customer Discovery: »Wer sonst löst dieses Problem bereits und wie?« Ich zögere zu sagen, dass alles bereits gemacht wurde, aber so ziemlich alles wurde *versucht*. Schließlich entwerfen Einzelpersonen und Unternehmen seit mehr als 25 Jahren Produkte für den Vertrieb und Konsum im Internet! Zu wissen, was funktioniert hat und was nicht, ist entscheidend für die Identifizierung eines Wettbewerbsvorteils und die Definition Ihres Geschäftsmodells. In diesem und dem nächsten Kapitel werden wir uns also eingehender mit Säule 1: Geschäftsstrategie (Abbildung 4.1) befassen, damit Sie einen Rahmen für die Beurteilung des Wettbewerbs und für strategische Entscheidungen entwickeln können.

Abbildung 4.1: Säule 1: Geschäftsstrategie

1 Sonic Youth: »Death Valley '69«, *Bad Moon Rising*, Iridescence, 1984.

Erkenntnisse gewinnen, auf die harte Tour

Solide investigative Wettbewerbsanalyse zu betreiben, ist wie das Schälen einer Zwiebel. Je mehr Schichten Sie schälen, desto mehr kommt zum Vorschein. Und es könnte Ihnen auch die Tränen in die Augen treiben, wenn Sie entdecken, dass Ihre Produktvision nicht einzigartig ist. Aber wollen Sie nicht lieber früher als später wissen, was es braucht, um die Konkurrenz zu schlagen? Wenn Sie nicht wissen, was Sie nicht wissen, laufen Sie Gefahr, es auf die harte Tour zu lernen.

Nehmen wir zum Beispiel meinen geliebten Vater. Im Jahr 1976, im Alter von 38 Jahren, nahm er allen Mut zusammen, um seinen Vollzeitjob als Gebietsleiter einer beliebten kalifornischen Restaurantkette zu kündigen. Seit seinem Abschluss in Buchhaltung an der UCLA hatte er für andere gearbeitet und wollte unbedingt Unternehmer werden. Sein guter Freund hatte sich mit der Eröffnung mehrerer Hotdog-Stände in der Gegend von Los Angeles selbstständig gemacht. Daher war mein Vater zuversichtlich, dass seine eigene Managementerfahrung ihm zum Erfolg verhelfen würde.

Bald fand er einen Imbissstand, der neben einer Autowaschanlage in North Hollywood zum Verkauf stand. Er beobachtete den Betrieb kurz und sah, dass nur sehr wenige Kunden an den Stand kamen, selbst wenn ihre Autos gewaschen wurden. Der Laden war heruntergekommen und der Besitzer schien seinen Kunden gegenüber gleichgültig zu sein. Mein Vater sah eine Möglichkeit, den Stand in ein profitables Geschäft zu verwandeln, und kaufte ihn sofort.

Abbildung 4.2 zeigt, dass er allem einen frischen Anstrich verpasste, die Speisekarte aktualisierte und ein großes Schild aufstellte, auf dem stand, dass der Stand unter »neuer Leitung« steht.

Am Eröffnungstag verkaufte er jedoch weniger als zehn Hot Dogs. Schlimmer noch, Kakerlaken krochen über die Theke, und mein Vater versuchte immer wieder, sie zu zerquetschen, bevor Kunden kamen. Zu dieser Zeit hingen mein Bruder und ich (damals zehn und zwölf Jahre alt) an den Wochenenden am Stand herum und wir konnten sehen, dass mein Vater nicht wusste, was er von seinem neuen Geschäft halten sollte. Schließlich wurde ihm klar, dass er trotz all seiner Bemühungen das Blatt nicht wenden konnte. Seine Managementkenntnisse konnte er nicht in die emotionale Ausdauer und körperliche Kraft übersetzen, die erforderlich war, um das Tagesgeschäft zu betreiben. Also bot er den Stand zum Verkauf an.

Eines Morgens reagierte jemand auf die Anzeige, in der mein Vater den Imbissstand zum Verkauf anbot. Der Mann tauchte mittags am Stand auf und stellte sich vor. Er kaufte einen Hot Dog und setzte sich dann an einen Tisch, um die gesamte Mittagsschicht zu beobachten. In der ersten Stunde kam eine ältere

Frau, die im nahe gelegenen Seniorenheim wohnte, und kaufte einen Hot Dog. Nach einem Bissen verlangte sie ihr Geld zurück. Sie sagte: »Es hat nicht geschmeckt.«

Abbildung 4.2: Polaroid mit Alan Levy vor seinem Hot-Dog-Stand im Jahr 1978

Am nächsten Tag kam der Mann zurück und beobachtete eine weitere Mittagsschicht. Bevor er ging, fragte ihn mein Vater, was er von dem Geschäft halte.

»Um ehrlich zu sein, Alan«, antwortete der Mann mit schwerem armenischen Akzent, »du bist mit einer Leiche verheiratet.«

Dieser Kommentar führte dazu, dass mein Vater tagelang deprimiert war. Er beschloss, sein Schicksal zu akzeptieren, und verkaufte den Stand mit erheblichem Verlust, was für meine Familie wirklich sehr hart war. Aber durch diese ganze Erfahrung haben mein Vater (und wir Kinder) eine Menge wichtiger Erkenntnisse gewonnen.

Was lernen wir daraus?

- Bevor Sie ein neues Unternehmen gründen, sollten Sie so viel wie möglich darüber lernen, wie es funktioniert. Lassen Sie es nicht dazu kommen, dass Ihr Verstand durch Ihre Begeisterung getrübt wird.
- Untersuchen Sie Ihre Konkurrenz. Was macht sie richtig? Was macht sie falsch? Warum sollten Kunden zu Ihnen kommen?
- Und wenn Sie nicht herausfinden können, wie es funktioniert, geben Sie sich geschlagen. Es ist okay, zu scheitern! Aber machen Sie weiter. Oder führen Sie einen Pivot durch!

Den Wettbewerb untersuchen, um die Goldstücke zu entdecken

»Strategie bedeutet nicht nur, eine Absicht zu haben. Die Absicht, Branchenführer zu werden, mag ein Anfang sein, aber wir kommen nur dann zur Strategie, wenn wir die Schwierigkeiten verstehen, dieses Ziel in einem bestimmten Kontext zu erreichen«, sagt J.-C. Spender.[2] Um wettbewerbsfähig zu sein, muss man wissen, was es da draußen gibt, was funktioniert und was nicht funktioniert hat. Wie würden Sie sonst wissen, ob das Produkt, das Sie sich vorstellen, in einen roten Ozean oder in einen blauen Ozean eintaucht, wie in Kapitel 2 beschrieben? Um Ihre Überlebenschancen zu erhöhen, sollten Sie untersuchen, wie die aktuellen digitalen Lösungen die Bedürfnisse Ihrer Zielkunden ansprechen. Möglicherweise stellen Sie fest, dass Ihr Produkt durch die Marktpositionierung zu einer neuen Kategorie werden könnte.

Deshalb ist die Erforschung der Konkurrenz ein wichtiger Bestandteil der Geschäftsstrategie. Sie wollen aus erster Hand wissen, welche guten und schlechten Nutzererfahrungen und Geschäftsmodelle Ihre Konkurrenten bieten. Wenn die Untersuchung gründlich durchgeführt wird, kann sie eine Fundgrube für Einblicke in aufkommende Branchentrends, entstehende Märkte und veraltete mentale Modelle sein. Es wird Ihrem Team auch dabei helfen, etwas über Standarddesignkonventionen und beachtenswerte Marketingtaktiken zu lernen. Um sich ein umfassendes Bild machen zu können, müssen Sie die einzelnen Punkte erst einmal sammeln.

Zu beurteilen, wie Ihr aktuelles oder zukünftiges Produkt im Vergleich zu anderen abschneidet, ist eine komplexe, entmutigende und kontinuierliche Auf-

2 Spender, J.-C.: *Business Strategy: Managing Uncertainty, Opportunity, and Enterprise*, Oxford: Oxford University Press, 2015.

gabe. Aber Sie müssen keinen teuren Marktforschungsanalysten einstellen, wenn Sie für einen Do-it-yourself-Ansatz offen sind. Wie der Strategieexperte und Buchautor Henry Mintzberg sagt: »Echte Strategen machen sich die Hände schmutzig, um nach Ideen zu graben, und echte Strategien werden aus den Goldklumpen gebaut, die sie aufdecken.«[3]

Meiner Erfahrung nach besteht die effizienteste Art, eine umfassende Wettbewerbsanalyse durchzuführen, darin, alle Daten in einer Matrix zu sammeln. Das ist ein unkomplizierter Weg, um einen Quervergleich durchzuführen. Mit einer Tabelle kann ich Informationen methodisch erfassen und vermeide es, wichtige Datenpunkte zu übersehen. Die Matrix hilft, den Überblick über alles zu behalten, was verglichen werden muss. Wenn sie vollständig ist, kann ich meine Position mit einem überzeugenden Verständnis zahlreicher qualitativer und quantitativer Datenpunkte begründen.

Ich verwende Google Sheets, weil ich ein kostenloses, cloudbasiertes Tool bevorzuge, das für möglichst viele Personen – Mitarbeiter und Stakeholder – leicht zugänglich ist. Es ist wichtig, dass jeder Zugang zu den aktuellen Forschungsergebnissen hat, und auf diese Weise vermeide ich leere Blicke während wichtiger Diskussionen.

Abbildung 4.3 zeigt einen Ausschnitt einer Tabelle, die ich mit Google Sheets speziell für Wettbewerbsanalysen erstellt habe. Sie enthält als Referenz eine Untersuchung, die im Jahr 2020 zum Nutzenversprechen von Airbnb for Weddings durchgeführt wurde.

Wie ich bereits im Vorwort erwähnt habe, können Sie das UX-Strategie-Toolkit, das auch das Tool *Matrix Konkurrenzanalyse* (Competitive Analysis Matrix) enthält, von *https://userexperiencestrategy.com* bzw. *https://www.oreilly.de/ux-strategie* herunterladen.

Ihr ultimatives Ziel ist es, eine Lösung zu entwickeln, die einen Wettbewerbsvorteil schafft. Die Recherchen, die Ihr Team mit dem Tool durchführt, zwingen jeden dazu, die Wettbewerbslandschaft im Hinblick auf die Exzellenz oder Mittelmäßigkeit, in der Art und Weise, wie die Konkurrenten ihre Benutzererfahrungen liefern, zu durchleuchten. Der Teufel steckt im Detail, und genau in diesen Details lässt sich die Wertinnovation (Säule 2) konzipieren (mehr hierzu finden Sie in Kapitel 6).

3 Mintzberg, Henry: »The Fall and Rise of Strategic Planning«, in: *Harvard Business Review*, Januar 1994. *https://oreil.ly/ImcVX*

MATRIX KONKURRENZANALYSE						
Airbnb for Weddings ist ein Online-Marktplatz für die Veröffentlichung und Vermietung privater Immobilien als Hochzeitslocations.	URL der Website oder App-Store-Adresse	Anmeldedaten	Nutzenversprechen	Gegründet in	Finanzierungsrunden	Einnahmequellen
DIREKTE KONKURRENTEN						
The Wedding Spot	https://wedding-spot.com	wonderfulwedding@gmail.com Kennwort: wedding2020!	Wedding Spot ist ein Online-Marktplatz, der es Hochzeitsplanern ermöglicht, nach Hochzeitslocations zu suchen, deren Preise zu vergleichen und sie zu buchen.	2013	Erhielt 3,2 Mio. Dollar in zwei Runden von drei Leadinvestoren	Werbung/Gebühren von Vermietern von Hochzeitslocations
Here Comes The Guide	https://herecomestheguide.com	wonderfulwedding@gmail.com Kennwort: wedding2020!	Here Comes the Guide stellt zukünftigen Ehepaaren Listen mit unterschiedlichen Anbietern für Hochzeitsdienstleistungen und -produkten zur Verfügung.	1989	Komplett durch Gründer finanziert	Werbung
Wedgewood Weddings	https://wedgewoodweddings.com	wonderfulwedding@gmail.com Kennwort: wedding2020!	Wedgewood Weddings bietet geminsam mit mehr als 40 Partnern in den USA zukünftigen Ehepaaren Hochzeitsservice-Pakete an.	1986	unbekannt	All-inclusive-Hochzeitslocation-Pakete für Kunden
INDIREKTE KONKURRENTEN						
The Knot	https://theknot.com	wonderfulwedding@gmail.com Kennwort: wedding2020!	The Knot ist eine allumfassende Hochzeitswebsite, die Planungstools und eine Geschäftsplattform bietet, die zukünftige Ehepaare mit Hochzeitsdienstleistern, einschließlich Hochzeitslocations, zusammenbringt.	1996	2005 an die Börse gegangen; 2018 privatisiert und im Besitz von Permira Funds und Spectrum Equity, den aktuellen Investoren von Wedding Wire Erhielt 19,6 Mio. Dollar in drei Runden von fünf Leadinvestoren.	Lokale Werbung (Anzeigen-Abos, die von lokalen Anbietern bezahlt werden, sind die primäre Einnahmequelle) Überregionale Werbung
Wedding Wire	https://weddingwire.com	wonderfulwedding@gmail.com Kennwort: wedding2020!	WeddingWire ist ein globaler Marktplatz, der Brautpaare mit lokalen Hochzeitsexperten zusammenbringt.	2007	Erhielt 381,1 Mio. Dollar in fünf Finanzierungsrunden	Werbung der Anbieter/Verkäufer
Hitchbird	https://hitchbird.com	wonderfulwedding@gmail.com Kennwort: wedding2020!	HitchBird ist eine Website mit Informationen über Hochzeitsdienstleister im asiatisch-pazifischen Raum, die zukünftigen Ehepaaren auf der ganzen Welt zur Verfügung steht.	2015	Hat 2018 in einer Seed-Runde einen unbekannten Geldbetrag aufgebracht.	Werbung

Abbildung 4.3: Beispiel eines Tabellenblatts, das Konkurrenzprodukte vergleicht

Sie können nur dann eine solide Analyse durchführen, wenn Sie eine solide Recherche als Input verwenden. Das klingt selbstverständlich, aber es ist erstaunlich, wie viele schnelle Entscheidungen lediglich nach einer nur flüchtigen Marktuntersuchung getroffen werden. Als Strategen müssen wir unseren Kunden und Stakeholdern dabei helfen, die umfangreiche Forschung in mundgerechte, umsetzbare Erkenntnisse zu filtern, mit denen jeder intelligente, analytische Entscheidungen treffen kann. Lassen Sie mich dies langsam aufdröseln. Am Ende dieses Abenteuers werden Sie sehen, *dass Wissen Macht ist.*

UX-fokussierte Wettbewerbsanalyse durchführen

Wenn der UX-Lead oder ein Mitglied des UX-Teams Ihre Wettbewerbsanalyse durchführt, bietet dies zahlreiche Vorteile.

UX-Innovation
: UX-Designer denken instinktiv darüber nach, wie einfach es für jemanden ist, eine Aufgabe zu erledigen. Sie können eine Gelegenheit zur Verbesserung erkennen, indem sie ein Interaktionsdesignmuster ändern. Erinnern Sie sich noch mal an unsser Tinder-Beispiel und daran, wie ein einfaches Swipen nach links oder rechts, um damit eine Entscheidung zu treffen, zum Herzstück des Produkts wurde.

Effizienz und Fachwissen
: Es ist schneller, wenn ein und derselbe UX-Designer das Produkt erforscht und entwickelt. Sie werden sehen, welche Praktiken beim Interaktionsdesign (wie beispielsweise »Onboarding«) am besten funktionieren, indem sie die Konkurrenz untersuchen. Außerdem werden sie mit dem Thema und dem Fachbereich vertraut (z.B. Gesundheitswesen oder Mobilfunk), wenn sie Taxonomien, Inhalte und Geschäftsmodelle untersuchen.

Tag-Team (Team aus mehreren Mitgliedern)
: UX-Leads können sich auf die Analyse konzentrieren und die arbeitsintensive Recherche an Junior-Teammitglieder delegieren. Die Junior-Mitglieder profitieren von der praktischen Arbeit und der Betreuung durch Mentoren. Am Ende des Tages ist so das gesamte UX-Team mit der Wettbewerbslandschaft vertraut.

Verstehen, was Wettbewerb bedeutet

Als Hersteller digitaler Produkte ist der Marktplatz, den wir bedienen und auf dem wir konkurrieren, das Internet. Es ist nicht nur unser Marktplatz, es ist auch unser Vertriebsmedium. Sie und Ihr Team kreieren für, liefern Produkte an, interagieren mit und akquirieren mehr Nutzer als jedes andere Medium über diesen digitalen Highway. Aus diesem Grund ist das Internet *weitaus mächtiger* als traditionelle Medien wie Fernsehen und Radio.

Ihr Marktplatz enthält alle Ihre bestehenden und zukünftigen Kunden. Sie können entweder zahlende oder nicht-zahlende Kunden sein. Sie können aus fast jeder Altersgruppe stammen, solange sie digital mit dem Produkt interagieren können, um ihre Aufgabe zu erfüllen. Wenn Unternehmen in diesem Bereich ein Produkt anbieten, das dem Ihren gleicht oder auch nur ein wenig ähnelt, dann sind das Ihre Konkurrenten und sie haben die Möglichkeit, Ihren Marktanteil an den potenziell mehr als vier Milliarden Menschen, die das Internet nutzen, zu verringern.

Allerdings sind nicht alle dieser mehr als vier Milliarden Menschen unbedingt Ihre Kunden. (Wenn Sie denken, dass sie es sind, lesen Sie bitte sofort Kapitel 3.) Wenn Sie dies von Anfang an erkennen, wird es einfacher, Ihre Konkurrenz zu lokalisieren.

Arten von Wettbewerbern

Ein Wettbewerber ist eine Person, ein Team oder ein Unternehmen, das die gleichen Ziele hat wie Sie und für die gleichen Dinge kämpft, die Ihr Produktteam will. Selbst wenn Sie in einen neuen Markt eintreten, gibt es vielleicht keine offensichtliche Konkurrenz. Dennoch besteht die Möglichkeit, dass es einen Nischenmarkt gibt, der entweder von Internetgiganten oder aufstrebenden Start-ups definiert wird und den Sie noch nicht berücksichtigt haben.

Direkte Wettbewerber sind Unternehmen, die Ihren aktuellen oder zukünftigen Kunden das gleiche oder ein sehr ähnliches Nutzenversprechen bieten. Ein direkter Konkurrent von Uber ist zum Beispiel Lyft. Als beide Unternehmen starteten, lösten sie das gleiche Problem für den gleichen Kunden mit einer im Wesentlichen identischen Lösung. Taxidienste sind ebenfalls ein direkter Konkurrent von Uber, auch wenn sie ein anderes Geschäftsmodell haben.

Das ursprüngliche Nutzenversprechen von Airbnb for Weddings, das wir in Kapitel 3 definiert haben, ist ein Online-Marktplatz für das Anbieten und Mieten von privaten Immobilien als Hochzeitslocations. Meine Recherchen ergaben, dass der größte direkte Konkurrent eine Website namens *Wedding Spot* ist, die Sie in Abbildung 4.4 sehen.

Der Grund, warum sie der größte direkte Konkurrent sind, ist, dass sie sich zu 100 % darauf konzentrieren, zukünftigen Eheleuten bei der Suche nach einer Hochzeitslocation zu helfen, und auf ihrer Website für den Bereich Los Angeles die meisten Hochzeitslocations (derzeit 730) angeboten werden. Daneben bieten sie weitere großartige Funktionen, einschließlich eines direkten Vergleichs der Veranstaltungsorte sowie transparente Preisgestaltung, die kein anderer Wettbewerber anbietet.

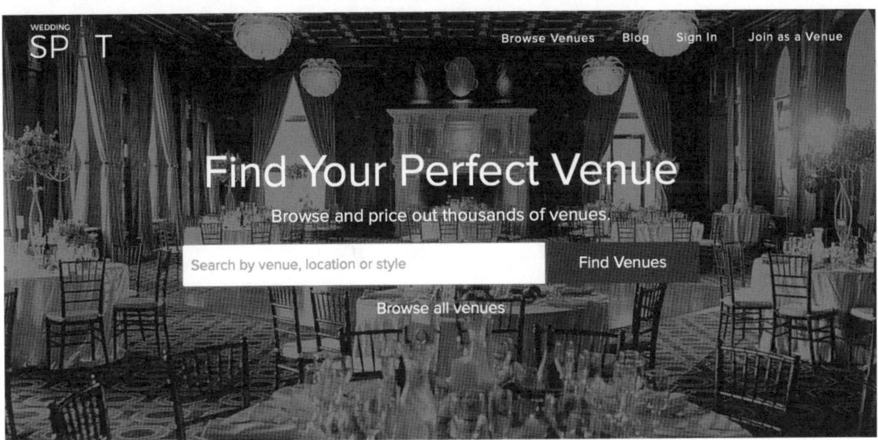

Abbildung 4.4: Website eines direkten Wettbewerbers: Wedding Spot

Indirekte Wettbewerber bieten zwar ein anderes Nutzenversprechen, aber deren Lösung kann in gewisser Weise die Bedürfnisse Ihres Zielkunden erfüllen. Ein indirekter Konkurrent von Uber ist zum Beispiel der öffentliche Nahverkehr. Er löst das Problem für den Kunden, aber mit einer anderen Lösung.

Der größte indirekte Konkurrent von Airbnb for Weddings ist *The Knot*, wie in Abbildung 4.5 dargestellt. Diese Website bietet umfassende Ressourcen und Planungstools für Hochzeiten an. Dazu gehört auch eine große Sammlung von Hochzeitslocations, die durchsucht und gebucht werden können. *The Knot* wird jedoch als indirekter Wettbewerber eingestuft, da die Auflistung von Hochzeitslocations nur ein Teil der Lösung ist.

Abbildung 4.5: Website eines indirekten Wettbewerbers: The Knot

Indirekte Wettbewerber lösen möglicherweise nur einen Teil des Problems für ein Kundensegment oder bieten im Gegensatz dazu ein viel umfassenderes Nutzenversprechen. Häufige indirekte Wettbewerber sind horizontale Marktplätze und Aggregatoren wie Amazon, Craigslist und Yelp. Das liegt daran, dass sie zahlreiche Lösungen für zahlreiche Kundensegmente anbieten. Amazon kann der bedrohlichste indirekte Konkurrent für jedes E-Commerce-Unternehmen sein, da es der erste Anlaufpunkt für Online-Shopping ist. Seien Sie vorsichtig, wenn Sie denken, dass Amazon ein direkter Konkurrent ist, nur weil Ihre Zielkunden es derzeit für die Lösung nutzen. Fragen Sie sich stattdessen: Würde Amazon mein Unternehmen als direkten Konkurrenten betrachten? Wahrscheinlich nicht. Ein direkter Konkurrent für Amazons Marktplatz wäre ein anderer horizontaler Marktplatz, wie z.B. Walmart.

Es kann auch hilfreich sein, verwandte Märkte zu betrachten, um indirekte Wettbewerber zu finden. Diese Konkurrenten könnten potenziell in Ihren Markt expandieren (z.B. Netflix, das Streaming und die Produktion von Inhalten in Angriff nimmt, oder Uber, das Lebensmittel liefert).

Wenn Sie sich nicht sicher sind, ob es sich um einen direkten oder indirekten Mitbewerber handelt, warten Sie, bis Sie die Recherche abgeschlossen haben. In Kapitel 5 erfahren Sie, wie Sie Konkurrenten analysieren und in die richtige Kategorie einordnen können.

Aber egal ob es ein direkter oder indirekter Konkurrent ist, das Internet ist ein intensiver Marktplatz. Ziehen Sie *alle* Ihre Mitbewerber in Betracht, bevor Sie Entscheidungen über das treffen, was Ihre Forschung Ihnen sagt. (Das geschieht ebenfalls in Kapitel 5.) Die Realität ist, dass Menschen Produkte oder Produktkombinationen oft auf eine Weise nutzen, die von den Produktherstellern nicht erwartet wurden, und es ist Ihre Aufgabe, diese aufzudecken. (Rufen Sie sich in Erinnerung, was Ena auf Airbnb über Gastgeber für Hochzeitslocations entdeckt hat!)

Wie Sie Ihre Konkurrenten finden

Es gibt viele Möglichkeiten, um herauszufinden, wer Ihre direkten und indirekten Konkurrenten sind. Während der Customer Discovery oder anderer Recherchen werden Benutzer möglicherweise die Namen von Produkten nennen, die sie verwenden. Während der Befragung von Stakeholdern werden der Kunde, die Investoren und andere Produktverantwortliche wahrscheinlich die Namen von Konkurrenzprodukten nennen, die ihnen bekannt sind. Oder sie erwähnen ein Produkt, das sie bewundern und dem sie nacheifern wollen. Deshalb ist es wichtig, sich die Namen der Mitbewerber zu merken, damit Sie sie nicht gleich zu Beginn Ihrer Recherche vergessen. Beginnen Sie damit, eine

Liste potenzieller Konkurrenten an einem leicht zugänglichen Ort zu erstellen, z.B. in einer Notiz-App, einem Google-Dokument oder in der Matrix zur Wettbewerbsanalyse aus dem UX-Strategie-Toolkit.

Glücklicherweise leben wir auch in einer Zeit, in der es Hunderte von Web-Tools gibt, um effektiv Wettbewerbsanalyse zu betreiben: Google, Bing, Yahoo und mehr. Die Algorithmen hinter den Suchmaschinen sind sehr komplex; das bedeutet, dass sogar die Reihenfolge der Ergebnisse uns etwas sagen kann, wenn wir damit beginnen, Daten zu sammeln.

Um meine Konkurrenten zu finden, versetze ich mich zunächst in die Gedankenwelt meines anvisierten Nutzersegments. Im Fall von Airbnb for Weddings bedeutet das, dass ich darüber nachdenken möchte, wie mein zukünftiges Ehepaar die Suche nach einer Hochzeitslocation durch Schlüsselwörter angehen könnte. Wenn ich nützliche Keyword-Kombinationen entdecke, speichere ich sie in der Matrix zur Wettbewerbsanalyse in den dafür vorgesehenen Zellen unter den Zeilen mit den Mitbewerbern.

Einige Beispiele für Schlüsselwörter sind:

- Venue booking (Location buchen)
- Wedding venues (Hochzeitslocations)
- Wedding venues near me (Hochzeitslocations in meiner Nähe)
- Wedding apps (Hochzeits-Apps)
- Wedding planning apps (Apps für die Hochzeitsplanung)
- Wedding halls (Hochzeitssaal)

Aber das ist nur mein Ausgangspunkt. In der Regel verwende ich die folgenden Techniken, um schnell eine umfassende Liste beliebter Schlüsselwörter zu erstellen, die mich dann zu einer breiteren Palette von Wettbewerbern führt, die ich dann weiter in Betracht ziehen kann.

1. Ich verwende die Schlüsselwörter aus meiner Brainstorming-Sitzung als Ausgangspunkt und gebe eines davon in die Google-Suche ein. Während Sie das Schlüsselwort eingeben, zeigt das Feature Suchvorhersagen der Google-Suche die beliebtesten Permutationen dieses Schlüsselworts an, wie in Abbildung 4.6 zu sehen ist. Ich gebe verschiedene Permutationen von Schlüsselwörtern ein, bis ich eine ausgewogene Liste habe. Wenn Sie statt eines Wortes eine Schlüsselphrase haben, setzen Sie diese immer in Anführungszeichen. Probieren Sie unbedingt das Schlüsselwort »App« oder »Apps« aus, auch wenn Ihr Nutzenversprechen nicht für eine App gilt, damit Sie keine mobilen Mitbewerber übersehen.

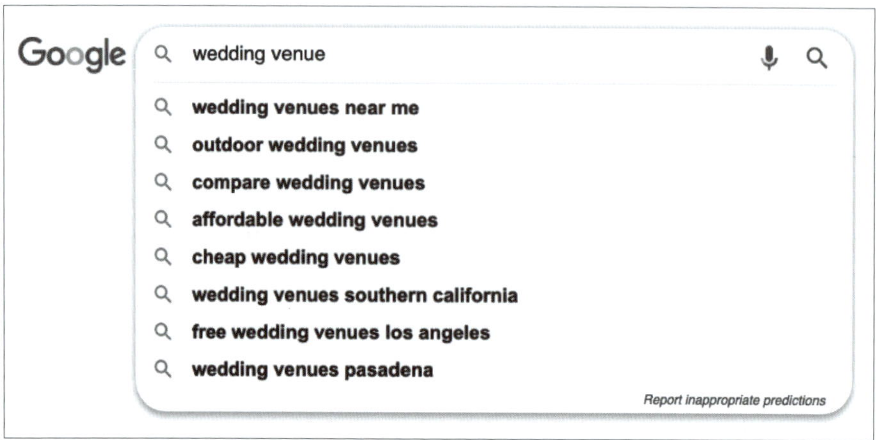

Abbildung 4.6: Die von Google basierend auf den eingegebenen Schlüsselwörtern vorgeschlagenen alternativen Suchbegriffe

2. Sie sollten sich außerdem am unteren Rand der Seite mit den Google-Suchergebnissen die Vorschläge im Abschnitt »Verwandte Suchanfragen« ansehen, wie in Abbildung 4.7 dargestellt.

Abbildung 4.7: Die verwandten Suchanfragen, die unten bei einer Google-Suche dargestellt werden

3. Damit ich keine wichtigen Suchbegriffe vergesse, wechsle ich zur kostenlosen Funktion »Keyword-Planer« in Google Ads, wie in Abbildung 4.8 dargestellt. Sie wird üblicherweise verwendet, um neue Begriffe für die Planung einer Pay-per-Click(PPC)-Kampagne zu entdecken.

   In Abbildung 4.9 sehen Sie, dass Google weitere relevante Begriffe generiert hat, die Sie untersuchen können.

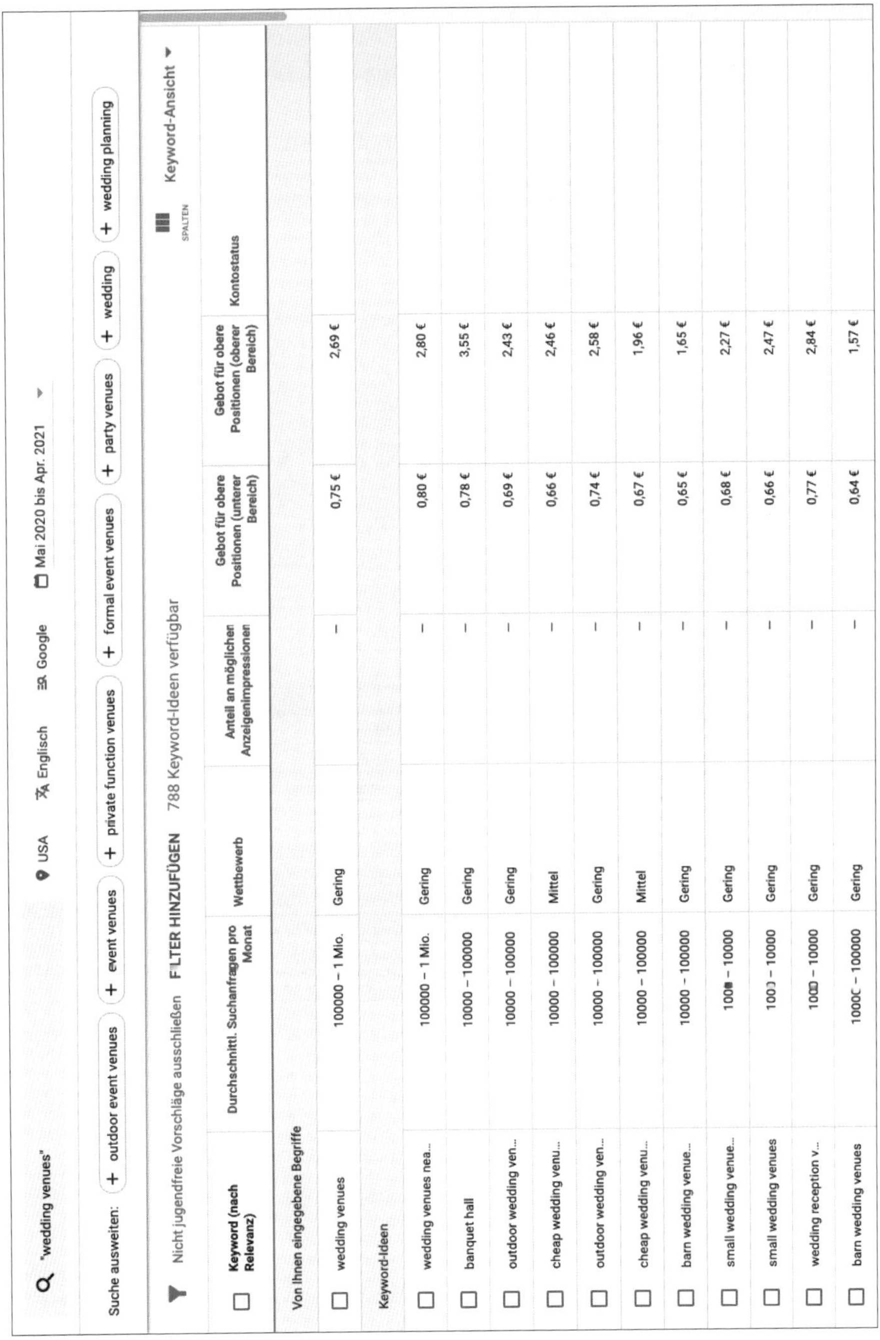

"wedding venues" | USA | Englisch | Google | Mai 2020 bis Apr. 2021

Suche ausweiten: + outdoor event venues + event venues + private function venues + formal event venues + party venues + wedding + wedding planning

Nicht jugendfreie Vorschläge ausschließen FILTER HINZUFÜGEN 788 Keyword-Ideen verfügbar SPALTEN Keyword-Ansicht

Keyword (nach Relevanz)	Durchschnittl. Suchanfragen pro Monat	Wettbewerb	Anteil an möglichen Anzeigenimpressionen	Gebot für obere Positionen (unterer Bereich)	Gebot für obere Positionen (oberer Bereich)	Kontostatus
Von Ihnen eingegebene Begriffe						
wedding venues	100000 – 1 Mio.	Gering	–	0,75 €	2,69 €	
Keyword-Ideen						
wedding venues nea…	100000 – 1 Mio.	Gering	–	0,80 €	2,80 €	
banquet hall	10000 – 100000	Gering	–	0,78 €	3,55 €	
outdoor wedding ven…	10000 – 100000	Gering	–	0,69 €	2,43 €	
cheap wedding venu…	10000 – 100000	Mittel	–	0,66 €	2,46 €	
outdoor wedding ven…	10000 – 100000	Gering	–	0,74 €	2,58 €	
cheap wedding venu…	10000 – 100000	Mittel	–	0,67 €	1,96 €	
barn wedding venue…	10000 – 100000	Gering	–	0,65 €	1,65 €	
small wedding venue…	1000 – 10000	Gering	–	0,68 €	2,27 €	
small wedding venues	1000 – 10000	Gering	–	0,66 €	2,47 €	
wedding reception v…	1000 – 10000	Gering	–	0,77 €	2,84 €	
barn wedding venues	10000 – 100000	Gering	–	0,64 €	1,57 €	

Abbildung 4.8: Ausschnitt der Keyword-Ergebnisse, die von der Google-Ads-Funktion »Neue Keywords entdecken« erzeugt wurden

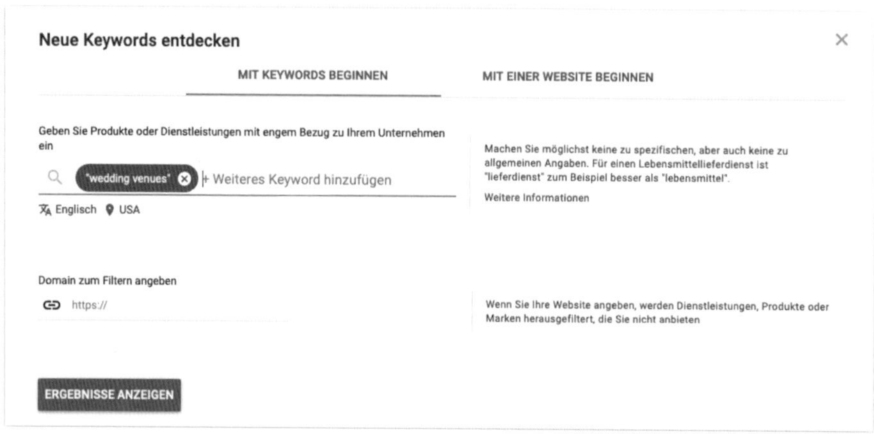

Abbildung 4.9: Das Google-Ads-Tool Keyword-Planer erlaubt den Zugriff auf Google-Daten über die Popularität von Suchbegriffen.

Jetzt, da ich mit Dutzenden von Schlüsselwortideen bewaffnet bin (siehe Abbildung 4.10), kann ich mit meinen Google-Suchanfragen noch tiefer gehen.

Keyword Phrases Below	Keyword Phrases Below
wedding venues	wedding halls
wedding venue near me	venue booking
outdoor wedding venues	Veranstaltungsorte für Hochzeiten
affordable wedding venues	venues near me
wedding venues southern california	wedding reception venues
free wedding venues	Airbnb for Weddings
wedding venue websites	small wedding venues
wedding planning apps	Keyword phrase or word 18
wedding apps	Keyword phrase or word 19
cheap wedding venues	Keyword phrase or word 20

Abbildung 4.10: Die Schlüsselwortphrasen von Airbnb for Wedding sind in der Matrix für die Wettbewerbsanalyse gespeichert.

4. Ich könnte auch die großen Geschütze auffahren, indem ich Crunchbase Pro verwende. Crunchbase ist eine Plattform für die Suche nach Geschäftsinformationen über private und öffentliche Unternehmen. Die Pro-Version erlaubt den Zugriff auf erweiterte Tools und zusätzliche Daten. Wie Sie in Abbildung 4.11 sehen können, ist dies die Liste der Wettbewerber, die ich bei der Suche nach »Wedding Venues« gefunden habe. Nicht alle der angezeigten Unternehmen sind für mein Nutzenversprechen relevant. Ich blättere also durch die Liste, um herauszufinden, wer tatsächlich mein Konkurrent ist.

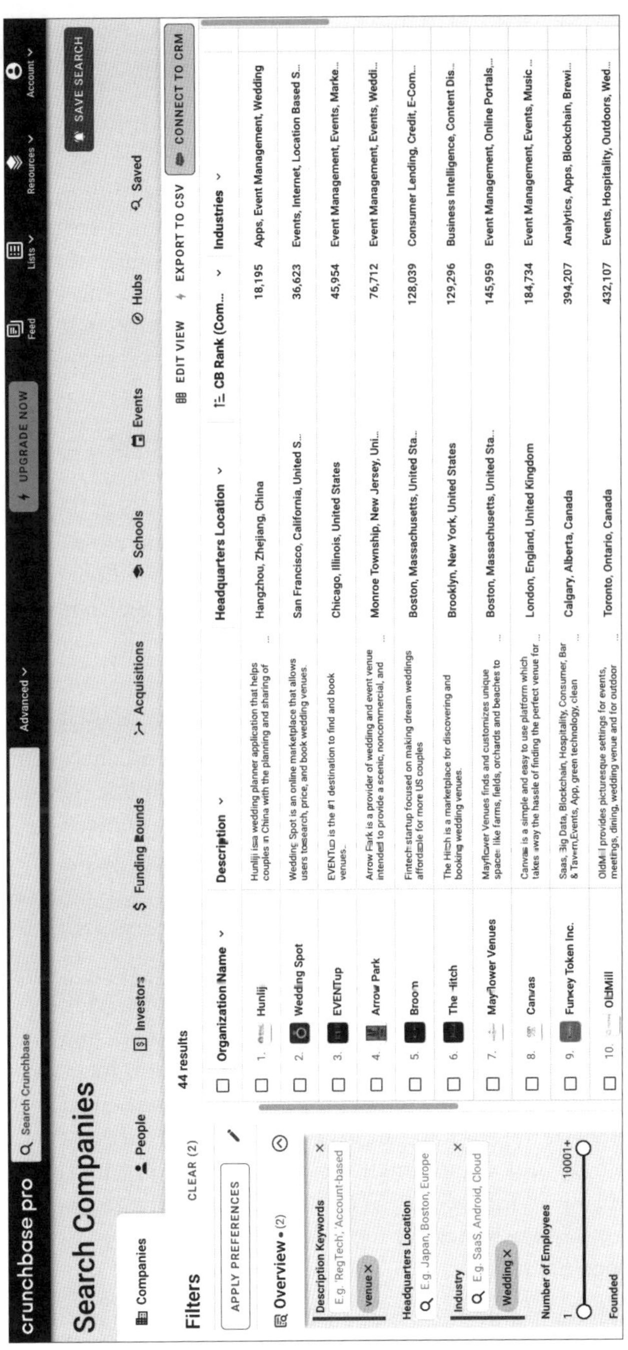

Abbildung 4.11: Die Ergebnisseite von Crunchbase Pro bei der Suche nach Organisationen in der Hochzeitsbranche

5. Vergessen Sie nicht, dass Ihr Kundensegment wahrscheinlich auch in anderen Teilen der Welt existiert, und das bedeutet, dass Ihre Konkurrenz das wahrscheinlich auch tut. Dies ist besonders wichtig, wenn Sie einen »neuen« Markt betreten. Wenn Sie in Google die erweiterten Suchfunktionen für Regional- und Sprachfilter verwenden, können Sie wahrscheinlich Produkte in anderen Ländern und Sprachen finden. Wenn Sie nicht viel Glück haben, dann versuchen Sie diesen Workaround, den ich für Airbnb for Weddings verwendet habe. Mit Google Translate übersetzte ich »venues for weddings« in andere Sprachen. Mit dieser Schlüsselwortphrase in verschiedenen Sprachen bewaffnet, konnte ich dann eine einfache Google-Suche oder Schritt 1 in dieser Aufzählung durchführen, um weitere Wettbewerber zu finden.

Ein gutes Suchergebnis liefert auf der Suchseite oft auch mehr als lediglich mögliche Konkurrenz-Webseiten. Es wird Sie zu Medienplattformen wie Reddit-Beiträgen oder Nischenblogs führen, in denen Sie »Top 10«- oder »Best of«-Artikel von Experten finden können. Diese Artikel sind ein weiterer guter Ausgangspunkt, um Wettbewerber zu finden. Außerdem sollten Sie sich nicht auf die erste Seite der Ergebnisse beschränken. Schauen Sie sich mindestens fünf Seiten (die ersten 50 Ergebnisse) an und überprüfen Sie, welche Schätze dort verborgen sein könnten.

Idealerweise wollen Sie beim Scannen Ihrer Ergebnisse so schnell und präzise wie möglich sein. Was einen professionellen Web-Rechercheur von einem Amateur unterscheidet, ist, wie er feststellen kann, ob das Produkt seinen Kriterien entspricht. Seien Sie nicht faul. Seien Sie systematisch und überprüfen Sie alle Links, um sicherzustellen, dass Sie nichts übersehen.

Die Anzahl der Konkurrenten begrenzen

Jetzt sollten Sie eine umfangreiche Liste von Konkurrenten haben. Als ich alle meine Suchbegriffs-Permutationen für Airbnb for Weddings fertiggestellt hatte, hatte ich wahrscheinlich mehr als 40, aber das bedeutete nicht, dass alle von ihnen für mein Nutzenversprechen relevant waren. Jetzt ist es also an der Zeit, die Liste zu reduzieren. Gehen Sie jeden Mitbewerber noch einmal durch. Klicken Sie sich durch zur Landingpage oder zur Startseite und untersuchen Sie sie. Lesen Sie die Über-uns-Seiten. Scannen Sie die Produkte. Sie wollen herausfinden, ob sie in irgendeiner Weise mit Ihrem Nutzenversprechen übereinstimmen. Wenn ja, behalten Sie den Mitbewerber auf Ihrer Liste. Wenn nicht, dann entfernen Sie ihn.

Wenn Sie wirklich auf einen blauen Ozean gestoßen sind und es in Ihrem Markt nur eine Handvoll Konkurrenten gibt, versuchen Sie, die fünf größten direkten und indirekten Konkurrenten zu identifizieren. Sollten Sie nicht auf einen blauen Ozean gestoßen sein, versuchen Sie, eine vielfältige Liste Ihrer Wettbewerber zu erstellen. Sie möchten einen Überblick über alle unterschiedlichen Produkte in diesem Bereich erhalten.

Alle Datenpunkte der Mitbewerber recherchieren

Jetzt haben wir eine Liste von Mitbewerbern und das bedeutet, dass wir damit beginnen können, den Rest unserer Daten zu sammeln. Falls Sie das noch nicht getan haben, öffnen Sie das Tool *Matrix Wettbewerbsanalyse* aus dem UX-Strategie-Toolkit. Abbildung 4.12 zeigt eine leere Version des Tools.

MATRIX KONKURRENZANALYSE <Monat, Jahr>			
<Geben Sie hier Ihr Nutzenversprechen ein>	URL der Website oder App-Store-Adresse	Anmeldedaten	Nutzenversprechen
DIREKTE KONKURRENTEN			
Name Wettbewerber 1			
Name Wettbewerber 2			
Name Wettbewerber 3			
Name Wettbewerber 4			
Name Wettbewerber 5			
ergänzen Sie weitere Zeilen, falls erforderlich			
INDIREKTE KONKURRENTEN			
Name Wettbewerber 1			
Name Wettbewerber 2			
Name Wettbewerber 3			
Name Wettbewerber 4			
Name Wettbewerber 5			
ergänzen Sie weitere Zeilen, falls erforderlich			

Abbildung 4.12: Ausschnitt des Tools »Matrix Konkurrenzanalyse«

Wenn Sie sich das Beispiel ansehen, stellen Sie fest, dass die Zeilen die Wettbewerber darstellen, während die Spalten ihre Attribute repräsentieren (siehe

Abbildung 4.13). Die Spalte ganz rechts ist die Analysespalte, »SWOT-Analyse aus der Sicht des Wettbewerbers«, die Sie bis Kapitel 5 ignorieren können, nachdem Sie alle Ihre Recherchen zusammengetragen haben.

URL der Website oder App-Store-Adresse	Anmeldedaten	Nutzenversprechen	Gegründet in	Finanzierungsrunden	Einnahmequellen
Monatlicher Website-Traffic oder Anzahl der App-Downloads	Anzahl der Einträge, Artikel, Benutzer, Posts usw.	Primäre Kategorien	Soziale Netzwerke		
Inhaltstypen	Personalisierungsfeatures	Community oder UGC-Features	Wettbewerbsvorteil und/oder Schlüsselfeatures	Region	
Heuristische Evaluation	Kundenrezensionen	Allgemeine Notizen oder aktuelle Nachrichten	Notizen für sich selbst oder das Team	SWOT-Analyse aus der Sicht des Wettbewerbers	

Abbildung 4.13: Horizontal (x-Achse): Attribute befinden sich in den Spalten (hier in vier Zeilen gestapelt dargestellt, damit sie auf die Seite passen).

Wir werden nun jede Zeile angehen und dabei jeden Mitbewerber auf der Grundlage einer Reihe von Markt- und UX-Attributen bewerten. Ich werde die Attribute erklären, die in jeder Spalte erfasst werden müssen. Nicht alle Attribute sind für alle digitalen Produkte anwendbar oder relevant. Löschen Sie einfach die Attribute, die auf Ihr Nutzenversprechen oder Produkt nicht zutreffen, und fügen Sie alle Attribute, die fehlen, hinzu. Entscheidend ist, dass die Vor- und Nachteile der UX und der Geschäftsmodelle klar bewertet werden.

Name des Konkurrenten

Wenn Sie es noch nicht getan haben, tragen Sie Ihre Liste der Mitbewerber in die linke Spalte der Matrix unterhalb der Zelle ein, in der Sie Ihr Nutzenversprechen eingeben, wie in Abbildung 4.14 dargestellt. Nehmen Sie sich ein wenig Zeit, um Ihre Mitbewerber in direkte und indirekte Konkurrenten zu unterteilen. Seien Sie sich jedoch bewusst, dass sich Ihre Einschätzung, ob es sich um einen direkten oder indirekten Mitbewerber handelt, im Laufe der Recherche ändern kann, insbesondere wenn Sie bei Ihrem Nutzenversprechen schwanken. Die Liste muss am Ende umorganisiert werden; ich gehe hierauf in Kapitel 5 ein, wenn Sie mit Ihrer Analyse beginnen. Konzentrieren wir uns vorerst auf die korrekte Erfassung der richtigen Datenpunkte.

Okay, atmen Sie jetzt tief durch, denn nun beginnt der arbeitsintensive Teil des Prozesses. Gehen Sie es sorgfältig an und tragen Sie die Daten schnell, aber gründlich ein. Die Recherche kann sehr zeitaufwendig sein; wenn Sie also in den Kaninchenbau abtauchen, sollten Sie unbedingt wieder auftauchen, um Luft zu holen.

Airbnb für Hochzeiten ist ein Online-Marktplatz für das Anbieten und Vermieten privater Immobilien als Hochzeitslocation
DIREKTE KONKURRENTEN
Wedding Spot
Here Comes The Guide
Wedgewood Weddings
INDIREKTE KONKURRENTEN
The Knot
Wedding Wire
Hitchbird
Airbnb
Yelp (kann nach hochzeitsbezogenen Begriffen suchen)
WebShed
Peerspace (hat Hochzeitsoptionen)
Splaces
VenueBook (hat Option für Hochzeitsempfang)

Abbildung 4.14: Ihr Nutzenversprechen und Ihre Konkurrenten sind zeilenweise in der ersten Spalte eingetragen.

Nehmen Sie sich beim ersten Durchgang bis zu einer Stunde Zeit, um in jeder Zeile so viele Zellen wie möglich auszufüllen. Stellen Sie sich einen Timer auf 30 Minuten und prüfen Sie dann nach der Hälfte, ob Sie gut in der Zeit liegen. Halten Sie Ihre dokumentierten Recherchen kurz und bündig. Auf diese Weise müssen Sie oder andere Personen, die auf die Tabelle zurückgreifen, keine überflüssigen oder unzusammenhängenden Informationen durchsuchen. Versuchen Sie außerdem, unvoreingenommen zu bleiben, während Sie dies tun. Die einzige Voreingenommenheit, die Sie während dieses Prozesses haben sollten, ist, zu erkennen, ob das Produkt tatsächlich ein Konkurrent ist oder nicht.

URL der Website oder App-Store-Adresse

Hier geben Sie den primären Onlinestandort an, über den Kunden auf das Produkt zugreifen. Bei Websites und Portalen ist dies die Website-Adresse, wie in Abbildung 4.15 dargestellt. Für Multiplattform-Produkte können Sie Website-URLs, Links zu App-Store-Vorschauseiten usw. auflisten. Die Informationen sollten für Ihr Team leicht zu finden sein, unabhängig davon, welches Gerät man hat. Hier sind Beispiellinks zur Auflistung der Waze-App für Apple und Android:

Apple
https://apps.apple.com/de/app/waze-navigation-live-traffic/id323229106

Android
https://play.google.com/store/apps/details?id=com.waze&hl=de

URL der Website oder App-Store-Adresse
https://wedding-spot.com

Abbildung 4.15: Beispiel einer Website-URL für Wedding Spot

Wenn es sich bei einem Produkt um eine native mobile App mit einem unwesentlichen Desktop-Element handelt, das nur für Marketing oder Support verwendet wird, ist es nicht entscheidend, beide Plattformen aufzuführen. Achten Sie darauf, die URL mit einem Hyperlink zu versehen, damit Sie die Websites von der Tabelle aus einfach aufrufen können.

Wenn Sie der Meinung sind, dass sowohl die Website als auch die mobile App des Mitbewerbers entscheidend für das Kundenerlebnis mit dem Produkt sind, sollten Sie im weiteren Verlauf Ihrer Bewertung unbedingt auf beide eingehen. Der Übersichtlichkeit halber kann es hilfreich sein, beide in separaten Zeilen aufzulisten, damit Sie sie getrennt bewerten können.

Anmeldedaten

Um Ihre Konkurrenten zu schlagen, müssen Sie genau wissen, was sie tun. Der beste Weg, etwas über die Erfahrung und/oder den Verkaufstrichter Ihrer Konkurrenten zu lernen, ist, selbst ein Nutzer zu werden. Das ist richtig! Sie erstellen ein Konto oder laden die App herunter. In der in Abbildung 4.16 gezeigten Spalte können Sie Ihre Logindaten festhalten.

Anmeldedaten
wonderfulwedding@gmail.com Kennwort: wedding2020!

Abbildung 4.16: Beispiel für Anmeldedaten

Wenn Sie die Zugriffsinformationen festhalten, spart dies Ihnen und dem Rest des Teams Zeit. Diese müssen dann nicht auch noch ein Profil erstellen und pseudo-personalisieren. Das ist besonders nützlich, wenn Sie einen zweiseitigen Markt untersuchen, in dem Sie zwei Arten von Konten benötigen, beispielsweise Käufer und Verkäufer. Seien Sie nicht zu angeberisch, wenn Sie all diese neuen Konten anlegen, und seien Sie sehr vorsichtig mit Benutzernamen, Passwörtern und persönlichen Informationen, die Sie angeben. In einigen Fällen kann das Erstellen von Fake-Konten zum Testen von Software problematisch sein; dies hängt von den Nutzungsbedingungen an, denen Sie bei der Anmeldung bei Ihrem Internet-Provider, der Website oder App, die Sie testen möchten, zugestimmt haben, oder sogar von dem Unternehmen, für das Sie arbeiten. Mehr dazu finden Sie im *SCIP Code of Ethics*[4].

In einigen Enterprise-Umgebungen und bei vielen B2B-Produkten können Sie nur dann auf das Produkt zugreifen oder eine Demonstration erhalten, wenn Sie Ihre Kontaktdaten angeben und einen Verkaufsanruf vereinbaren. Einige Unternehmen verbieten ihren Mitarbeitern diese Art von investigativer Recherche oder verlangen, dass sie umfangreiche rechtliche oder Prüfungsprozesse durchlaufen. Ein möglicher Ausweg ist, YouTube und Vimeo nach öffentlich zugänglichen Demos, Tutorials und Produktbewertungen zu durchsuchen. Wenn Sie mehr Informationen benötigen, als Sie online finden können, müssen Sie möglicherweise eine externe Agentur hinzuziehen.

Nutzenversprechen

Wie in Kapitel 3 erläutert, ist das Nutzenversprechen das, was ein Unternehmen dem Kunden zu liefern verspricht; es ist auf einer höheren Ebene die Beschreibung des Produkts oder Geschäfts. Daher ist es für Ihr Team sehr nützlich, zu wissen, wie Ihre Konkurrenten es einem Kunden oder Investor erklären. In dieser Beschreibung ist es ideal, das/die primäre(n) Kundensegment(e) einzubeziehen (siehe Abbildung 4.17).

Nutzenversprechen	Nutzenversprechen
Wedding Spot ist ein Online-Marktplatz, der es Hochzeitsplanern ermöglicht, nach Hochzeitslocations zu suchen, deren Preise zu vergleichen und sie zu buchen.	Peerspace ist ein Online Marktplatz, der Profis und Unternehmen mit Vermietern kreativer Spaces verbindet. Peerspace hat eine Unterkategorie für Hochzeiten, in der zukünftige Ehepaare unkonventionelle Veranstaltungsorte finden können.

Abbildung 4.17: Beschreibung der Nutzenversprechen eines direkten und eines indirekten Wettbewerbers

4 »The SCIP Code of Ethics«, *SCIP*. *https://oreil.ly/QpTa2*

Sie finden diese Informationen oft an den folgenden Stellen:

Abschnitt »Über« oder »Über uns«
Das Nutzenversprechen der Mitbewerber steht oft hier.

Crunchbase (und manchmal Owler)
Sowohl in der Rubrik »Company Overview« als auch im Bereich »Detailed Description« finden Sie Unternehmensbeschreibungen. Dies ist ein guter Ort, um sich insbesondere über Start-ups zu informieren.

App-Store von Apple oder Google Play
In der Regel enthalten die ersten beiden Zeilen der Beschreibung das, was Sie suchen.

Soziale Netzwerke wie LinkedIn, Facebook, Pinterest, Twitter und YouTube
Auch hier finden Sie manchmal Angaben zum Nutzenversprechen. Diese sind besonders hilfreich, wenn Sie sich etabliertere Unternehmen ansehen.

Online-Geschäftsbericht/Jahresabschluss (für börsennotierte Unternehmen, Kapitalgesellschaften und gemeinnützige Organisationen)
Ein Geschäftsbericht ist der jährliche Bericht eines Unternehmens an die Aktionäre, der die Aktivitäten und Finanzen des vergangenen Geschäftsjahres dokumentiert. Er enthält in der Regel am Anfang eine Beschreibung des Unternehmens. Googeln Sie einfach den Namen des Wettbewerbers plus »Annual Report« bzw. »Geschäftsbericht«, um ihn zu finden. Oder suchen Sie ihn auf EDGAR (Electronic Data Gathering, Analysis, and Retrieval), einer Datenbank, betrieben von der US-Börsenaufsichtsbehörde, die Berichte enthält, die US-amerikanische Unternehmen veröffentlichen müssen.[5]

Quick-Tipps für Pseudo-Benutzer

- Erstellen Sie einen globalen Benutzernamen und ein Passwort für alle Produkte, die Sie untersuchen. Das macht es viel einfacher, sie sich zu merken und die Anmeldedaten an Ihr Team zu verteilen. Fügen Sie einen Großbuchstaben und eine Zahl in Ihr Passwort ein, da dieses Kriterium von vielen Produkten verlangt wird.
- Verwenden Sie niemals persönliche Informationen wie den Geburtstag Ihres Kindes, Ihre anderen Passwörter oder irgendwelche Schimpfwörter. Sie werden diese Informationen möglicherweise mit Kunden oder Kollegen teilen.
- Verwenden Sie niemals Single-Sign-On-Optionen wie Ihr persönliches Facebook-Konto oder ein Konto eines anderen sozialen Netzwerks. Wenn Sie vorhaben, ano-

5 Chen, James: »Electronic Data Gathering, Analysis and Retrieval (EDGAR)«, in: *Investopedia*, 31. Juli 2020. *https://oreil.ly/rzrHv*

nyme Profile auf Social-Networking-Plattformen zu erstellen, seien Sie sich bewusst, dass Sie möglicherweise gegen deren Nutzungsbedingungen verstoßen und das Konto jederzeit gelöscht werden könnte.

- Wenn es sich um eine transaktionale Website handelt, die Sie erforschen, kaufen Sie etwas. Wenn es sich um eine App handelt, die Sie kaufen müssen (im Gegensatz zu einer kostenlosen), bezahlen Sie dafür. Seien Sie nicht sparsam! Es sind meist nur ein paar Euro. Dies ist ein weiterer Grund, warum es sinnvoll ist, für Ihr gesamtes Team in nur ein Benutzerkonto zu investieren.
- Sammeln Sie auf eine sichere, legale und ethische Art und Weise Informationen über Mitbewerber.[6] Immer mehr Online-Unternehmen und -Dienste verschärfen ihre Sicherheitsmaßnahmen und verlangen eine Zwei-Faktor-Authentifizierung und mehr. Lesen Sie die neuesten Blogs zur Informationssicherheit und Bücher wie *Open Source Intelligence Techniques*[7] von Michael Bazzell, um mehr darüber zu erfahren, wie Sie mit Werkzeugen wie virtuellen Maschinen sicher Informationen über Mitbewerber sammeln können.

Abbildung 4.17 zeigt die Nutzenversprechen, die ich für einen direkten Mitbewerber, Wedding Spot, und einen indirekten Mitbewerber, Peerspace, erfasst habe. Da ich kontextuell präzise und prägnant sein wollte, habe ich nicht unbedingt das gesamte Nutzenversprechen bzw. die Aussage von Wedding Spot in die Spalte kopiert und eingefügt. Stattdessen habe ich mich auf die wesentlichen Bestandteile des Nutzenversprechens konzentriert, einschließlich der relevanten Kundensegmente, die sie bedienen. Bei indirekten Wettbewerbern wie Peerspace habe ich darauf geachtet, den Aspekt des Nutzenversprechens einzubeziehen, der sich auf meinen bezieht. Andernfalls könnte es für meine Mitarbeiter oder Stakeholder nicht offensichtlich sein, warum weniger offensichtliche Wettbewerber in das Audit einbezogen werden.

Gründungsjahr

In welchem Jahr wurde das Unternehmen gegründet oder das Produkt eingeführt (Abbildung 4.18)? Sie sollten in der Lage sein, dies an der gleichen Stelle zu finden, an der Sie auch das Nutzenversprechen gefunden haben, z.B. im Abschnitt »Über uns«, bei Crunchbase und so weiter. Diese Informationen sind bei der Analyse sehr nützlich, da Sie sehen können, welche Akteure (Produkte und/oder Dienstleistungen) neu auf dem Markt sind und wer schon eine Weile dabei ist. Am Beispiel von The Knot können wir sehen, dass es das Unterneh-

---

6 »The Ethics of Competitive Intelligence: The Fine Line Between CI and Corporate Espionage«, *LAC Group*, 23. September 2019. *https://oreil.ly/F36KF*

7 Bazzell, Michael: *Open Source Intelligence Techniques: Resources for Searching and Analyzing Online Information*, 7. Auflage, erschien im Selbstverlag, 2019.

men seit Mitte der 90er-Jahre gibt. Das bedeutet, dass sie den Sturm der Dot-Com-Blase überstanden haben und mit ihrer speziellen Lösung als diejenigen gelten können, die zuerst auf dem Markt waren.

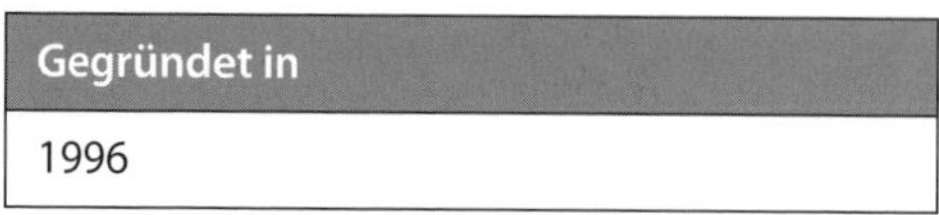

Gegründet in
1996

Abbildung 4.18: Gründungsjahr von The Knot als Beispiel

Finanzierungsrunden

Eine Finanzierungsrunde ist eine diskrete Investitionsrunde, durch die ein Unternehmen oder eine andere Organisation Geld beschafft, um den Betrieb, die Expansion, Kapitalprojekte, Akquisitionen oder andere Geschäftszwecke zu finanzieren[8] (siehe Abbildung 4.19). Diese Information ist wichtig, da Konkurrenten mit viel Kapital einen Wettbewerbsvorteil besitzen. Börsennotierte Unternehmen können Kapital durch die Ausgabe und den Verkauf von Aktien beschaffen. Start-ups können sich über Freunde, Familie und/oder Kreditkarten selbst finanzieren. Wenn Sie Zweifel haben oder Unstimmigkeiten über die Finanzierung und/oder Fusionen und Übernahmen eines Wettbewerbers feststellen, führen Sie eine Google-Suche nach einer aktuellen Pressemitteilung des Unternehmens durch. Andere Orte, um diese Informationen zu finden, sind Crunchbase und/oder die Website des Wettbewerbers.

Finanzierungsrunden
Erhielt 3,2 Mio. Dollar in zwei Runden von drei Leadinvestoren

Abbildung 4.19: Finanzierungsrunden und der beschaffte Betrag am Beispiel von Wedding Spot

Einnahmequellen

Eine Einnahmequelle oder ein Ertragsstrom ist die Art und Weise, wie das Produkt Geld einbringt, und wenn Sie sich erinnern, ist sie ein wichtiger Bestandteil eines Geschäftsmodells (siehe Kapitel 2). Die Einnahmen können über eine Transaktionsgebühr, Werbung, monatliche Gebühren, Mitgliedschaftsstufen, kostenpflichtige Funktionen, Software as a Service (SaaS), den Verkauf von Be-

8 »Securities Offering«, *Wikipedia*. *https://oreil.ly/aKEB6*

nutzerdaten und Trends an andere Unternehmen usw. realisiert werden. Das Unternehmen könnte über keine einzige Einnahmequelle verfügen, weil es auf eine Übernahme durch ein größeres Unternehmen (z.B. Facebook, Amazon, Apple, Netflix und Google) hofft, bevor keine Geldmittel mehr da sind. Wenn es nicht eindeutig ist, dann gibt es immer Anhaltspunkte. Gibt es zum Beispiel Werbung auf der Website? Schauen Sie, ob Sie einen »Werben Sie mit uns«-Link finden können. Jahresberichte enthalten ebenfalls diese Art von Informationen.

Wie Abbildung 4.20 zeigt, fand ich heraus, dass The Knot zahlreiche Einnahmequellen hatte, aber die wichtigste war die der lokalen Anbieter, die eine Abonnementgebühr zahlen, um in den Listen zu erscheinen.

Einnahmequellen
Lokale Werbung (Anzeigen-Abos, die von lokalen Anbietern bezahlt werden, sind die primäre Einnahmequelle); Überregionale Werbung; Provision für Verkäufe von Geschenken, die auf dem "Hochzeitstisch" stehen; E-Commerce (personalisierte Servietten, Gläser usw.)

Abbildung 4.20: Einnahmequellen am Beispiel von The Knot

Monatlicher Website-Traffic/Anzahl der App-Downloads

Dies ist ein messbares und quantifizierbares Attribut zum Benchmarking, wie viel monatlicher Traffic auf die Website oder App eines Wettbewerbers geht. SimilarWeb (*www.similarweb.com*) ist die beste kostenlose aktuelle Quelle. Es trianguliert einen wachsenden Datensatz von Hunderttausenden von Websites und Apps, die ihre direkt gemessenen Daten mit der Website teilen. SimilarWeb zeigt zwar keine monatlichen Unique Views, liefert aber andere Erkenntnisse wie die durchschnittliche Verweildauer auf der Seite und aus welchen Ländern die Besucher kommen. Die Ranking-Kategorie ist ein nützlicher Einblick, denn sie gibt Ihnen einen guten Hinweis auf den Traffic-Fußabdruck einer Website weltweit, im Inland und innerhalb ihrer Kategorie. Im Beispiel in Abbildung 4.21 sehen Sie, dass The Knot 11,5 Millionen Besucher pro Monat hat und auf Platz 1 in der Kategorie Hochzeiten steht. Der nächste direkte Konkurrent, Wedding Wire, hat nur 4,94 Millionen Besucher pro Monat und ist ohnehin eine weitere Marke der Firmengruppe *tkww* (*The Knot Worldwide*).

Monatlicher Website-Traffic oder Anzahl der App-Downloads
Monatlicher Traffic: 11,5 Mio. Views Kategorie: Lifestyle > Hochzeiten ist es Nr. 1

Abbildung 4.21: Monatlicher Traffic am Beispiel von The Knot

Für genauere und umfangreichere Analysen benötigen Sie über kostenpflichtige Abonnements Zugang zu Diensten wie Comscore, Alexa Internet, Ahrefs, Semrush oder Quantcast.

Für native mobile Apps können Sie derzeit bei Sensor Tower ohne Konto und ohne Anmeldung die Abrufe des letzten Monats abrufen. Wenn Sie Crunchbase Pro eine Woche lang testen, können Sie auch Metriken für mobile Apps wie die Downloads des letzten Monats und das monatliche Wachstum abrufen. Für umfangreichere Daten können Sie ein kostenpflichtiges Abonnement bei App Annie oder Sensor Tower abschließen, obwohl diese recht teuer sind. Wahrscheinlich werden in Zukunft weitere Marktforschungsunternehmen entstehen, die diese Daten zugänglich machen.

Anzahl der Einträge, Artikel, Benutzer usw.

Manchmal ist diese Zelle optional, weil diese Informationen nicht verfügbar oder für Ihr Nutzenversprechen ungeeignet sind. Aber diese Zelle ist wichtig, weil sie die Kernwerte repräsentiert – die Dinge, die ein Produkt nützlich machen. Dazu gehören Angebote zur Untervermietung auf Airbnb, Artikel zum Kauf auf Amazon oder eBay, Benutzerprofile zum Matching auf Tinder und sogar Hochzeitslocations zum Mieten auf The Knot. Wenn es sich um einen indirekten Wettbewerber handelt, konzentrieren Sie sich nur auf die Inserate, die für Ihr Produkt relevant sind (z. B. die Anzahl der schwarzen T-Shirts auf Amazon, nicht die Gesamtzahl der Artikel auf Amazon). Diese quantifizierbare Kennzahl ist ein fantastischer Vergleichspunkt für die Einschätzung der Marktdurchdringung. Sie hilft Ihnen zu beurteilen, ob Ihre Konkurrenten hiervon genug oder zu wenig anbieten und ob es in diesem Bereich eine Chance für Ihr Produkt gibt.

Um diese Zahl zu finden, besteht der Trick, wie in Abbildung 4.22 gezeigt, darin, dass Sie Ihre Kriterien genau festlegen. Für die Untersuchung von Airbnb for Weddings habe ich mich auf die Anzahl der Angebote für Hochzeitslocations in Los Angeles über alle Wettbewerber hinweg konzentriert, weil dies für das Benchmarking einfacher war (mehr dazu in Kapitel 5) und auch, weil mein Nutzenversprechen darin besteht, Los Angeles vor der Skalierung als erste Stadt zu verwenden.

Im Falle von Video-Sharing- oder Content-Produktionsseiten möchten Sie verfolgen, wie viele Videos/Artikel sich auf der Plattform befinden. Eine Herausforderung bei der Ermittlung dieses Datenpunkts besteht darin, dass es Designkonventionen wie »Infinite Scrolling«, scheinbar unendliches Scrollen, gibt, die verhindern, dass Sie einfach wissen, wie viele weitere Ergebnisse angezeigt werden könnten. Aber es lohnt sich, eine Schätzung vorzunehmen, auch wenn Sie dafür manuell bis zum Ende der Ergebnisse klicken müssen.

Anzahl der Einträge, Artikel, Benutzer, Posts usw.
Hochzeitslocations in 50 US-Bundesstaaten 729 Locations in Los Angeles

Abbildung 4.22: Anzahl der angezeigten Einträge am Beispiel von Wedding Spot

Primäre Kategorien

Wenn die Website Produkte verkauft (wie Etsy) oder Inhalte anbietet (wie Netflix), müssen Sie verstehen, wie die Inhalte auf einer hohen Ebene kategorisiert sind. Die Website tut dies wahrscheinlich (hoffentlich) bereits, also sehen Sie sich das Navigationsmenü an. Wenn die Kategorienliste klein ist (Tools für die Hochzeitsplanung, lokale Anbieter, hochzeitsbezogene Inhalte usw.), können Sie diese einfach in Ihr Arbeitsblatt kopieren, wie in Abbildung 4.23 dargestellt.

Primäre Kategorien
Tools für die Hochzeitsplanung Lokale Anbieter Hochzeitsbezogene Inhalte

Abbildung 4.23: Primäre Kategorien am Beispiel von The Knot

Wenn die Liste lang oder komplex ist wie bei Amazon oder eBay, handelt es sich bei der Website wahrscheinlich um einen horizontalen Marktplatz. Ein horizontaler Markt versucht, die Bedürfnisse einer großen Anzahl von Kunden zu erfüllen, indem er Produkte oder Dienstleistungen aus vielen Bereichen anbietet. Dies steht im Gegensatz zu einem vertikalen Marktplatz, der einen einzigen Marktsektor abdeckt (z.B. Elektronik). Wenn Sie einen horizontalen Marktplatz untersuchen, versuchen Sie herauszufinden, welches die aktivsten Kategorien sind. Schauen Sie sich an, was auf der Startseite zu finden ist. Was wird auf der Seite als »beliebteste« oder »meistverkaufte« Produkte angepriesen? In jedem Fall sollten Sie nur die Hauptkategorien einbeziehen, die mit Ihrem Nutzenversprechen und dem des Mitbewerbers übereinstimmen. Lassen Sie Bereiche ohne Inhalte/Kategorien wie »Über uns« oder den Hilfebereich weg.

Soziale Netzwerke

Ist die Marke des Wettbewerbers auf Twitter, Facebook, LinkedIn oder anderen Netzwerken vertreten? Die meisten Unternehmen haben heutzutage Konten, aber sie nutzen sie nicht voll aus. Welche sind also aktiv? Und welche sind inaktiv? Abbildung 4.24 zeigt die Arten von quantifizierbaren Datenpunkten, die Sie erfassen können, um die Social-Media-Strategie eines Wettbewerbers oder deren Fehlen zu ermitteln.

Soziale Netzwerke
Instagram: 16,1k Follower, 1.511 Posts, täglich aktiv
Pinterest: 7k Follower, 540,4k Views/Monat
Facebook: 55.194 Follower, täglich aktiv
Twitter: 1.266 Follower, 2-4 Posts/Woche

Abbildung 4.24: Informationen zur Nutzung von sozialen Plattformen am Beispiel von Wedding Spot

Wie in Abbildung 4.24 am Beispiel für Wedding Spot gezeigt, können wir sehen, wie viele Follower oder Views sie haben und wie aktiv sie beim Posten von Inhalten oder Aktionen sind, die letztendlich Bekanntheit und Markentreue aufbauen. Sie können diese Informationen finden, indem Sie einfach den Namen des Produkts auf Twitter, Facebook, Instagram, YouTube, Pinterest, LinkedIn und jedem anderen beliebten relevanten sozialen Netzwerk suchen. Sie können sich auch über die Social-Media-Symbole, die auf den Websites der Anbieter angezeigt werden, zu ihnen durchklicken. Abbildung 4.24 zeigt, dass sie auf den genannten Plattformen recht aktiv sind, aber auf Twitter nicht viele Follower haben.

Wenn Sie deren verschiedene Social-Media-Konten nachschlagen, ist es auch ein guter Zeitpunkt, ihnen zu folgen. Indem Sie ihre Beiträge beobachten, bleiben Sie, was die neuesten Nachrichten angeht, auf dem Laufenden. Halten Sie Ausschau nach beliebten Hashtags, die von den direkten Konkurrenten verwendet werden, denn diese können diejenigen sein, die Sie verwenden werden, sobald Ihr Produkt auf den Markt kommt.

Inhaltstypen

Erfassen Sie hier, welche Art von Inhalt den Großteil der Website des Anbieters ausmacht. Besteht der Inhalt überwiegend aus Text, Fotos oder Videos? Wie ist die Qualität? Wenn Sie bereits Angebote, Benutzerprofile und/oder Detail- oder Artikelseiten erfasst haben, schlüsseln Sie die einzelnen Inhaltselemente auf, wie ich es in Abbildung 4.25 getan habe. Beachten Sie auch, ob sie leicht zu erfassen und/oder zu lesen sind. Wie detailliert und informativ sind die angezeigten Informationen? Sind sie konsistent? Gibt es einen Blog?

Inhaltstypen
Anbietereinträge mit Fotos, Beschreibung, Karte, Rezensionen usw.; Blogpost mit Hochzeitsinspirationen, die nach verschiedenen Themen kategorisiert sind; Text und Fotos auf der Website; Hunderte von Videos auf YouTube

Abbildung 4.25: Inhaltstypen am Beispiel von The Knot

Personalisierungsfeatures

Personalisierung ist einer der wichtigsten Aspekte eines Produkts, um Kunden zu binden. Zu den Personalisierungsfunktionen gehören Benutzerprofile, Newsfeeds, Favoriten, Wunschlisten, gespeicherte Warenkörbe, Benachrichtigungen, Empfehlungen und so weiter. Diese Arten von Funktionen beschleunigen die Interaktionen und beeinflussen folglich die Kundenzufriedenheit und die Häufigkeit der Besuche. Bei einigen Produkten ist die Personalisierung die Wertinnovation, wie zum Beispiel bei sozialen Netzwerken wie Facebook und LinkedIn.

Soziale und berufliche Networking-Websites sind extrem personalisiert, weil sie angeblich die virtuelle Repräsentation des realen Benutzers sind. LinkedIn zeigt mein Benutzerprofil, meine beruflichen Erfahrungen, meine Verbindungen und meine Sharing-Aktivitäten. Sie sind einzigartig für mich und halten mich an das Produkt gefesselt. Je mehr Zeit Menschen damit verbringen, ihre Produkterfahrung zu personalisieren, desto engagierter werden sie sein.

Der schnellste Weg, die Personalisierungsfunktionen zu überprüfen, ist, bei den einzelnen Wettbewerbern den Bereich »Mein Konto« oder »Mein Profil« zu öffnen. Wie in Abbildung 4.26 gezeigt, umfasst die eingeloggte Erfahrung für The Knot das Dashboard, den Budgetplaner, den virtuellen Hochzeitstisch mit dem Wunschzettel, die Gästeliste, die Hochzeitswebsite, den Nachrichtenverlauf mit den verschiedenen Anbietern und mehr.

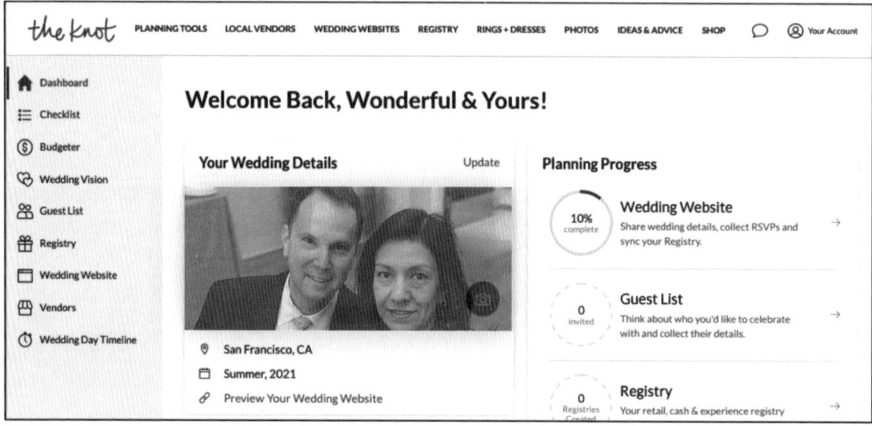

Abbildung 4.26: Das Dashboard von The Knot

Das ist der Grund, warum The Knot so erfolgreich ist. In der Sekunde, in der eine frisch verlobte Person ein Konto erstellt, wird sie in die Hochzeitsplanungs-Experience hineingestoßen, was sie im Wesentlichen in den Trichter von The Knot bringt. Abbildung 4.27 zeigt eine Zusammenfassung der Personalisierungsfeatures von The Knot.

Personalisierungsfeatures
Nachdem sie ein Profil erstellt haben, haben die Anwender Zugriff auf Hochzeitsplanungstools, einschl. personalisiertem Hochzeits-Dashboard, Budgetverwaltung, Hochzeitstisch, Gästeliste, Website, Verlauf der Kommunikation mit Anbietern usw.

Abbildung 4.27: Personalisierungsfunktionen am Beispiel von The Knot

Benutzergenerierte Inhalte/Crowdsourcing-Daten

User Generated Content (UGC, nutzergenerierte Inhalte) sind Inhalte, die von den Benutzern erstellt werden, und Crowdsourcing-Daten werden durch die Aktionen der Benutzer erzeugt. UGC-Inhalte können ebenfalls einen großen Teil der Wertinnovation ausmachen. Einige Produkte wie Yelp, Waze, eBay, Airbnb und Tinder wären ohne sie im Grunde nutzlos. Im Gegensatz dazu bieten Plattformen wie Netflix und Target abgesehen von redaktionellen Inhalten oder Produktbewertungen fast keine nutzergenerierten Inhalte.

Achten Sie auf UGC-Features wie Messageboards, Foren, Benutzerbewertungen, Benutzerprofile, Benutzerkommentare, also grundsätzlich alles, was ein Benutzer auf der Plattform veröffentlichen kann. Achten Sie für Crowdsourcing-Daten beispielsweise auf Dinge wie Trend-Hashtags auf Twitter und Verkehrswarnungen auf Waze.

Wie in Abbildung 4.28 dargestellt, bietet The Knot ein Diskussionsforum, das aus mehreren hochzeitsbezogenen Bereichen besteht. Außerdem werden für alle Locations schlecht gepflegte Kundenrezensionen angezeigt. Prüfen Sie, wie viele Beiträge es gibt und ob sie aktuell sind.

Community oder UGC-Features
Diskussionsforum, bestehend aus mehreren hochzeitsbezogenen Boards, nicht gut gepflegt. Kundenrezensionen für alle Veranstaltungsorte sind vorhanden.

Abbildung 4.28: Beispiele von Community/UGC-Features von The Knot

Wettbewerbsvorteil und/oder Schlüsselfeatures

Unterscheidungsmerkmale sind ausgeprägte Benutzererfahrungen und/oder Geschäftsmodelle, die ein Produkt von seinen Konkurrenten abheben. Zappos hat sich einen Namen dadurch gemacht, dass es ein hervorragendes Kundenerlebnis bietet, vor allem durch sein Rückgaberecht.

Beim Wettbewerbsvorteil könnte es sich auch um eine Kombination von Merkmalen handeln, die das Produkt besser machen, und manchmal einen One-Stop-Shop für Kunden bieten, wie es bei The Knot der Fall ist. Oder er könnte sich darauf beziehen, wie das Online-Erlebnis das Offline-Erlebnis verbessert oder umgekehrt – z.B. wenn Sie Ihren Starbucks-Kaffee vorab online bestellen und die Warteschlange bei Starbucks vor Ort überspringen, während Sie in einem physischen Geschäft auf einer Casper-Matratze liegen und diese dann online bestellen.

Finden Sie die beiden wichtigsten Unterscheidungsmerkmale jedes Produkts heraus und führen Sie sie in dieser Zelle auf, wie in Abbildung 4.29 für Wedding Spot dargestellt. Stellen Sie sich Fragen wie: Welche Funktionen waren erfolgreich, als das Produkt als erstes auf dem Markt war? Können diese Funktionen einfach repliziert werden? Oder ist es der Algorithmus oder der Datensatz (d.h. die große, vielfältige Benutzerbasis), der den Wert des Produkts ausmacht, oder beides?

Wettbewerbsvorteil und/oder Schlüsselfeatures
Wedding Spot ist auf den Markt für Hochzeitslocations fokussiert, was es ihnen erlaubt, in die Tiefe zu gehen. Die einzigartige Spot-Estimate™-Funktion kann automatisch einen Kostenvoranschlag mit den von den Nutzern eingegebenen Hochzeitsinformationen und den von den Unternehmen zur Location bereitgestellten Informationen erstellen. Die Funktion zum Vergleich der einzelnen Veranstaltungsorte ist ebenfalls sehr nützlich.

Abbildung 4.29: Beispiele von Schlüsselfeatures, die Wedding Spot einen Wettbewerbsvorteil verschaffen

Heuristische Evaluation

Eine heuristische Evaluation ist eine Methode zur Überprüfung der Gebrauchstauglichkeit von Software, die hilft, Usability-Probleme im Interface-Design zu identifizieren. Sie haben jetzt keine Zeit für eine ausführliche Bewertung. Stattdessen sollten Sie sich darauf konzentrieren, wie schwer oder leicht es ist, eine bestimmte Aufgabe zu erledigen, die für das von Ihnen geplante Nutzenversprechen relevant ist. Achten Sie besonders auf reibungslose Techniken, die es wert sein könnten, übernommen zu werden (mehr dazu in Kapitel 6).

Im Fall von The Knot (siehe Abbildung 4.30) konzentrieren wir uns auf die Suche nach und die Buchung von Hochzeitslocations, was aber nur ein Aspekt der Plattform ist.

Heuristische Evaluation
Note = 1 Die Suche nach Veranstaltungsorten für eine Hochzeit ist auf dieser Website sehr intuitiv. Veranstaltungsorte für einen Hochzeitsempfang sind unter "Local vendors" als Navigationspunkt der zweiten Ebene aufgeführt. Die Website erkennt automatisch die Geolokalisierung und zeigt Angebote in nahegelegenen Städten an, um den Nutzern eine breitere Auswahl zu bieten. "Garten" ist eine Filteroption, obwohl die zurückgegebenen Ergebnisse immer noch Locations wie private Villen mit einem hohen Preis sind.

Abbildung 4.30: Beispiel für die heuristische Evaluation von The Knot

Beurteilen Sie schnell, ob die Website für die meisten der von Ihnen beabsichtigten Aktivitäten geeignet ist. Sobald dies geschehen ist, geben Sie ihr eine

Note von 1 bis 6, die ganz oben in Ihrer Bewertung stehen sollte. Das Tolle an dieser Technik ist, dass wir qualitative Informationen für unsere Teams in einen sehr wichtigen, messbaren Datenpunkt verwandeln.

Weitere Ressourcen für Hardcore-Cyber-Detektive

Unternehmenspräsentationen

Suchen Sie auf SlideShare nach dem Firmen- oder Produktnamen. Auf diesem Portal finden Sie oft PowerPoint-Dateien oder PDFs von Unternehmens- oder Konferenzpräsentationen, die Finanzdaten, neue Projekte und unveröffentlichte Produkte und Schnittstellen enthalten können.

Google Alerts

Richten Sie Google Alerts für Schlüsselwörter ein, die sehr spezifisch für Ihr Nutzenversprechen sind. Für Airbnb for Weddings könnte dies »Erschwingliche Hochzeitslocations in Los Angeles« sein. Ich hatte zum Beispiel einen Alert für »Airbnb for Weddings« eingerichtet, als ich 2014 an der ersten Ausgabe dieses Buches schrieb, und erhielt dann ein paar Jahre später einen Alert für den Konkurrenten WedShed.

Stellenausschreibungen

Lesen Sie die Stellenausschreibungen Ihrer Konkurrenten – insbesondere von Produktteams und Marketingpositionen – auf Websites wie LinkedIn, CareerBuilder, Glassdoor und Indeed. Es kann nützlich sein, zu sehen, wie sie ihre Mission, Unternehmenskultur und Arbeitsaufgaben formulieren.

Bezahlte Berichte

Finden Sie heraus, ob jemand in Ihrem Unternehmen Zugriff auf die Datenbanken von Dun & Bradstreet, Gartner oder Forrester Research hat. Sie veröffentlichen Forschungsberichte über Branchen und Unternehmen.

Newsletter, Pressemitteilungen, Nachrichtenartikel

Durchsuchen Sie das Internet sowohl in der Mainstream-Presse als auch in Technologie-Hubs nach aktuellen Artikeln. Suchen Sie auf den Websites von Wettbewerbern nach aktuellen Pressemitteilungen über ihre neuesten Entwicklungen. Melden Sie sich für ihre Newsletter an, um Beispiele für deren Kommunikation zu sehen.

Tools zur Überwachung sozialer Medien

Es gibt zahlreiche Tools wie Hootsuite und Keyhole, mit denen Sie die Social-Media-Accounts Ihrer Konkurrenten, Markenstimmungen, Schlüsselwörter und Hashtags an einem Ort überwachen können. Diese Tools sind nicht sehr teuer und viele bieten kostenlose Testversionen an.

Die Wayback Machine

Dieses digitale Archiv des World Wide Web (*http://web.archive.org*) wurde 1996 vom Internet Archive gegründet und ermöglicht es Ihnen, »in der Zeit zurückzureisen« und vergangene Inkarnationen von Websites zu erkunden. Es ist eine großartige Möglichkeit zu erforschen, wie sich Unternehmen, Produkte und Marken im Laufe der Zeit entwickelt haben.

Seien Sie sich bewusst, dass es zahlreiche nicht koschere Methoden gibt, um im Grunde genommen Konkurrenten auszuspionieren. Ich empfehle diese Praktiken nicht, da sie unethisch sind.

Kundenrezensionen

Dies ist eine Zusammenfassung der Anzahl (unabhängig davon, ob es Hunderte oder Tausende sind) von Kundenrezensionen über ein Produkt außerhalb seiner Website. Bei mobilen Anwendungen ist dies die aktuelle Anzahl der Kundenbewertungen und -rezensionen, die mit dem Produkt eines Wettbewerbers in den Stores von Apple und Google Play verbunden sind. Wie Sie in Abbildung 4.31 sehen können, hat die mobile App von The Knot, die der Website entspricht, sehr hohe Werte von 4,8 bzw. 4,7.

Kundenrezensionen/-bewertungen
4,8/5 im App Store, 35.592 Bewertungen 4,7/5 auf Google Play, 24.362 Bewertungen Zahlreiche aktuelle Kunden- und Lieferanten-beschwerden über den Kundenservice auf Sitejabber.com und Trustpilot.com.

Abbildung 4.31: Informationen zu Kundenbewertungen am Beispiel von The Knot

Aber das ist noch nicht alles. Eine Websuche von The Knot führte zahlreiche Beschwerden über den Kundenservice zutage. Es lohnt sich zu lesen, was die Nutzer in letzter Zeit über das Produkt gesagt haben – sowohl Gutes als auch Schlechtes –, denn diese Beschwerden könnten den Kern einer Idee für ein differenziertes Kundenerlebnis darstellen.

Es gibt viele Bewertungswebsites, auf denen Sie sich im Internet über Mitbewerber informieren können, hierzu gehören zum Beispiel *Sitejabber.com* und *Trustpilot.com*. Manchmal finden Sie Bewertungen auf Quora, Reddit oder anderen ähnlichen Plattformen, auf denen sich Benutzer an die Öffentlichkeit wenden, um Meinungen oder Ratschläge zur Fehlerbehebung einzuholen. Suchen Sie nach den aktuellen, sich wiederholenden Kundenbeschwerden über ein Produkt, weil diese potenziellen Pain Points etwas sind, was Ihr Team möglicherweise verbessern kann. Denken Sie daran, dass Kunden dazu neigen, sich häufiger über ihre schlechten (im Gegensatz zu guten) Erfahrungen zu äußern, weil sie eine Möglichkeit brauchen, ihrer Frustration Luft zu machen. Außerdem sind Bewertungen oft gefälscht und von Konkurrenten oder Hassern geschrieben. Lesen Sie also am besten alle Bewertungen und suchen Sie die häufigsten Beschwerden heraus. Dann schauen Sie, ob Sie diese Erfahrungen wiederholen oder bestätigen können, wenn Sie das Produkt selbst ausprobieren. Unabhängig davon ist es eine großartige Möglichkeit, Chancen zu entdecken, die Konkurrenten bisher nicht genutzt haben.

Allgemeine Hinweise oder aktuelle Nachrichten

Diese Spalte ist für verschiedene Informationen gedacht, die nicht in die anderen Spalten passen. Fühlen Sie sich frei, den Namen zu ändern, wenn Sie ein nützlicheres Attribut haben, das untersucht werden muss, z.B. irgendwelche Nachrichtenlinks, die für Ihr Produkt relevant sind und die Sie verfolgen wollen, oder Gedanken darüber, wer Ihrer Meinung nach die Zielkundensegmente sein könnten. Wenn es sich um ein B2B-Produkt handelt, können Sie die wichtigsten Auftraggeber oder Kunden angeben. Oder geben Sie hier alle Fach- oder Wirtschaftsmagazine ein, in denen sie werben oder Artikel sponsern.

Notizen für sich selbst oder das Team

Denken Sie daran, dass dies ein Dokument ist, an dem Sie gemeinsam mit anderen arbeiten. Andere Personen lesen möglicherweise Ihre Recherche, während Sie sie ausfüllen, und können wertvolle Informationen liefern. So könnten Sie hier Dinge eintragen wie: »Diese Seite funktioniert nicht auf Safari; bin nicht sicher, ob es an mir liegt.« Oder »Hey, Steve, meinst du, wir können die Kosten für ein Paar Schuhe verkraften, damit wir sehen können, wie der gesamte Transaktionsablauf funktioniert?«

SWOT-Analyse aus Sicht des Wettbewerbers

Diesen Punkt können Sie vorerst auslassen, bis Sie alle anderen Konkurrenten abgearbeitet haben. Der Grund dafür ist, dass Sie alle Daten gesammelt haben müssen, um die Wettbewerber genau miteinander vergleichen zu können. In Kapitel 5 wird beschrieben, wie Sie die SWOT-Analyse durchführen.

Ein letzter Hinweis

Oft behalten Produktteams und Stakeholder den Markt nicht im Auge, nachdem sie die Wettbewerbsanalyse durchgeführt und hinter sich gelassen haben. Das ist jedoch ein Fehler, denn das Internet ist ein sich schnell bewegendes Ziel. Die Wettbewerbslandschaft ändert sich ständig; folglich wird die Wettbewerbsanalyse nie endgültig sein. Ein Konkurrent mag untergehen, aber zwei andere werden auftauchen. Es ist, als würde man Whac-A-Mole spielen. Ich habe beispielsweise die Wettbewerbsanalyse für die Plattform Airbnb for Weddings im Jahr 2020 durchgeführt. Ich bin sicher, wenn Sie sich die Landschaft nach 2022 oder später ansehen, könnte sie ganz anders aussehen. Deshalb müssen Sie und Ihr Team immer auf der Hut sein, agil und bereit, die neuesten Ideen Ihrer Konkurrenten unter die Lupe zu nehmen und sofort zu sehen, wie sie Ihre Produktvision beeinflussen könnten.

Zusammenfassung

Zahlreiche Produktiterationen und ausführliche Kundenbefragungen sind keine Garantie für ein wertschaffendes Produkt. Um etwas Einzigartiges zu entwickeln, können Sie Ihre Konkurrenz nicht ignorieren. In diesem Kapitel habe ich erörtert, wie man Wettbewerbsanalyse betreibt, um etwas über den Markt zu erfahren. Sie haben gelernt, wie Sie direkte und indirekte Konkurrenten identifizieren können. Sie haben unermüdlich das Internet durchsucht und eine Reihe von qualitativen und quantitativen Datenpunkten erfasst, um zu verstehen, in welchen Markt Ihr Produkt eintreten könnte. Jetzt ist es an der Zeit, die Daten zu analysieren und aussagekräftige Informationen zu extrahieren, die das UX-Design und das Geschäftsmodell beeinflussen. Das mag ein wenig kompliziert klingen, aber geraten Sie nicht in Panik. Machen Sie einfach mit Kapitel 5 weiter.

Die Konkurrenz analysieren

[Analyse ist] die geschickte Anwendung wissenschaftlicher und nicht-wissenschaftlicher Methoden und Prozesse, mit denen Einzelpersonen Daten oder Informationen interpretieren, um aufschlussreiche Erkenntnisse und umsetzbare Empfehlungen für Entscheidungsträger zu gewinnen.[1]

– Babette Bensoussan und Craig Fleisher, Business and Competitive Analysis

Nachdem Sie den Markt gründlich untersucht haben, ist es an der Zeit, aus der Mikro- in die Makroebene zu wechseln. In diesem Kapitel zeige ich Ihnen, wie Sie systematische Techniken anwenden, um die wichtigsten Erkenntnisse aus den in Kapitel 4 durchgeführten Untersuchungen zu extrahieren. Am Ende dieses Kapitels werden Sie wissen, wie Sie ein Wettbewerbs-Benchmarking durchführen, Branchentrends identifizieren und Geschäftsmodelle aufdecken können, die Sie vielleicht noch nicht in Betracht gezogen haben. Mein Ziel ist es, Sie darauf vorzubereiten, zur Lebensfähigkeit Ihres Produkts auf dem Markt Stellung zu nehmen, damit Sie Empfehlungen darüber abgeben können, wie Sie vorankommen – es geht also um die Umsetzung von Säule 1: Geschäftsstrategie (Abbildung 5.1).

Abbildung 5.1: Säule 1: Geschäftsstrategie

1 Bensoussan, Babette E./Fleisher, Craig S.: *Business and Competitive Analysis*, London: Pearson Education, 2007.

Das Blockbuster-Nutzenversprechen, Teil 2

Kehren wir zurück zu dem Drama, das wir in Kapitel 3 verlassen haben, in dem unsere UX-Strategin Jaime mit Paul, einem großen Filmproduzenten, über Pauls Idee einer Shopping-Site für den wohlhabenden, viel beschäftigten Mann spricht. Sie befinden sich auf einem Studiogelände in Hollywood, und Paul hat gerade enthüllt, dass sein Nutzenversprechen auch sein persönliches Problem löst.

BUNGALOW - INNEN/MORGENS

Der Bildausschnitt zeigt JAIME und PAUL. PAUL ist sehr selbstbewusst. JAIME ist neugierig.

JAIME

Wissen Sie, ob es bereits Wettbewerber in diesem Bereich gibt? Macht das schon jemand?

PAUL hebt seine Hände. Er ist von seiner Idee extrem begeistert.

PAUL

Meine Frau und ich haben uns umgesehen, aber wir haben nichts gefunden, was den Nagel wirklich auf den Kopf trifft.

BUNGALOW – INNEN/MORGENS

Es ist zwei Wochen später und Jaime ist zurück im Bungalow, nachdem sie eine Wettbewerbsanalyse durchgeführt hat. Paul starrt auf die Ausdrucke der Wettbewerbsanalyse. Er wirkt verwirrt und verärgert.

JAIME

Wie Sie aus meinen Recherchen und Analysen ersehen können, gibt es tatsächlich mehrere Mitbewerber mit beträchtlichen finanziellen Mitteln, die Ihre Produktidee bereits auf dem Markt anbieten.

PAUL

Ich habe noch nie von diesen Unternehmen gehört. Sie denken also, dass es riskant ist zu versuchen, direkt mit ihnen zu konkurrieren?

JAIME

Nun, ich denke, wir sollten in Betracht ziehen, mehr über die Kunden zu recherchieren, die Sie ansprechen wollen. Und herausfinden, wie sie ihr Problem derzeit lösen.

PAUL

Ich weiß schon, dass es eine Menge Leute wie mich gibt, die das Einkaufen hassen.

JAIME

Wie wäre es, wenn wir sie interviewen und einige Experimente durchführen, um Variationen Ihres Nutzenversprechens zu testen?

PAUL

Ich habe das Gefühl, wir können einfach anfangen, eine Website zu bauen, und sehen, wie es läuft.

JAIME

Warum schauen Sie sich nicht alle Websites aus der Wettbewerbsforschung genauer an und sehen, wie sie funktionieren? Oder lassen Sie Ihre Frau einen Blick darauf werfen. Ich habe auch einige Vorschläge gemacht, wie man das Problem mit einem E-Commerce-Geschäftsmodell angehen könnte.

PAUL

Ich denke immer noch, dass sich meine ursprüngliche Idee langfristig am Markt durchsetzen wird.

Paul war offensichtlich nicht mit der Wettbewerbsanalyse zufrieden, aber raten Sie mal, wer es war: seine Frau! Sie spürte, dass diese Idee ein Fass ohne Boden sein könnte, und war froh, eine starke zweite Meinung zu haben, die ihre Instinkte bestätigte. Am Ende verwarf Paul diese Idee und machte weiter Filme. Ich habe nie wieder etwas von ihm gehört.

Was lernen wir daraus?

- Sie müssen Ihre Stakeholder und Kunden zu deren Verständnis des Wettbewerbs befragen, um sicherzustellen, dass alle Aussagen, die sie machen, durch empirische Forschung untermauert sind.
- Die Analyse sollte außerdem empfohlene Alternativen liefern, insbesondere dann, wenn die ursprüngliche Produktvision und das Geschäftsmodell Risiken aufweisen. Schließlich wollen Sie Ihren Kunden ja helfen, ihre Träume in eine umsetzbare Strategie zu verwandeln.
- Manchmal haben Leute bestimmte Vorstellungen und keine noch so gute Recherche kann sie umstimmen. Das ist der Moment, in dem der Stratege sich eine persönliche und ethische Frage stellen muss: Werde ich dieser Person helfen, ihr Produkt unabhängig vom Ergebnis der Analysen herzustellen, oder ziehe ich mich aus dem Projekt zurück?

Was ist eine Analyse?

Um mich mit Paul auseinanderzusetzen, musste ich die Fakten präsentieren. Meine Präsentation musste für ihn aussagekräftig sein und ihm helfen, die reellen Chancen seines Produkts auf dem Markt zu erkennen. Hätte ich ihm nur die Rohdaten aus meiner Matrix zur Wettbewerbsanalyse präsentiert, hätte er nicht gewusst, wie er all diese Informationen verdauen sollte, und/oder er hätte vielleicht seine eigenen Schlüsse aus den Daten gezogen. Um all das in einem Dokument zu erreichen, musste ich die gesamten Recherchen aus Kapitel 4 analysieren und sie dann in kleinere und umsetzbare Häppchen zerlegen. Indem ich die Daten nach Beziehungen zwischen den verschiedenen Eingaben durchkämmte, konnten wir uns als Team auf die nächsten sinnvollen Schritte konzentrieren – was im Fall von Pauls Idee weitere Nutzerforschung war, um sein Kundensegment und das Problem zu validieren (siehe Kapitel 3).

Da Sie gerade in Kapitel 4 Ihre Konkurrenten akribisch erforscht und Informationen zusammengetragen haben, können Sie sich nun den Fragen zuwenden, was funktioniert, warum es funktioniert und welche Möglichkeiten es für Ihr Produkt auf dem sich entwickelnden Markt gibt. Es ist Ihre Aufgabe, alles zu hinterfragen und schließlich die entscheidenden Funktionen und Möglichkeiten herauszupicken und dem Team zu empfehlen, die letztendlich eine Wertinnovation schaffen (Säule 2). Um die Konkurrenz bedeutungslos werden zu lassen, müssen Sie etwas Einzigartiges anbieten, das die aktuellen Optionen Ihrer Benutzer radikal verbessert. Sie werden dies herausfinden, indem Sie in die Matrix auf dem Tabellenblatt eintauchen und die Rohdaten analysieren. Einfach so viele Funktionen wie möglich anzubieten, sagt nichts darüber aus, welche Funktionen Kunden tatsächlich wollen oder brauchen, um ihr primäres Ziel zu erreichen.

Darüber hinaus soll diese Analyse über einen Vergleich der einzelnen Funktionen hinausgehen. Es sollte zum Beispiel nicht so etwas sein wie: »So machen alle Wettbewerber den Onboarding-Prozess.« Oder: »Alle unsere Mitbewerber haben diese Features, also sollten wir diese auch haben!« Steve Blank hat eine Schimpftirade mit dem Titel »Death by Competitive Analysis«[2] verfasst, in dem er argumentiert, dass die Erstellung eines Dokuments, das eine Auflistung von »meine Funktionen gegen ihre Funktionen« enthält, letztendlich zum Sinken des Schiffs führen wird.

Die Umwandlung von Daten in aussagekräftige Informationen ist ein Schritt in einem größeren Prozess, der *Competitive Intelligence* (CI) genannt wird. Wie im Buch *Business and Competitive Analysis* beschrieben, ist »Competitive Intelli-

2 Blank, Steve: »Death by Competitive Analysis«, *Steve Blank*, 1. März 2010. *https://oreil.ly/_SuIP*

gence der Prozess, durch den Organisationen verwertbare Informationen über Konkurrenten und das Wettbewerbsumfeld sammeln und diese idealerweise auf ihre Planungsprozesse und Entscheidungsfindung anwenden, um die Leistung ihres Unternehmens zu verbessern. CI verknüpft Signale, Ereignisse, Wahrnehmungen und Daten zu erkennbaren Mustern und Trends in Bezug auf das Geschäfts- und Wettbewerbsumfeld.«[3]

Die vier Schritte zum Durchführen einer Wettbewerbsanalyse

Um zu demonstrieren, wie Wettbewerbsforschung in aussagekräftige Competitive Intelligence umgewandelt wird, werde ich auf das Competitive Audit zurückkommen, das ich 2020 für Airbnb for Weddings durchgeführt habe, und zeigen, wie ich eine Wettbewerbsanalyse erstelle. Nachdem ich diesen arbeitsintensiven Prozess abgeschlossen habe, zeige ich Ihnen, wie ich die wichtigsten Erkenntnisse dokumentiere, um ein Briefing der Wettbewerbsanalyse zu erstellen, das ich dann mit Kunden wie Paul, dem Filmproduzenten, teile.

Folgen Sie einfach diesen vier Schritten; ich werde sie im Detail beschreiben:

1. Scannen und skimmen Sie die Zellen der verschiedenen Konkurrenten und codieren Sie sie farblich.
2. Erstellen Sie logische Gruppierungen für relevante Vergleiche.
3. Führen Sie ein Benchmarking und eine SWOT-Analyse Ihrer Konkurrenten durch (dies kommt in die letzte Spalte des Arbeitsblattes).
4. Fassen Sie Ihre Ergebnisse der Wettbewerbsanalyse in einem Briefing zusammen.

Schritt 1: Daten scannen, skimmen und farblich codieren

Beginnen wir damit, den Haufen von Rohdaten in Ihrer Tabelle zu betrachten und ihn für Sie und Ihr Team verdaulicher zu machen. Idealerweise hatten Sie die Möglichkeit, eine Pause einzulegen, sodass Sie sich den Informationen aus einer anderen Perspektive nähern können. Wie dem auch sei, es ist wahrscheinlich eine gute Idee, sich noch einmal mit allen Zeilen (Wettbewerbern) und Spalten (Attributen) vertraut zu machen, bevor Sie Ihre Analyse der Daten erstellen.

3 Bensoussan, Babette E./Fleisher, Craig S.: *Business and Competitive Analysis*, London: Pearson Education, 2007.

Die Daten scannen und skimmen

Dazu verwende ich zwei Schnelllese-Techniken: Skimming und Scanning. *Skimming* (überfliegen, orientierendes Lesen) bedeutet, dass Sie Ihre Augen schnell über den Text bewegen, um die grundlegende Bedeutung zu erfassen. *Scanning* (suchendes Lesen) bedeutet, schnell eine Menge Material zu überfliegen, während man nach einer bestimmten Sache sucht. Während einer Datenanalyse scanne und skimme ich sehr viel, aber nicht, um schlampig zu sein oder um den einfachsten Weg zu nehmen. Stattdessen möchte ich schnell feststellen, wie einfach oder kompliziert die Aufgabe ist: Besteht mein Arbeitsblatt aus fünf Zeilen mal fünf Spalten? Oder sind es zwölf Zeilen mal 24 Spalten mit vielen fehlenden Daten? Schätzen Sie die Dichte und Vollständigkeit der Inhalte, die Sie analysieren wollen, damit Sie wissen, wie lange es dauern wird. Das ist wichtig, weil Sie wahrscheinlich eine feste Zeitspanne für diese Aufgabe zur Verfügung haben und Sie keine wertvollen Projektstunden verschwenden wollen, indem Sie sich mit nur einer Zeile der Analyse herumschlagen. Wenn Sie beispielsweise 20 Konkurrenten analysieren müssen und Ihnen 20 Stunden zur Verfügung stehen, um diese Aufgabe zu erledigen, haben Sie für jeden Konkurrenten eine Stunde Zeit. Timeblocking ist sowohl für die Recherche als auch für die Analyse unerlässlich, weil Sie eine ausgewogene Perspektive haben und gleichzeitig die Paralyse durch Analyse vermeiden wollen.

Achten Sie außerdem darauf, ob etwas unvollständig aussieht oder fehlt. Haben Sie, oder wer auch immer die Recherche durchgeführt hat, einen offensichtlichen Konkurrenten übersehen, der berücksichtigt werden muss? Ist die Spalte mit dem monatlichen Traffic oder der Anzahl der heruntergeladenen Apps leer? Dieses Attribut könnte sehr wichtig sein und es ist eine kolossale Ablenkung, wenn man die Analyse unterbrechen muss, um wieder in den Forschungsmodus zu wechseln.

Rohdatenpunkte messen

Ein Datenpunkt ist eine diskrete Einheit von Informationen. Jede einzelne Tatsache oder Beobachtung ist ein Datenpunkt. In unserer Tabelle stellt jede Spalte mit Attributen einen einzelnen Datenpunkt dar. Datenpunkte können uns helfen, Vergleiche und Beurteilungen vorzunehmen. Datenpunkte können aus quantitativen Daten und/oder qualitativen Daten bestehen (siehe Tabelle 5.1).

Quantitative Daten sind Zahlen und Statistiken. Wie viel Traffic hat eine Website bekommen? Wie viele Transaktionen? Wie viele Inserate sind auf der Plattform? Zahlen können Metriken, Transaktionen und/oder eine endliche Menge von Optionen sein. Im Gegensatz zu qualitativen Daten haben diese Zahlen eine Logik oder Ordnung, die auf sie angewendet wird. Die quantitativen Datenpunkte eines Starbucks Latte könnten zum Beispiel die Größe der Tasse, die Temperatur des Kaffees, der Preis oder die Zeit sein, die der Barista für die Zubereitung benötigt hat.

Qualitative Daten sind deskriptiv und subjektiv. Es sind die Dinge, die interessante Einblicke gewähren, wie Meinungen, Reaktionen, Emotionen, Ästhetik, körperliche Merkmale und so weiter. Die qualitativen Aspekte eines Starbucks Latte sind sein Geschmack, sein Aroma, die Schaumigkeit der Milch/Sahne, die Ästhetik der Umgebung, in der er zubereitet wird, oder der Service.

Quantitative Daten	Qualitative Daten
Zahlen (Metriken, Datasets)	Beschreibend
Kann gemessen werden	Kann beobachtet, aber nicht gemessen werden
Länge, Fläche, Volumen, Geschwindigkeit, Zeit usw.	Meinungen, Reaktionen, Geschmäcker, Aussehen
Objektiv	Subjektiv
Strukturiert	Unstrukturiert

Tabelle 5.1: Vergleich von quantitativen und qualitativen Daten

Oft gibt es Möglichkeiten, qualitative Datenpunkte in quantitative Datenpunkte umzuwandeln, um objektivere Vergleiche anzustellen. Wie bereits in Kapitel 4 erwähnt, ist die Empfehlung, die heuristische Evaluation Ihrer Konkurrenten mit einer Note zu versehen, damit es ein erkennbares Punktesystem gibt, sehr wichtig. Es besteht jedoch keine Notwendigkeit, alle Datenpunkte umzuwandeln, da die qualitativen Daten oft umfassender sind.

Spaß mit der Farbcodierung

Sie können die Tabelle farblich codieren, um aussagekräftige Datenpunkte, Trends und andere Muster zu erkennen, wie in Abbildung 5.2 gezeigt. Verwenden Sie z. B. Grün (in der Abbildung das hellere Grau), um positive Attribute hervorzuheben (z. B. die Website mit dem größten monatlichen Traffic), und Rot (in der Abbildung das dunklere Grau), um negative Attribute hervorzuheben (z. B. die Website mit dem geringsten monatlichen Traffic). Denken Sie daran, es einfach zu halten und Farben effektiv einzusetzen. Die Erstellung eines komplexen Codes in diesem ersten Durchgang wird Ihrer Analyse nicht helfen und kann andere Teammitglieder verwirren, die ebenfalls die Rohdaten überprüfen oder ergänzen wollen. Die Farbcodierung sollte sparsam eingesetzt werden, um genau die Dinge hervorzuheben, die bei der Analyse unbedingt zu berücksichtigen sind.

Monatlicher Traffic: 55,2k Views	41 Hochzeitslocations in 5 US-Bundesstaaten 14 Locations in Südkalifornien Scheinen sich auf Kalifornien zu fokussieren.	Hochzeitslocations	**Instagram:** 12,7k Follower, letzte Aktivität im August 2019
Monatlicher Traffic: 11,5 Mio. Views Kategorie: Lifestyle > Hochzeiten ist es Nr. 1	Hochzeitslocations in 50 US-Bundesstaaten 729 Locations in Los Angeles	Tools für Hochzeitsplanung Lokale Anbieter Hochzeitsbezogene Anbieter	**Twitter:** 233k Follower, mehrere Posts täglich **Instagram:** 1,4 Mio. Follower, täglich aktiv **YouTube:** 18,9k Follower, wöchentliche Videos **Pinterest:** 379k Follower, aktive Pin-Boards

Abbildung 5.2: Hervorgehobene Zellen zeigen die Farbcodierung von aussagekräftigen Attributen.

Schritt 2: Erstellen Sie für den Vergleich logische Gruppierungen

Nachdem Sie nun einen Gesamtüberblick über Ihre Daten haben, müssen Sie ein wenig Ordnung schaffen, um den Analyseprozess effizient zu gestalten. Sie wollen diejenigen Websites und Apps in Ihrer Analyse vergleichen, die logische und relevante Gemeinsamkeiten haben. Sie möchten Äpfel mit Äpfeln, Orangen mit Orangen und mobile Apps für die Lieferung von Frischwaren mit mobilen Apps für die Lieferung von Frischwaren vergleichen. Daher müssen Sie die Konkurrenten manuell in Untergruppen oder Buckets (Klassen) einteilen, und zwar sowohl die indirekten als auch die direkten Konkurrenten, die für den Vergleich logisch sinnvoll sind. Beispielsweise hatte Airbnb for Weddings mehrere indirekte Konkurrenten, die alle das gleiche Nutzenversprechen anboten, nämlich eine Plattform für die Vermittlung von Veranstaltungsräumen, einschließlich solcher für eine Hochzeitsfeier (Splacer, Peerspace und Venue-Book), zu sein. Tabelle 5.2 zeigt Beispiele für mögliche Untergruppen.

Beispiele für logische Untergruppen
Desktop versus mobile Plattformen
Inhaltstyp (zum Beispiel: E-Commerce, Verlage oder Aggregatoren)
Horizontale Märkte (Craigslist, Amazon, eBay, Walmart usw.)
Vertikale Märkte (Kleidung, Gesundheit, Bankwesen usw.)
Nutzenversprechen oder Geschäftsmodelle

Tabelle 5.2: Logische Untergruppen (Beispiele)

Wenn jenseits von direkten oder indirekten Wettbewerbern keine offensichtlichen Gruppierungen vorliegen, können Sie die Zeilen nach Relevanz für Ihr Nutzenversprechen sortieren. Denken Sie daran, dass es Ihr Ziel ist, leichter zu erkennen, was die Faktoren sind, die anderen Produkten einen Wettbewerbsvorteil verschaffen. Sie suchen nach Gemeinsamkeiten und Unterschieden, damit Sie und Ihr Team wirklich verstehen können, warum bestimmte Produkte erfolgreicher sind als andere.

Schritt 3: Benchmarking und SWOT-Analyse Ihrer Konkurrenz

Der Begriff Benchmark stammt von den horizontalen Markierungen, die Vermessungsingenieure in steinerne Strukturen einmeißelten, damit in der Zukunft eine Nivellierlatte wieder genau an derselben Stelle positioniert werden konnte. Diese Markierungen wurden in der Regel durch einen eingemeißelten Pfeil unterhalb der horizontalen Linie angezeigt, wie in Abbildung 5.3 dargestellt.[4]

Abbildung 5.3: Eine Ordnance-Survey-Markierung in Großbritannien[5] *(Bild lizenziert unter Creative Commons)*

In der Geschäftswelt hilft das Wettbewerbs-Benchmarking Organisationen, wichtige Facetten eines anderen Unternehmens, eines Produkts oder einer Dienstleistung zu identifizieren und zu untersuchen, sodass Vergleiche angestellt werden können, um die Zukunft besser vorhersagen zu können. Im Kontext der UX-Strategie werden Sie relevante Wettbewerber in der Matrix gegeneinander benchmarken, indem Sie sie zunächst auf einer Attribut-für-Attribut-Basis vergleichen.

Jede Spalte in der Tabelle steht für ein anderes Attribut. Sie haben Datenpunkte zu jedem dieser Attribute gesammelt, ganz gleich, ob es sich dabei um die Finanzierung, die Aktivität auf sozialen Plattformen oder eine Usability-Bewer-

4 »Benchmark (surveying)«, *Wikipedia. https://oreil.ly/dQoDk*

5 A.d.Ü.: *Ordnance Survey* ist eine Behörde in Großbritannien, die für die Landvermessung verantwortlich ist.

tung für einen kritischen Anwendungsfall handelt. Diese quantitativen und qualitativen Datenpunkte geben Ihnen die Möglichkeit,

1. beste UX-Praktiken im Vergleich zu lahmen UX-Praktiken,
2. erfolgreiche Geschäftsmodelle und
3. schlagkräftige Wettbewerbsvorteile

zu messen, zu bewerten und zu identifizieren.

Beim Benchmarking direkter Konkurrenten wollen Sie Wettbewerbsparität zwischen deren Produkten finden. Sie suchen nach einer Baseline, die die minimalen Merkmale und Kriterien definiert, die zukünftige Kunden von Ihnen erwarten, wenn Ihr Team das Nutzenversprechen umsetzt. Bei der Wettbewerbsanalyse von Airbnb for Weddings habe ich beispielsweise die verfügbaren Hochzeitslocations in Los Angeles auf The Knot (700+), Wedding Spot (700+) und Here Comes the Guide (100+) verglichen, weil dies eine entscheidende Kennzahl war.

Belassen Sie es jedoch nicht dabei und stellen Sie weitere Fragen. Erwarten Kunden, dass eine Produkt- oder Angebotsdetailseite Fotos, Videos, transparente Preise und Bewertungen enthält? Macht der beliebteste Mitbewerber alles richtig? Oder gewinnt er aus anderen Gründen? Verfügt das Unternehmen hinter der innovativsten und am häufigsten heruntergeladenen Plattform/App über viel Geld, aber nicht über ein offensichtliches Geschäftsmodell? Nennen Sie einen Konkurrenten, wenn er eine ernsthafte Bedrohung darstellt – wenn er einen großen Marktanteil hat, wenn er Ihre Zielkunden anspricht, wenn sein Produkt solide ist oder wenn er über umfangreiche Finanzmittel verfügt, um schnell zu skalieren.

Beim Benchmarking der indirekten Konkurrenten analysieren Sie, wie diese digitalen Produkte alternative Möglichkeiten bieten, das Problem zu lösen, das Sie ebenfalls zu lösen versuchen. Bei der Wettbewerbsanalyse von Airbnb for Weddings habe ich beispielsweise untersucht, wie schwer es war, speziell nach Hochzeitslocations zu suchen und ob die verfügbaren Locations geeignet waren. Diese Datenpunkte waren wichtig, denn wenn es bei Airbnb for Weddings nur darum ging, Veranstaltungsorte für Hochzeitszeremonien und Empfänge zu finden, musste es mehr Annehmlichkeiten bieten, die für Hochzeitsveranstaltungen relevant waren.

Sie sind auf der Suche nach Trends, Standards, Lücken und einem allgemeinen Gefühl für das Aussehen und die Atmosphäre der Landschaft. Oft werden Sie feststellen, dass sich nicht intuitive Designkonventionen auf vielen Websites innerhalb eines vertikalen Marktes wiederholen. Sie werden sich fragen, warum sie alle ähnliche oder gleiche Defekte aufweisen. Sie könnten erkennen, dass alle eine besonders nützliche Fähigkeit übersehen, die die geheime Zutat sein könnte, die Sie für Ihre Wertinnovation verwenden. (Mehr dazu finden Sie in Kapitel 6.) Vielleicht erfahren Sie etwas über eine Herausforderung, die vorher nicht offensichtlich war. Haben die meisten Verlierer das Ziel in Bezug auf Inhalte, Traffic oder Personalisierung verfehlt? Oder haben sie ein schlechtes Browsing- oder Sucherlebnis? Ermitteln Sie die Ursachen. Durch ein Benchmarking der Konkurrenz finden Sie Möglichkeiten, Mehrwert zu schaffen, indem Sie entweder innovativ sind oder die besten UX- und Geschäftsmodell-Praktiken anderer konkurrierender Produkte optimieren. Sie werden diese goldenen Nuggets auch als mögliche Empfehlungen für Ihr Briefing nutzen wollen.

Die Analysespalte angehen

Der Grund, warum Sie in der Vorlage für die Wettbewerbsanalyse-Matrix mit dieser Spalte gewartet haben, ist, dass Sie über die gesamte Wettbewerbslandschaft Ihres Nutzenversprechens so viele Daten wie möglich sammeln mussten. Aber jetzt sind Sie endlich bereit, sie auszufüllen.

Die SWOT-Analyse ist ein weitverbreitetes strategisches Planungsinstrument, das die Position eines Unternehmens auf dem Markt erfasst. Das Akronym SWOT steht für Strengths, Weaknesses, Opportunities und Threats (Stärken, Schwächen, Chancen und Risiken). Das Ergebnis der Analyse wird typischerweise in Form einer 2×2-Matrix dargestellt (siehe Abbildung 5.4). Auch wenn der Ursprung dieser Technik noch immer umstritten ist, wird sie in der Regel Albert Humphrey zugeschrieben, der in den 1960er-Jahren am Stanford Research Institute Daten für amerikanische Top-Unternehmen analysierte.

Strenghts (Stärken)	**Weaknesses** (Schwächen)
Merkmale eines Unternehmens, die ihm gegenüber seinen Mitbewerbern Vorteile verschaffen	Merkmale eines Unternehmens, die es im Vergleich zu Wettbewerbern benachteiligen
Opportunities (Chancen)	**Threats** (Risiken)
Elemente im externen Umfeld eines Unternehmens, die es ihm ermöglichen, Strategien zur Steigerung der Rentabilität zu formulieren und umzusetzen	Elemente im externen Umfeld, die die Integrität und Rentabilität des Unternehmens gefährden könnten

Abbildung 5.4: SWOT-Analyse

Die Methode ist vom Konzept her dem in Kapitel 2 beschriebenen Business Model Canvas sehr ähnlich, da sie ein Framework zur Selbsteinschätzung für Stakeholder ist, um gemeinsam zu brainstormen, bevor sie kritische Entscheidungen über ihre Geschäftsstrategie treffen. Eine SWOT-Analyse für ein nicht existierendes Produkt oder Geschäftsmodell durchzuführen, führt uns jedoch in das Land der Fantasie. Deshalb ist es sinnvoller, sie für die Bewertung von Wettbewerbern aus deren Perspektive zu verwenden. Es hilft Ihnen und Ihrem Team, besser zu verstehen, wo deren Marktposition im Vergleich zu Ihrem vorgeschlagenen Nutzenversprechen liegt. Und genau so werden Sie es jetzt verwenden, egal ob Sie es alleine oder gemeinsam mit Teammitgliedern machen.

Wir werden nun die Spalte *Analyse* für jeden Konkurrenten ausfüllen. Wir werden eine Zeile nach der anderen ausfüllen, indem wir alle Datenpunkte auswerten, die wir gerade gesammelt haben, vor allem die, die grün und rot markiert sind. Diese Spalte muss alle wichtigen Informationen enthalten, die der Stakeholder kennen sollte, wenn das alles ist, was er liest. Wir wollen die Stärken und Schwächen jedes Wettbewerbers, die Chancen, die er genutzt hat, und die potenziellen Bedrohungen durch externe Faktoren (z.B. gesetzliche Bestimmungen) auflisten.

Konzentrieren Sie sich auf Erkenntnisse, die für die Benutzererfahrung und Ihr Nutzenversprechen relevant sind. Bei indirekten Wettbewerbern kann dies bedeuten, dass Sie nur einen Teil ihres Geschäfts oder Produkts analysieren. Wenn Sie z.B. eine Möbel-Website erstellen und Amazon als indirekten Konkurrenten aufführen, sollten Sie das Möbelangebot von Amazon analysieren, nicht das gesamte Unternehmen.

Ihre Stärken sollten Dinge hervorheben, die sie besonders gut machen. Die Schwächen sollten veranschaulichen, was unser Zielkunde mit ihrer Lösung nicht gut erledigen kann. Im Falle von Airbnb for Weddings zeigt die SWOT-Analyse des direkten Konkurrenten (Wedding Spot) (Abbildung 5.5), dass Airbnb zahlreiche Angebote für Hochzeitslocations sowie einen robusten Mechanismus für die Suche nach erschwinglichen Locations mit einem Vergleichstool und transparenten Preisen anbietet.

Wenn man sich die SWOT-Analyse von The Knot ansieht (Abbildung 5.6), bietet das Unternehmen zwar ein umfassendes Tool für die Hochzeitsplanung, aber man muss jeden Anbieter von Hochzeitslocations selbst kontaktieren, um ein Angebot zu erhalten, was den Prozess ziemlich zeitaufwendig macht. Eine Chance sowohl für The Knot als auch für Wedding Spot wäre es, Premium-Pakete anzubieten; dies tun beide bisher nicht.

SWOT-Analyse aus der Sicht des Wettbewerbers
WEDDING SPOT
Strengths, Stärken: Produktfeatures: Die Spot-Estimate-Funktion erhöht die Preistransparenz. Die Side-by-Side-Vergleichsfunktion für Veranstaltungsorte vereinfacht die Nutzererfahrung in der Anfangsphase der Suche nach Veranstaltungsorten. Durch die Bereitstellung dieses Preisschätzungs-Tools für Hochzeitsplaner baut Wedding Spot Vertrauen zwischen der Plattform und den Nutzern auf und reduziert den Zeitaufwand für die Beantwortung von unerwünschten Leads für Veranstaltungsorte.
Weaknesses, Schwächen: Benutzererfahrung: Da Wedding Spot ein zweiseitiger Marktplatz ist und keine Kontrolle über die Preisgestaltung hat, müssen die Nutzer immer noch auf die Veranstaltungsorte zugehen, um definitive Angebote auf der Grundlage ihrer tatsächlichen Bedürfnisse anzufordern. Das macht die Kostenschätzung nicht so nützlich. Branding: Es gibt einen Mangel an menschlicher Note in der Wedding-Spot-Marke. Die Auswahl der Website-Fotos und die Texte konzentrieren sich mehr auf den Veranstaltungsort und weniger auf den Nutzer.
Opportunities, Chancen: Neues Nutzersegment: Wedding Spot könnte seine Informationen über Anbieter von Hochzeitsdienstleistungen nutzen, um Premium-Hochzeitslocations-Pakete für das Kundensegment anzubieten, das professionelle Dienstleistungen für Hochzeitslocations wünscht und das sich über Preisaufschläge keine Gedanken macht.
Threats, Risiken: Regulierung: Online-Werbung wird durch eine zunehmende Regulierung bedroht und dem Verbraucher ist zunehmend der Unterschied zwischen Werbung und organischen Suchergebnissen deutlich, was das Unternehmen vor die Herausforderung stellt, die Tragfähigkeit seines derzeitigen Geschäftsmodells zu beweisen.

Abbildung 5.5: Beispiel für die SWOT-Analyse eines direkten Wettbewerbers (Wedding Spot)

Eine Bedrohung für die Online-Werbung als primäre Einnahmequelle besteht darin, dass eine wachsende Mehrheit der Verbraucher aufgrund von Bedenken hinsichtlich des Datenschutzes immer seltener auf Online-Werbung klickt. Wie Sie sehen können, sind die Stärken und Chancen der Wettbewerber potenziell eine Bedrohung für unser Leistungsangebot. Gleichzeitig können ihre Schwächen und Bedrohungen unsere Chancen sein.

SWOT-Analyse aus der Sicht des Wettbewerbers

THE KNOT

Strengths, Stärken:
Produktfeatures: The Knot bietet ein umfassendes Hochzeitsplanungstool, das zukünftigen Paaren, vor allem angehenden Bräuten, bei jedem Schritt der Hochzeitsvorbereitung hilft. Diese Fähigkeit ist der entscheidende Faktor, der die Nutzer bindet. Aus Gründen der Bequemlichkeit werden die Nutzer dazu angeregt, direkt aus der Website heraus nach Hochzeitslocations und Anbietern zu suchen und diese zu beauftragen, sodass alle Informationen automatisch an einem Ort gesammelt werden. The Knot ermöglicht es den Nutzern außerdem, direkt mit den Veranstaltungsorten zu chatten, sodass die Kommunikation für technisch weniger versierte Nutzer vereinfacht wird.
Geschäftsmodell: Mit dem größten Website-Traffic und einem Kundenstamm, der bereit ist, beworben zu werden, sorgt das auf Werbung basierende Geschäftsmodell von The Knot für genügend Einnahmen, um zu wachsen.

Weaknesses, Schwächen:
Unterversorgtes Nutzersegment: The Knot bietet keinen umfassenden Kundenservice für Hochzeitsplaner an und es gibt keine Möglichkeit, einen Hochzeitsmanager zu engagieren. Wer sich also für Dienstleistungen von The Knot entscheidet, muss jedes Detail selbst verwalten und alle Anbieter koordinieren. Dies ist nicht ideal für Nutzer, die eine Rundum-Sorglos-Lösung wünschen. Schlimmer noch, jeder Anbieter, einschließlich der Hochzeitslocations, muss einzeln für einen Kostenvoranschlag kontaktiert werden.

Opportunities, Chancen:
Neues Nutzersegment: The Knot könnte seine Ressourcen an Hochzeitsanbietern nutzen, um Premium-Hochzeitsplanungspakete für das Kundensegment anzubieten, das professionelle Hochzeitsplanungsdienste sucht.

Threats, Risiken:
Regulierung: Online-Werbung wird durch eine zunehmende Regulierung bedroht, und dem Verbraucher ist zunehmend der Unterschied zwischen Werbung und organischen Suchergebnissen deutlich, was das Unternehmen vor die Herausforderung stellt, die Tragfähigkeit seines derzeitigen Geschäftsmodells zu beweisen.

Abbildung 5.6: Beispiel für die SWOT-Analyse eines direkten Wettbewerbers (The Knot)

Reorganisieren Sie Ihre Konkurrenten ein letztes Mal

An diesem Punkt sollten Sie Nuancen zwischen den Mitbewerbern erkennen. Sie haben die Eigenschaften gebenchmarkt. Sie haben deren Stärken und Schwächen identifiziert. Sie können einschätzen, welche Konkurrenten einzigartige Angebote haben oder einfach nur Nachahmer sind. Sie können auch erkennen, was Ihre Mitbewerber nicht tun. Wie der Autor und Professor Richard Rumelt es ausdrückt: »Zur Strategie gehört genauso sehr, was eine Organisation nicht tut, wie das, was sie tut.«[6] Sie haben ein Gefühl für die Vielfalt der Geschäftsmodelle, die eine Rolle spielen. Auch können Sie beurteilen, welcher Mitbewerber die Nummer eins, wer die Nummer zwei ist und wer etwas Beeindruckendes tut, auch wenn er im Rennen um den Markt weiter zurückliegt als andere. Bevor wir also zum letzten Schritt übergehen, ist es an der Zeit, die Listen der direkten und indirekten Konkurrenten in der Tabelle zu ordnen und neu zu sortieren, sodass die in beiden Kategorien für uns bedrohlichsten Wettbewerber in der Reihenfolge des ersten, zweiten und dritten Platzes ganz oben stehen.

Beachten Sie, wie die Zelle *SWOT-Analyse* eine prägnante und maßgebliche Zusammenfassung des Mitbewerbers vermittelt. Das ist wichtig, denn selbst wenn Ihr Team und Ihre Stakeholder Zugang zu den Rohdaten in der Tabelle haben, haben sie vielleicht nicht die Zeit oder Lust, diese sorgfältig zu prüfen. Ihr Ziel ist es, alles Kritische aus allen Spalten in diese Analysespalte zu destillieren und sie dann gelb einzufärben, damit sie sich abhebt.

Schritt 4: Erstellen Sie das Briefing zur Wettbewerbsanalyse

Das Endziel der Analyse des Tabellenblatts ist die Zusammenfassung Ihrer Erkenntnisse in einem Briefing, das die Gründe für Ihre Empfehlungen erläutert. Das Briefing ist eine leicht lesbare Zusammenfassung Ihrer Wettbewerbsanalyse zusammen mit Ihren Empfehlungen, wie weiter vorgegangen werden soll. Dieses Dokument ist das, was Ihr Kunde oder Ihre Stakeholder von Ihrer Untersuchung mitnehmen.

Bevor Sie mit dem Schreiben des Briefings beginnen, nehmen Sie sich einen Moment Zeit, um von Ihrer Tabelle wegzugehen. Zoomen Sie aus den Details heraus und denken Sie über das große Ganze nach. Sie möchten in der Lage sein, die folgenden Fragen über den Markt zu beantworten:

- Welche Wettbewerber liefern bereits ein ähnliches Leistungsangebot? Was macht deren Produkte erfolgreich? Und/oder woran scheitern sie?
- Welche Wettbewerber sprechen Ihr Kundensegment (aus Ihrer validierten Persona) direkt an? Welche Features, Funktionalitäten oder Inhalte haben sie, die Ihren Benutzern gefallen könnten?
- Welche Produkte bieten die besten Benutzererfahrungen und Geschäftsmodelle? Wer macht etwas wirklich Einzigartiges?

6 Rumelt, Richard: *Good Strategy Bad Strategy: The Difference and Why It Matters*, New York: Crown Business, 2011.

Zweitens müssen Sie in Ihrem Bericht klären, ob es überhaupt für Ihr Produkt Platz im Markt gibt. Welche Möglichkeiten gibt es für Ihr Produkt? Welche Lücken könnte es füllen? Vielleicht hat Ihre Wettbewerbsforschung und -analyse ergeben, dass Ihr Team den unternehmerischen Jackpot geknackt hat. Vielleicht fällt Ihr Produkt in eine der folgenden Kategorien:

- Ist als Erster mit etwas Einzigartigem auf dem Markt (»First Mover«), wie z.B. Tinder, das das Online-Dating-Erlebnis mit der Swipe-Geste und kurzen Profilen, die nach Geolocation gefiltert werden können, verändert hat.
- Bietet Nutzern eine bessere Methode, um Zeit oder Geld oder beides zu sparen. Citymapper nutzt beispielsweise offene Verkehrsdaten, um optimale Transitoptionen zu zeigen, mit denen man durch eine Stadt navigieren kann, ohne mit dem Auto fahren zu müssen.
- Schafft gleichzeitig Nutzen für zwei verschiedene Kundensegmente, wie Airbnb es für Gastgeber und Gäste oder Eventbrite für Veranstalter und Teilnehmer tut.

All diese Optionen bedeuten, dass Sie einen blauen Ozean gefunden haben, der in Kapitel 2 beschrieben wurde. Die These des Buches *Der blaue Ozean als Strategie*[7] von W. Chan Kim und Renée Mauborgne dreht sich um den unbestrittenen Markt, in dem der Wettbewerb irrelevant wird, weil es keinen gibt. Ein blauer Ozean ist ein Markt voller Kunden mit unerfüllten Bedürfnissen. Ein roter Ozean ist ein Markt voller Haie, die um die Fische kämpfen. Bevor Sie Ihr Briefing schreiben, sollten Sie wissen, ob sich Ihr Produkt in einem blauen, roten oder einem violetten Ozean irgendwo dazwischen befindet. Kurz es ist Ihr Ziel, festzustellen, ob es Raum zum Gewinnen gibt, und das ist der Zeitpunkt, an dem Sie die Möglichkeiten auf der Grundlage der Forschung ansprechen müssen.

Briefings zur Wettbewerbsanalyse werden manchmal als herkömmliche A4-Textberichte geliefert, aber oft sind sie so dicht beschrieben und überwältigend, dass die Stakeholder sie nicht lesen wollen. Aus diesem Grund bevorzuge ich ein Präsentationsformat. Es zwingt den Strategen zu einer präziseren Erzählweise. Ein Briefing in Form einer Präsentation funktioniert auch als etwas, das zuerst in einem Remote- oder Präsenz-Meeting präsentiert und dann als Handout verteilt werden kann.

7 Kim, W. Chan/Mauborgne, Renée: *Der Blaue Ozean als Strategie [Blue Ocean Strategy]*, München: Carl Hanser Verlag, 2016.

Die Elemente des Briefings

Basierend auf dem, was ich im Laufe der Jahre gesehen und geliefert habe, habe ich einige Hauptkomponenten des Analyse-Briefings ermittelt. Ich werde Sie durch ein Beispielbriefing führen, damit Sie ein Gefühl dafür bekommen, was Briefings enthalten. Für die Präsentation in einer Besprechung sollte das Briefing auf mehrere Folien mit weniger Text aufgeteilt werden.

Hier ist die Gliederung. Es kann hilfreich sein, zunächst Platzhalterfolien für jeden der Abschnitte zu erstellen, damit Sie eine Grundstruktur haben, in der Sie die Inhalte eingeben können, während Sie den Stapel abarbeiten.

1. Titel-Folie (eine Folie)
2. Einleitung (eine Folie)
3. Gefährlichste Mitbewerber (eine Folie)
4. Direkte Konkurrenten (zwei bis drei Folien)
5. Indirekte Konkurrenten (zwei bis drei Folien)
6. Aktueller Markt (eine Folie)
7. Chancen und Empfehlungen (eine Folie)

Beachten Sie, dass dies nur ein Framework für die Präsentation Ihrer Ergebnisse darstellt. Sie sollten Ihre Inhalte auf der Grundlage dessen erstellen, was für Ihre Situation am relevantesten ist.

Folie 1: Titel

Eine gute Titelfolie enthält eine minimale Menge an Informationen, ähnlich wie ein Pitch-Deck, das ein Start-up für das Fundraising verwendet. Wie in Abbildung 5.7 gezeigt, kann sie auch ein passendes Bild enthalten. Hier sind die Grundlagen:

1. Name oder Platzhaltername des Produkts
2. Titel »Wettbewerbsanalyse« oder »Wettbewerbsanalyse des Online-Marktes«
3. Datum
4. Name und/oder Logo der Firma oder der Person, die das Briefing erstellt hat

Abbildung 5.7: Titel des Briefings mit den Ergebnissen der Wettbewerbsanalyse

Folie 2: Einleitung

Die Einleitung stellt die Ziele des Briefings vor und versucht, den Stakeholder dazu zu bringen, das Briefing a) zu lesen und b) unvoreingenommen zu prüfen. Es kann vorkommen, dass Sie diese Seite mehrmals umschreiben müssen, um sie richtig hinzubekommen. Scheuen Sie sich nicht, eine kurze Zusammenfassung dessen zu verfassen, was diese Seite/Folie Ihrer Meinung nach aussagen sollte, und kehren Sie dann zurück, um sie zu bearbeiten, nachdem Sie den Rest Ihrer Inhalte zusammengestellt haben. Wenn Sie Platz haben und die Seite visuell aufwerten wollen, ist dies ein guter Ort, um ein Foto einzufügen, das Ihre validierte Persona gut repräsentiert.

Absatz 1: Schaffen Sie die Voraussetzungen

Schauen Sie sich Abbildung 5.8 als Referenz an; ich werde dann den Inhalt dieses ersten Absatzes dekonstruieren.

[Problemstellung]. Deshalb erscheint das Konzept von [ursprüngliches Nutzenversprechen] wie ein [positives Adjektiv] Nutzenversprechen. Im [Monat, Jahr] führte [Ihr Name oder Firmenname] eine Wettbewerbsanalyse auf dem [Markt oder Sektor] durch, die sich auf Onlinekonkurrenten konzentrierte, die dem [Zielkundensegment] bei der Suche nach [Lösung] halfen.

Stellen Sie sicher, dass Sie die Problemstellung und das anfängliche Nutzenversprechen klar formulieren, damit es keine Unklarheiten darüber gibt, worauf Sie sich konzentrieren. Es ist ebenfalls wichtig, den Monat und das Jahr anzugeben, in dem die Studie durchgeführt wurde, weil die Analyse wirklich eine Momentaufnahme darstellt, die veraltet, wenn sich die Wettbewerbslandschaft weiterentwickelt.

Absatz 2: Geben Sie einen allgemeinen Überblick über den aktuellen Markt
Hier stellen Sie in Ihrer Wettbewerbsanalyse den Stand der Dinge, also die aktuelle Marktsituation, fest. Sie könnten etwas sagen wie: »Es gibt zahlreiche Online-Konkurrenten, die es Nutzern ermöglichen, Hochzeitslocations zu finden.« Oder: »Die Hochzeitsbranche ist in diese Kerngruppen zersplittert …« Für zusätzlichen Kontext sollten Sie auch eine Erklärung der logischen Untergruppen der Konkurrenten einbeziehen, falls diese existieren. Listen Sie zumindest alle Wettbewerber auf, die Sie recherchiert haben, und unterteilen Sie diese in direkte und indirekte Konkurrenten. Was Sie hier nicht nennen sollten, sind Ihre wichtigsten Ergebnisse und Empfehlungen. Sie müssen diese Schlussfolgerung mit den folgenden Beweisfolien aufbauen, die Sie gleich erstellen werden.

Einleitung

Zukünftige Bräute in Los Angeles haben es schwer, erschwingliche Locations für ihren großen Hochzeitstag zu finden. Aus diesem Grund scheint das Konzept »Airbnb for Weddings« ein verlockendes Angebot zu sein. Im November 2020 führte JaimeLevy.com eine ausführliche Wettbewerbsanalyse der Hochzeitsbranche durch, die sich auf Online-Konkurrenten konzentrierte, die den zukünftigen Bräuten dabei halfen, eine Vielzahl von Optionen für die Hochzeitsplanung und den Veranstaltungsort zu finden.

Die direkten Konkurrenten, **Wedding Spot**, **Wedgewood Weddings** und **Here Comes the Guide**, konzentrieren sich auf die Sichtung und Buchung von Hochzeitslocations, während die indirekten Konkurrenten als Plattformen für die Suche nach Hochzeitsanbietern (**Yelp**), die Entdeckung von kurzfristigen Veranstaltungsräumen (**Peerspace**, **Splacer**, **VenueBook**) oder die Bereitstellung von Dienstleistungen für die Hochzeitsplanung (**The Knot**) dienen.

Abbildung 5.8: Folie mit der Einleitung zur Kurzpräsentation der Wettbewerbsanalyse

Folie 3: Überblick über die bedrohlichsten Konkurrenten

Ab dieser Folie bauen Sie einen Fall für Ihre Empfehlung auf. Aus diesem Grund sollten Sie einen genauen Blick auf all Ihre SWOT-Analysen werfen, um zu erkennen, wo die Chance liegt.

Beginnen Sie zuerst mit den schlechten Nachrichten. In diesem Abschnitt sollten Sie nicht mehr als zwei oder drei Wettbewerber hervorheben, unabhängig davon, ob es sich um direkte oder indirekte Wettbewerber handelt. Kopieren Sie nicht einfach deren Nutzenversprechen und fügen Sie sie auf dieser Folie ein. Schreiben Sie stattdessen ein oder zwei Sätze auf, die deren Wettbewerbsvorteile im Vergleich zu Ihrem Nutzenversprechen erfassen; geben Sie an, warum sie für Sie eine Bedrohung darstellen. Das können viele Dinge sein: umfangreiche Finanzmittel, eine massive Marktakzeptanz, eine hochinnovative Funktion und/oder erfolgreiche Geschäftsmodelle. Da all diese Informationen auch in Ihrer Tabelle zur Wettbewerbsanalyse enthalten sein sollten, reicht es, wenn Sie hier nur eine Zusammenfassung wiedergeben.

Für Airbnb for Weddings habe ich zwei Konkurrenten ausgewählt, die den meisten Traffic, die größten Markenbekanntheit und die besten Suchfeatures für Hochzeitslocations haben (siehe Abbildung 5.9).

Überblick über die bedrohlichsten Konkurrenten

the knot

Wedding Spot ist der direkte Konkurrent, der den leistungsfähigsten Such- und Vergleichsmechanismus für Hochzeitsplaner bietet, um Hochzeitslocations einfach zu suchen, zu bewerten und zu buchen.

The Knot ist ein indirekter Konkurrent mit der größten Markenbekanntheit. Die Plattform bietet ein gut durchdachtes Tool für die Hochzeitsplanung. Es dient als Anreiz für die Nutzer, ihre Locationsuche innerhalb des Ökosystems der Plattform, auf der es Tausende von Anbietern gibt, durchzuführen.

Abbildung 5.9: Übersichtsfolie zu den bedrohlichsten Konkurrenten

Sie können das Firmenlogo oder die App-Symbole (wenn alle Wettbewerber mobile Apps sind) über oder neben den Erklärungen platzieren. Fügen Sie auf dieser Folie keine Screenshots von Mitbewerbern ein, da dies die Seite unübersichtlich machen würde. Heben Sie sich diese für die Detailfolien der Mitbewerber auf.

Folie 4a, b, c ...: Details zu den direkten Konkurrenten

Lassen Sie uns als Nächstes im Detail über die direkten Wettbewerber sprechen. Wie Sie sie darstellen, hängt davon ab, welcher Aspekt ihres Nutzenversprechens Ihre wichtigsten Ergebnisse und Empfehlungen am Ende des Reports am besten unterstützt. Diese Informationen sollten auch in der Tabelle zur Wettbewerbsanalyse enthalten sein, vor allem in der Spalte *SWOT-Analyse*. Beginnen Sie damit, die Konkurrenten auszuwählen, die die größte Bedrohung darstellen, und ordnen Sie sie von der größten zur kleinsten Bedrohung.

Geben Sie für jeden die folgenden Details an, wie in Abbildung 5.10 gezeigt:

1. Titel und/oder Logo
2. Nutzenversprechen
3. Drei prägnante Vorteile aus der Tabelle, die als Stärken aus Ihrer SWOT-Analyse oder als grüne, farbcodierte Attribute über die UX- oder Geschäftsstrategie gekennzeichnet sind.
4. Drei prägnante Nachteile aus der Tabelle, die als Schwächen aus Ihrer SWOT-Analyse oder als rot codierte Attribute über die UX- oder Geschäftsstrategie gekennzeichnet sind.
5. Ein bis zwei Screenshots der Produkte, die die Vor- und Nachteile verdeutlichen; verwenden Sie wenn möglich Call-outs. Weisen Sie auf Funktionen oder Layouts hin, die Ihrer Meinung nach bei Ihrer Lösung berücksichtigt werden sollten. Sie können auch die Schwächen der Konkurrenten hervorheben, wenn dies eine Möglichkeit darstellt, die Sie verbessern können.
6. Mindestens zwei bis drei relevante strukturierte Datenpunkte, um ein vergleichendes Benchmarking zu zeigen. Für Airbnb for Weddings habe ich die folgenden Datenpunkte einbezogen: Finanzierung, die Anzahl der Angebote in Los Angeles und monatliche Besucherzahlen. Machen Sie es beim Entwerfen Ihrer Folie dem Leser leicht, die Datenpunkte zu vergleichen, indem Sie sie an einem ähnlichen Ort platzieren und/oder Ikonografie verwenden.

Bei Airbnb for Weddings habe ich auch jeden direkten Konkurrenten auf separaten Folien erörtert. Jede Folie hatte das gleiche Layout. Die drei direkten Konkurrenten, die ich ausgewählt habe, waren Wedding Spot, Here Comes the Guide und Wedgewood Wedding.

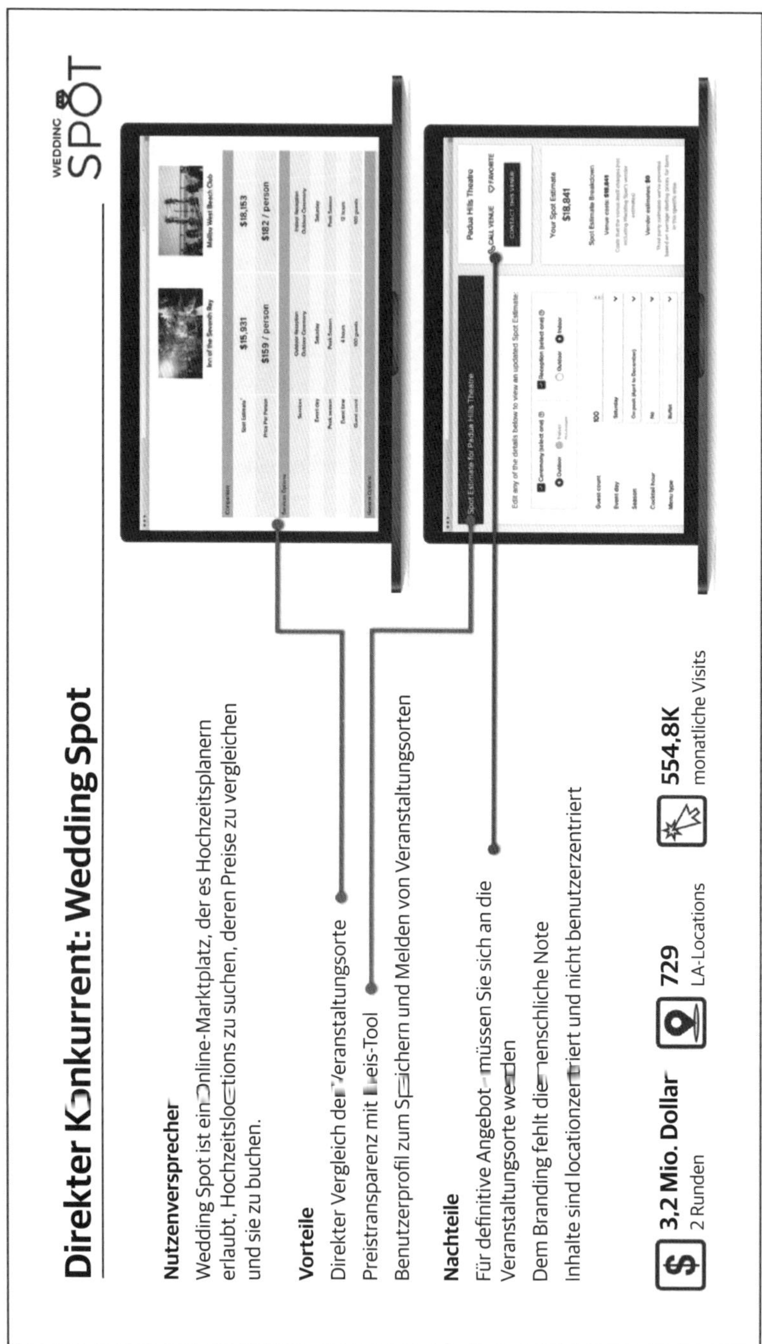

Abbildung 5.10: Folie mit Details zu einem direkten Konkurrenten (Wedding Spot)

Folie 5a, b, c ...: Details zu den indirekten Konkurrenten

Nun ist es an der Zeit, die Erkenntnisse über die indirekten Wettbewerber zu vermitteln. Wenn es viele sind, grenzen Sie sie mittels logischer Untergruppen ein (siehe Schritt 2 in diesem Kapitel, wenn Sie eine Auffrischung benötigen.) Versuchen Sie, die Inhalte auf insgesamt bis zu drei Folien unterzubringen, die sich auf die verschiedenen Arten konzentrieren, wie die Bedürfnisse Ihrer Kunden durch diese anderen Produkte erfüllt werden.

Sie können die Liste der Details aus dem Abschnitt über die direkten Konkurrenten als Ausgangspunkt verwenden. Wichtiger ist es jedoch, hervorzuheben, was sie in Bezug auf Ihr Nutzenversprechen richtig machen. Daher können Datenpunkte wie Finanzierung, Listings und Traffic unwichtig sein, besonders wenn es sich um einen horizontalen Marktplatz oder Aggregator handelt. Stellen Sie relevante Bildschirmabbildungen und Attribute dieser Konkurrenten dar, damit Ihr Produktteam sie kennt und möglicherweise inspiriert wird.

Für dieses Briefing habe ich die Folien der indirekten Wettbewerber verwendet, um wichtige Aspekte zu diskutieren, die die Bedürfnisse des Kunden nicht befriedigen. Wie ich bereits erwähnte, organisiere ich die Folien so, dass sie meine Schlussfolgerungen am Ende des Briefings unterstützen. Daher habe ich für Yelp eine eigene Folie erstellt. Unser Kundensegment könnte sich zuerst auf dieser Plattform umsehen, um Hochzeitslocations und andere relevante Anbieter zu finden. In Abbildung 5.11 sehen Sie, wie ich auf die Schwächen hinweise. Sie werden sehen, warum dies wichtig ist, wenn wir zu meinen Empfehlungen kommen.

Als Nächstes verwendete ich eine Folie, um die Untergruppe der indirekten Wettbewerber zu besprechen, die sich speziell auf die Vermietung von Veranstaltungsräumen konzentriert: VenueBook, Peerspace und Splacer (siehe Abbildung 5.12). Sie alle haben ein zweiseitiges Marktplatz-Geschäftsmodell, ähnlich wie Airbnb, aber mit einer Option zum Filtern nach Hochzeitsveranstaltungen. Nachdem ich die kritischen Funktionen wie die Suche, die Detailseiten der Angebote und sogar das Onboarding-Erlebnis für Gastgeber verglichen hatte, konnte ich die reibungslosen UX-Schlüsselerlebnisse bei diesen Produkten herausarbeiten.

Wie bereits erwähnt, sollten Sie nicht überrascht sein, falls Sie diese Folien nicht nacheinander schreiben können oder wenn Sie beim Schreiben einer Folie feststellen, dass Sie zurückgehen und andere bearbeiten müssen. Oder wenn Sie eine neue Eingebung dazu haben, was Ihre endgültigen Empfehlungen sein sollten, wie es mir passiert ist.

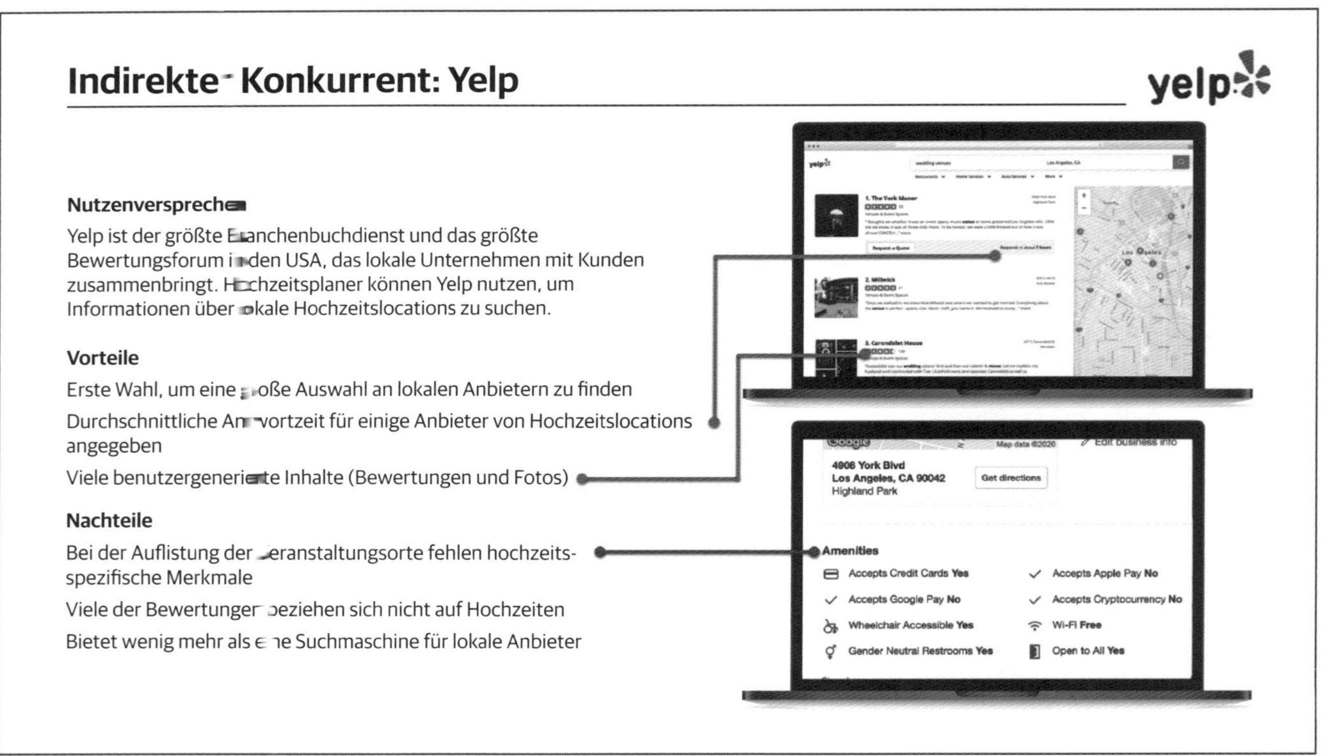

Abbildung 5.11: Folie mit Details zu einem indirekten Konkurrenten (Yelp)

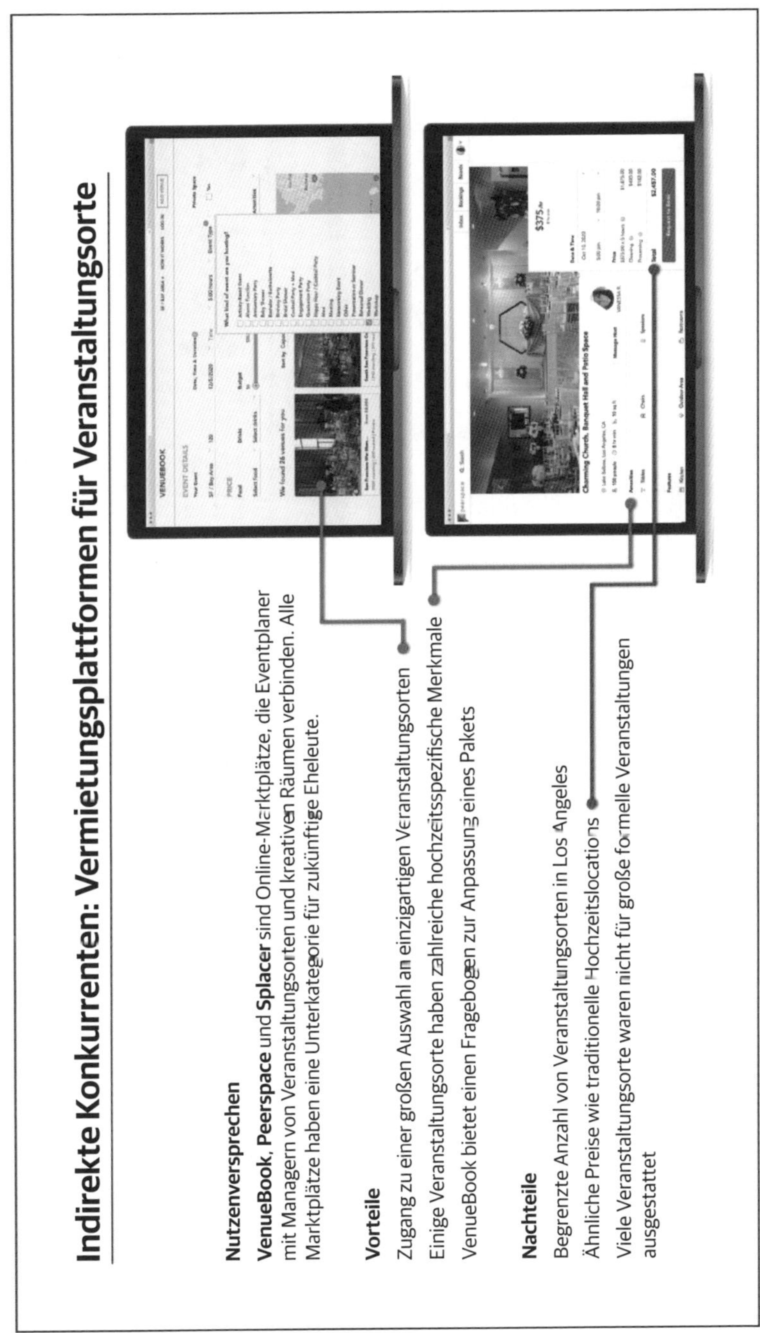

Abbildung 5.12: Folie mit Details zu indirekten Konkurrenten (VenueBook, Peerspace und Splacer)

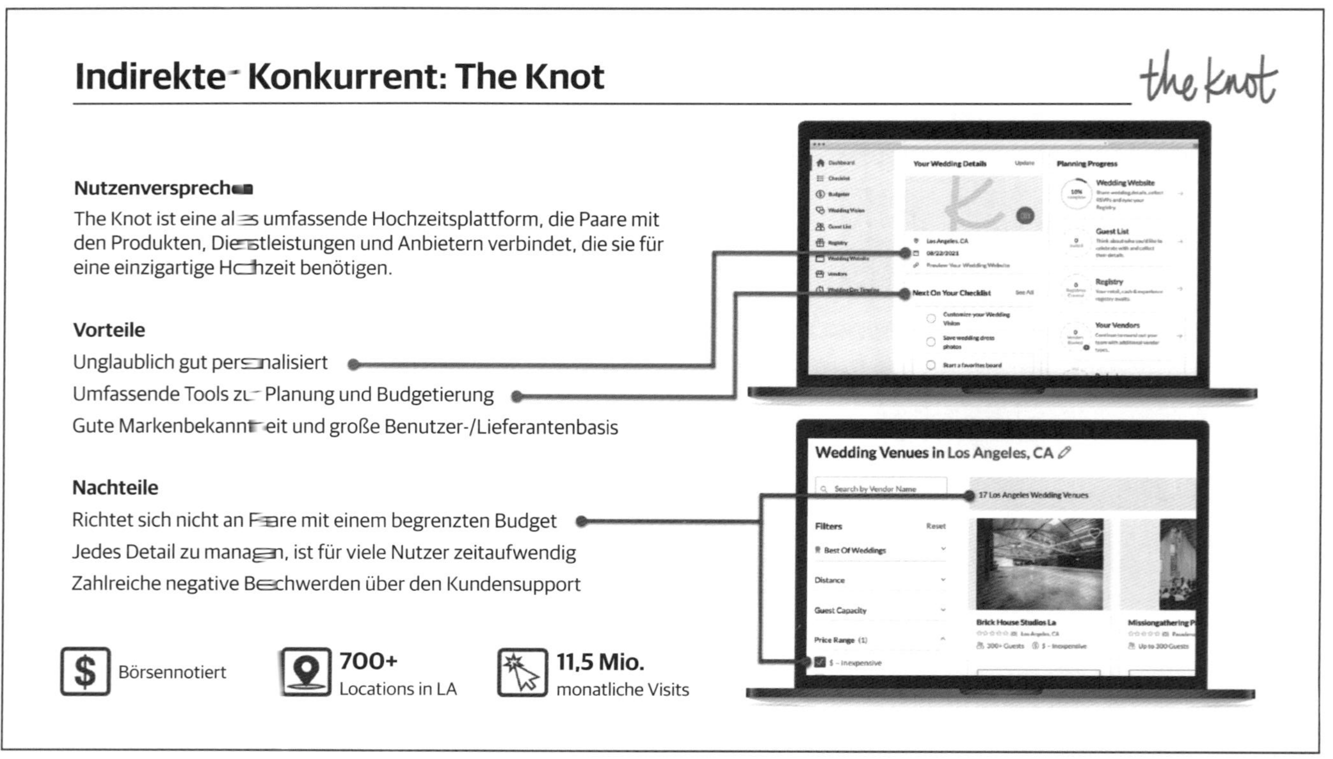

Abbildung 5.13: Folie mit Details zu einem indirekten Konkurrenten (The Knot)

The Knot wurde zu einem entscheidenden Konkurrenten, als ich erkannte, dass es nicht unbedingt eine Garantie für eine erschwingliche Hochzeit ist, wenn man nur private Hochzeitslocations auflistet. Es gibt einfach zu viele andere Faktoren, die die Gesamtkosten in die Höhe treiben können. Die Wertinnovation von The Knot lag in den Tools für die Hochzeitsplanung und Budgetierung.

Zu diesem Zeitpunkt war ich mir nicht sicher, was der ungedeckte Bedarf auf dem Markt war. Also nutzte ich meinen Rettungsanker. Ich rief meine Schwägerin an, die vor Kurzem ihre Hochzeit mit meinem Bruder mit einem Budget von 12.000 Dollar organisiert hatte. Es war für beide die zweite Hochzeit. Die Gästeliste war klein, nur etwa 60 Personen, und die Braut und der Bräutigam hatten sich beide eine Trauung am Strand gewünscht. Meine Schwägerin erklärte, dass sie selbst von einer so umfassenden Plattform wie The Knot und all den Optionen überwältigt war und das Budget nicht einhalten konnte. Stattdessen musste sie alles selbst herausfinden, indem sie eine Excel-Tabelle benutzte.

Dies war der Moment, in dem sich die Idee herauskristallisierte, was das Nutzenversprechen von Airbnb for Weddings werden sollte, wie Sie es auf der Folie »Chancen und Empfehlungen« (siehe Abbildung 5.15) sehen können.

Und als ich mich von der Folie »Chancen und Empfehlungen« aus rückwärts vorarbeitete, nachdem ich unschlüssig über das Nutzenversprechen war, wurde mir klar, dass The Knot vielleicht ein direkter Konkurrent werden könnte, wenn wir eine neue Richtung einschlagen würden (siehe Abbildung 5.13). Im Hinblick auf die Geschichte, die ich erzählen wollte, habe ich The Knot auf der letzten Folie mit den Konkurrenten belassen, weil es der wichtigste Wettbewerber war, den man irrelevant machen konnte, indem man ihn als den Goliath darstellte, den man zu Fall bringen musste.

Die große Enthüllung!!!

Die Schlussfolgerung ist der wichtigste Abschnitt des Briefings, und alle vorherigen Folien müssen sich zu Ihrer Schlussfolgerung addieren, genau wie 1 + 1 + 1 = 3. Sie müssen Ihre fundierte Sichtweise des Opportunitätsraums artikulieren, also der Welt der unerfüllten Bedürfnisse, in der Ihr Produktteam entweder mit einer innovativen Benutzererfahrung oder einem Geschäftsmodell oder beidem einen einzigartigen Wert schaffen kann. Dies muss prägnant und aussagekräftig formuliert werden; versuchen Sie, es auf zwei Folien aufzuteilen.

Folie 6: Aktuelle Marktsituation

Diese Folie fasst Ihre wichtigsten Erkenntnisse über die Wettbewerbslandschaft zusammen und wie sich alles zusammensetzt (siehe Abbildung 5.14). Ist es ein blauer Ozean, ein roter Ozean oder etwas irgendwo dazwischen? Geben

Sie an bzw. wiederholen Sie, wer der gefährlichste direkte oder indirekte Konkurrent ist und wie Ihre potenziellen Kunden ihn derzeit als Lösung nutzen. Betonen Sie aber auch deren größte Nachteile. Wie viel Umsatz kann insgesamt in diesem Markt realisiert werden? Möglicherweise finden Sie online oder in öffentlich zugänglichen Berichten Statistiken über Ihre Branche und deren Kaufkraft. Es gibt auch viele Ansätze, um die Marktgröße selbst zu schätzen. Mehr dazu finden Sie im Forbes-Artikel »How to Effectively Determine Your Market Size[8]«.

Abbildung 5.14: Folie über die aktuelle Marktsituation

Folie 7: Chance und Empfehlungen

Eine Chance ist eine Reihe von Umständen, die es möglich machen, etwas zu tun. An dieser Stelle müssen Sie Ihre Produktstrategie festlegen, wobei Sie sich auf den Teil konzentrieren sollten, der zuerst als MVP oder Betaversion gebaut werden sollte, um ihn mit Zielkunden zu testen. (Das machen wir in Kapitel 7.) Wenn Sie den Markt als roten Ozean empfunden haben, so wie ich, dann müssen Sie zeigen, welcher Aspekt der ursprünglichen Vision noch realisiert werden kann. Sie wollen Ihren Kunden nicht im Regen stehen lassen.

Identifizieren Sie die wichtigste(n) Funktion(en), die Ihr Produkt haben muss, um sich von Ihren gefährlichsten Konkurrenten zu unterscheiden und die Er-

8 Cremades, Alejandro: »How to Effectively Determine Your Market Size«, in: *Forbes*, 23. September 2018. *https://oreil.ly/nm8dF*

fahrungen zu verbessern, die diese bieten. Sie könnten in Erwägung ziehen, mit Kapitel 6 fortzufahren, um ein Storyboard zu erstellen, um zu überlegen, wie die innovativsten Features zusammenarbeiten könnten. Zuletzt sprechen Sie über das wahrscheinlichste Geschäftsmodell, das für Ihr Kundensegment am meisten Sinn macht (siehe Abbildung 5.15). Stellen Sie sicher, dass Sie zeigen, warum es trotz aller Marktdynamiken, die eine Rolle spielen, logisch ist.

Chancen und Empfehlungen

Ursprünglich dachten wir, dass die Option für einen weniger teuren Veranstaltungsort mit Garten ausreichen würde, um die Gesamtkosten für die Hochzeit zu senken. Es gibt jedoch zahlreiche andere Faktoren wie Essen, Alkohol und Dekoration, die im Rahmen der Entscheidungsfindung eine Landmine für budgetbewusste Paare darstellen, die eine **intimere Hochzeit** mit einem 10.000-Dollar-Budget bevorzugen.

Was sie brauchen, ist eine **umfassende Hochzeitsplanungsplattform**, die sie durch all die schwierigen Entscheidungen führt, indem sie ihnen maßgeschneiderte Pakete mit kostengünstigeren Alternativen anbietet. Die Plattform würde **KI-gestützte Budgetierungstools** und eine Empfehlungsengine nutzen, um ihre begrenzten Ressourcen auf der Grundlage dessen, was für sie wesentlich ist, zuzuweisen. Das beste Geschäftsmodell für dieses Konzept ist möglicherweise ein 1-Jahres-Abonnement für 199 Dollar.

Abbildung 5.15: Folie mit Gelegenheiten und Empfehlungen

Nachdem ich entdeckt hatte, dass der Markt für die Vermietung von Hochzeitslocations ein roter Ozean war, wurde mir klar, dass ich mich auf etwas konzentrieren musste, das die Unzulänglichkeiten von The Knot wirklich verbessert. Manchmal werden Menschen von der Auswahl oder einem Produkt mit zu vielen Funktionen überwältigt. Das ist einer der Gründe, warum die Restaurantkette In-N-Out Burger in den Vereinigten Staaten so erfolgreich ist – sie haben eine kleine Speisekarte mit exzellenten, erschwinglichen Produkten. Das Kundensegment, das meiner Meinung nach unterversorgt war, war dasjenige, das eine bescheidenere Hochzeit wollte, für die weniger Entscheidungen nötig waren und die ein geringeres Budget erforderte. Was die künstliche Intelligenz und andere wichtige Lösungen angeht, die ich in der Folie erwähnte, werde ich in Kapitel 6 erklären.

Präsentation und Materialien zum Mitnehmen

Es ist nicht ungewöhnlich, dass der Kunde nur einen Blick auf das Spreadsheet wirft und zu schätzen weiß, dass der UX-Stratege seine Hausaufgaben gemacht hat. Fügen Sie daher das Tabellenblatt als Anhang bei, damit der Kunde die Rohdaten nachschauen kann, falls es nötig ist, und das zu einem Zeitpunkt, der für ihn passt. Ich empfehle, eine Excel-Version der Google-Tabelle herunterzuladen, damit der Kunde sie offline betrachten oder mit anderen teilen kann, ohne einen Link zur Cloud-Version herstellen zu müssen. Sie können auch einen Link zur Cloud-Version einfügen, wenn Sie erwarten, dass dieser Prozess fortgesetzt wird und möglicherweise zu einer Zusammenarbeit führt.

Es ist an der Zeit, einen Standpunkt einzunehmen

Als Stratege müssen Sie einen Standpunkt zur Realisierbarkeit des Produkts einnehmen. Manchmal, wie im Fall von Paul, dem Filmproduzenten, werden Ihre Empfehlungen nicht das sein, was der Kunde hören will. Das ist einfach die Realität, und manchmal ist es einfach so. Dennoch ist der Grund, warum Sie Studien durchführen und Daten analysieren, der, dass Sie etwas über das tatsächliche Potenzial des Produkts erfahren, sodass Sie trotz der Reaktionen Ihres Kunden fundierte und umsetzbare Vorschläge machen können.

Vielleicht erkennen Sie, dass die ursprüngliche Vision des Kunden auf eine Menge Herausforderungen stößt. Sie könnten auch entdecken, dass es bessere Alternativen zu dem Produkt gibt. Es ist Ihre Aufgabe, die Daten zu analysieren und diese Erkenntnisse mit soliden Belegen zu präsentieren.

Wenn Ihre Analyse das Nutzenversprechen unterstützt, sollten Ihre Empfehlungen konkrete Wege aufzeigen, wie Marktchancen und -lücken durch das Benutzererlebnis und das Geschäftsmodell genutzt werden können. Ihre Empfehlungen können diese Fragen beantworten:

- Kann eine bestimmte Funktion wesentlich verbessert oder eine neue Technologie integriert werden, um Kunden bei etwas zu helfen, das bei den bestehenden Alternativen zu kompliziert oder zeitaufwendig ist?
- Wie können Sie das Produkterlebnis personalisierter oder »smarter« gestalten, um die Akzeptanz und das Engagement zu erhöhen?
- Gibt es eine neue Einnahmequelle oder ein disruptives Geschäftsmodell, mit dem experimentiert werden kann?
- Wie können Sie einen Wettbewerbsvorteil erzielen, den Ihre Konkurrenten nicht so einfach nachahmen können?

- Wenn Sie eine native Anwendung statt einer responsiven Website empfehlen, was ist Ihre Begründung dafür, warum Sie organischen Traffic einbüßen, und Kunden zwingen, eine weitere App herunterzuladen?

Wenn Ihre Analyse ergibt, dass das ursprüngliche Nutzenversprechen mit gewissen Risiken behaftet ist, müssen Ihre Empfehlungen möglicherweise einen Pivot auf das anvisierte Kundensegment oder das spezifische Problem vorschlagen. Sie müssten Ihrem Team oder Stakeholder empfehlen, eine andere Version des Nutzenversprechens und/oder Geschäftsmodells zu verfolgen. Als solche könnten Ihre Kommentare versuchen, diese Szenarien anzusprechen:

- Ist dies ein teures Unterfangen, oder gibt es Möglichkeiten, das Risiko für die Vision zu verringern, indem man mit MVPs durch Rapid Prototyping experimentiert (siehe Kapitel 7 und Kapitel 8)?
- Sehen Sie einen anderen möglichen Blickwinkel, der Aspekte der Vision des Stakeholders anspricht, oder empfehlen Sie dem Team, sich auf den Kunden oder sein Problem zu konzentrieren (siehe Kapitel 3 und Kapitel 8)?
- Müssen weitere Untersuchungen durchgeführt werden, um wirklich zu wissen, ob das Nutzenversprechen realisierbar ist, z. B. mit Nutzerforschung (siehe Kapitel 8) oder mit A/B-Tests für Landingpages (siehe Kapitel 9)?

Sie sind nun am Ende Ihrer Wettbewerbsanalyse angelangt und wissen, in welchem Markt Ihr Produktkonzept angesiedelt ist:

- Wenn Sie sich in einem roten Ozean befinden, müssen Sie sich fragen: »Warum stelle ich etwas für einen gesättigten Markt her?« Möglicherweise müssen Sie zu den früheren Kapiteln zurückgehen und das Kundensegment oder das ursprüngliche Nutzenversprechen auf der Grundlage der gewonnenen Erkenntnisse überdenken.
- Wenn Sie sich in einem violetten oder blauen Ozean befinden, fahren Sie mit Kapitel 6 fort. Sie befinden sich an der Schwelle der Möglichkeit, ein innovatives Produkt zu bauen! Jetzt müssen Sie damit beginnen, ein Benutzererlebnis zu entwerfen, das die Chance nutzt.

Schwierige Entscheidungen zu treffen kann stressig sein, auch wenn wir tiefer gehende Recherchen und Analysen durchgeführt haben. Falls die Daten Widersprüche oder Mehrdeutigkeiten enthalten, kann die Intuition eine wesentliche Rolle spielen. Mintzberg sagt dazu in *Strategy Safari*: »Die Entscheidungsfindung ist daher nicht wirklich rational, sondern ist vielmehr ein vergeblicher Versuch, rational zu sein«.[9]

9 Mintzberg, Henry/Ahlstrand, Bruce/Lampel, Joseph: *Strategy Safari: A Guided Tour Through the Wilds of Strategic Management*, New York: Free Press, 1998.

Zusammenfassung

Die Produktstrategie muss nicht nur auf den Geschäftszielen und organisatorischen Fähigkeiten des Unternehmens basieren, sondern auch auf einem systematischen Verständnis des Marktumfelds. In diesem Kapitel haben Sie gelernt, wie Sie eine Wettbewerbsanalyse durchführen und Informationen über Ihren Markt zusammenfassen, um Produktdesignmuster und potenzielle Geschäftsmodelle aufzudecken. Eine gute Analyse deckt Lücken und Chancen auf, die es Ihnen ermöglichen, fundierte Entscheidungen bezüglich Ihrer Produktstrategie zu treffen. Das bis dato Unbekannte zu kennen, hilft Ihrem Team, aus guten Ideen großartige Ideen zu machen, und vermeidet, dass Fehler wiederholt werden.

In Kapitel 6 werden Sie das Gelernte nutzen, um durch Differenzierung und Innovation neue Werte zu schaffen, die sich speziell auf die UX und das Geschäftsmodell konzentrieren.

Storyboarding von Wertinnovationen

Über die bestehende Nachfrage hinauszugehen, ist eine Schlüsselkomponente, um Wertinnovation zu erreichen.[1]

– W. Chan Kim und Renée Mauborgne
Der Blaue Ozean als Strategie

Wenn Ihr Ziel darin besteht, etwas Einzigartiges zu erschaffen, müssen Sie sich auf die Vorteile konzentrieren, die Ihr Produkt für die Benutzer unverzichtbar machen. Das bedeutet, dass Sie die Chancen ins Auge fassen müssen, die Sie in den vorherigen Kapiteln aufgedeckt haben. Hierzu kombinieren Sie die Prinzipien von Säule 2: Wertinnovation mit denen von Säule 4: Reibungslose UX (Abbildung 6.1).

Wenn Sie ein erfahrener Design-Profi sind, sollten Sie sich im Klaren darüber sein, dass es in diesem Kapitel nicht darum geht, Pixel hin und her zu schieben oder cool aussehende Ergebnisse zu erzielen. Stattdessen geht es darum, Design-Hacks zu verwenden, um Ihr Team auf die Identifizierung und Maximierung der potenziellen Wertinnovation Ihres Produkts zu fokussieren. Es geht darum, Ihr Denken durch das ultimative Nutzenversprechen Ihres Produkts zu beschleunigen.

Abbildung 6.1: Säulen 2 und 4: Wertinnovation und reibungslose UX

1 Kim, W. Chan/Mauborgne, Renée: *Der Blaue Ozean als Strategie [Blue Ocean Strategy]*, München: Carl Hanser Verlag, 2016.

Timing ist wirklich alles

1990 entwickelte ich eine interaktive Animation für meine Masterarbeit am New York University Interactive Telecommunications Program, die meine Fähigkeiten im Softwaredesign mit meiner Liebe für experimentelle Kunst und Musik verband. Es war eine Mischung aus Technologie und Kunst, die auf einer 800-KB-Diskette Platz fand. Das elektronische Erlebnis wurde für den Macintosh in HyperCard und VideoWorks programmiert. Die Diskette enthielt ein interaktives Inhaltsverzeichnis mit Links zu Animationen von Poesie, Spielen und Tiraden, kombiniert mit einem Soundtrack aus industriellen Geräuschen. Nach zahlreichen schlaflosen Nächten hatte ich mein Ziel erreicht – das erste animierte elektronische Magazin der Welt zu erstellen. Es funktionierte, spielte, und alles passte auf eine Diskette! Das war *Cyber Rag #1* (siehe Abbildung 6.2).

Abbildung 6.2: »Cyber Rag« (1990): Ein elektronisches Magazin auf einer Diskette

Klar, es gab einige Konkurrenten auf dem Markt. Zum Beispiel gab es nicht-animierte HyperCard-Stapel mit technikzentrierten Inhalten. Es gab auch eine interaktive Kunst-Diskette, die auf dem weniger populären Commodore Amiga lief und von einem Bulletin Board Service (BBS) heruntergeladen werden konnte. Aber es gab kein anderes digitales Produkt wie *Cyber Rag* und ich sah die einmalige Chance, auf einer Mac-basierten Diskette digitale Inhalte zu speichern, um sie dem Mainstream und der breiten Masse zugänglich zu machen.

Es war jedoch eine Sache, ein komplettes elektronisches Magazin auf einer Diskette zu erstellen, und eine ganz andere, es einer breiten Öffentlichkeit in der Hoffnung zugänglich zu machen, dass sie seine Originalität erkennen und es kaufen würden. Ähnlich wie in Kapitel 3 musste mein jüngeres Ich herausfinden, wer die Kunden waren. Ich lernte schließlich, dass es sich nicht um die Computer-Nerds der 1990er-Jahre handelte, die vielleicht ein elektronisches Magazin kostenlos von einem BBS herunterluden. Auch ich besaß (noch) kein Modem. Zu diesem Zeitpunkt wurde mir klar, dass *Cyber Rag #1* nicht nur mit der Erfahrung eines neuen elektronischen Publikationsmediums verbunden war. Es entsprach auch der Do-it-yourself-Attitüde anderer Autoren der Generation X, die ihre eigenen Fanzines über Popkultur im Selbstverlag veröffentlichten. Sie taten es nur noch nicht digital. Irgendwie musste ich meine Generation X erreichen, die in unabhängigen Buch- und Plattenläden einkaufte. Das bedeutete, dass ich nicht nur das physische Produkt erstellen, sondern es auch irgendwie verpacken, vermarkten und vertreiben musste.

Als ich Mitte 20 war, bestand ein typischer Samstag darin, auf Hunderten von Disketten Kopien von *Cyber Rag* zu erstellen. Ich klebte Etiketten, stempelte Infoblätter und versiegelte die Pakete, und dann ging ich in unabhängige Buchläden in New York City und Los Angeles, um den Inhabern mein Produkt anzupreisen. Ihre typische Reaktion war Verblüffung, weil sie zu diesem Zeitpunkt keine Ahnung von meinen Nutzenversprechen hatten. Einige Ladenbesitzer hatten nicht einmal Zugang zu einem Macintosh-Computer, um das Produkt selbst zu testen. Woher sollten sie wissen, dass die Disketten nicht leer, beschädigt oder mit Hardcore-Pornos gefüllt waren? Ich lernte, dass die beste Taktik darin bestand, das Produkt zunächst den Ladenbesitzern vorzustellen, um ihnen die Angst vor dem Verkauf eines unbekannten Publishing-Mediums zu nehmen.

Jedoch verkauften sich die Disketten gut. Die Kunden waren neugierig und bereit, sechs Dollar auszugeben, um ihre erste elektronische Zeitschrift auf einem Computerbildschirm zu erleben. Normalerweise rief mich ein Geschäft innerhalb eines Monats nach meinem ersten Verkaufsgespräch an, um mich nach weiteren Produkten zu fragen. Als ich in der Presse bekannt wurde, begann ich, Tausende von Disketten zu verkaufen (*Cyber Rag #1, #2* und *#3* sowie *Electronic Hollywood I* und *II*). Die Disketten wurden in unabhängigen Buchläden, in Kunstgalerien und über den Versandhandel verkauft; sie erreichten Menschen auf der ganzen Welt. Ich hatte kein Geschäftsmodell, außer die Disketten weiter zu veröffentlichen, bis »etwas« passierte.

Dann passierte schließlich dieses »etwas«. Nach zwei Jahren kam ich von meinem Job als Schriftsetzerin nach Hause und fand auf meinem Anrufbeantworter eine Nachricht vor.

»Hi, Jaime! Hier ist Henry von EMI Records. Wir rufen im Auftrag von Billy Idol an, der gerade eines Ihrer Magazine auf Diskette gekauft hat. Er möchte wissen, ob Sie daran interessiert sind, mit ihm an seinem neuen Projekt zu arbeiten. Können Sie bitte *Ihre* Leute *unsere* Leute anrufen lassen, um ein Treffen zu arrangieren? Danke.«

Ich war aufgeregt, aber auch verwirrt. Wer waren »meine Leute«? Hätte ich meine Mutter bitten müssen, Billy Idol anzurufen?

Meine Mutter rief nicht an. Ich machte es selbst. Und ich bekam den Auftrag.

1993 veröffentlichte EMI das neue Album von Billy Idol, *Cyberpunk*, auf einer CD, die eine Diskette in einem Special-Edition-Digipak enthielt, wie es Abbildung 6.3 zeigt.

Abbildung 6.3: Billy Idols Album »Cyberpunk« (1993) mit 3,5"-Diskette

Es war das allererste, kommerziell veröffentlichte, interaktive Pressekit (IPK). Die Diskette war im Wesentlichen eine angepasste Version – ein »Speichern unter« in Macromedia Director – meiner Software, was meinen Innovationsscore von eins auf zwei ansteigen ließ. Ich war begeistert und ging davon aus, dass dieses Projekt meine Karriere beflügeln würde, da ich nun endlich in der Lage sein würde, als Interface-Designerin und elektronische Herausgeberin finanziell auf eigenen Beinen zu stehen. Bald würden mich alle anrufen, von David Bowie bis Michael Jackson, damit ich für ihre zukünftigen Alben Magazine auf Disketten erstelle. Nicht nur meine Early Adopters, sondern die ganze Welt würde endlich »verstehen«, wie cool dieses neue elektronische Publishing Medium war. Der Ozean sah so blau aus!

Bedauerlicherweise taten sich mir hier ein paar Hindernisse auf. Klar, ich hatte erfolgreich ein neues digitales Medium erfunden, hierfür einen blauen Ozean gefunden und es bei zwei Benutzergruppen (Kunden von Indie-Buchhandlungen und Rockstar-Musikern), die es liebten, auf den Markt gebracht. Die Sache war jedoch, dass Billy Idol (siehe Abbildung 6.4) nicht mehr die große Berühmtheit war, die er einmal war. Stattdessen wurde er von den Kritikern verrissen. Einige nannten das Album prätentiös, weil er auf den Cyberkultur-Zug aufgesprungen war.[2] Seine neuen Songs fanden bei MTV oder im Radio wenig Anklang und das Album floppte. Es gab auch ein großes Problem mit der Verpackung. Die Digipaks waren so sperrig, dass sie fast dreimal so viel Platz beanspruchten wie eine normale CD. Das machte es für die Plattenläden schwer, das Album zu verkaufen. Das Billy-Idol-Album *Cyberpunk* hatte buchstäblich nicht das richtige Product-Market-Fit.

Abbildung 6.4: Billy Idol posiert mit meinem Interface für die Floppy für sein Album »Cyberpunk« (Ed Bailey/AP/Shutterstock)

Ich wurde nie wieder beauftragt, ein IPK oder ein kundenspezifisches Diskettenprojekt zu erstellen. Allerdings habe ich durch diese Erfahrungen einige wertvolle Lektionen gelernt.

Was lernen wir daraus?

- Timing ist alles. Selbst wenn Sie mit einer disruptiven Innovation als Erste auf dem Markt sind, gibt es keine Erfolgsgarantie. Im Fall des elektronischen Publizierens sollten die digitalen Medien eigentlich digital vertrieben werden. Aber 1993 war das noch nicht möglich. Der erste Webbrowser für das Internet befand sich noch in der Entwicklung.
- Der Kontext ist entscheidend. Meine Diskettenmagazine waren nicht nur wegen der neuen Technologie überzeugend. Der Inhalt, die Anti-Silicon-Valley-Tiraden und Tipps, wie man sich auf teure Tech-Messen schleichen kann, war ein symbiotischer Teil der Wertinnovation. Die Marketing-Inhalte des Albums von Billy Idol wurden eher als Gimmick wahrgenommen.

2 »Cyberpunk (Album)«, *Wikipedia*, *https://oreil.ly/1SSa0*

- Um erfolgreich digitale Produkte zu entwickeln, spielen viele Aspekte eine Rolle. Sie zu erfinden ist nur ein kleiner Teil des Spaßes. Man braucht auch eine nachhaltige Akzeptanz, Skalierbarkeit, eine flächendeckende Verteilung, Einnahmequellen und ein Team, das größer ist als man selbst.

Techniken für Wertinnovation-Discovery

Sie haben bereits gelernt, dass Ihr Team durch die Durchführung von Wettbewerbsforschung strategische Erkenntnisse darüber gewinnen kann, welche digitalen Produkte und Dienstleistungen auf dem Markt für Ihr Nutzenversprechen existieren. Diese Forschung soll Ihrem Team nicht helfen, andere Produkte zu replizieren oder sie nur marginal zu verbessern. Stattdessen wollen Sie eine überlegene und nachhaltige Erfindung mit neuem Wert schaffen.

Um dieses marktfähige Produkt zu realisieren, müssen Sie bei der UX-Strategie die Geschäftsziele mit dem Nutzwert in Einklang bringen. Auch wenn Sie nicht die erste elektronische Zeitschrift oder gar die allererste Website erstellen, sollte Ihr Produkt dennoch etwas Einzigartiges haben, das die Kunden auf neue und andere Weise anspricht. Ihre zukünftigen Kunden müssen Ihre Lösung allen anderen vorziehen wollen, weil sie

1. wesentlich effizienter ist als das, was derzeit auf dem Markt ist,
2. einen Pain Point löst, von dem sie nicht wussten, dass sie ihn haben, und/oder
3. ein unwiderstehliches Verlangen erzeugt, wo vorher keines war.

Im Grunde genommen eröffnen Sie durch Wertinnovation einen unangefochtenen Blue-Ocean-Marktraum.

Die Wertinnovation kann sich in einem einzigartigen Feature-Set manifestieren. Features sind Produkteigenschaften, die dem Benutzer einen Nutzen bringen. In vielen Fällen sind weniger Features mit mehr Wert gleichbedeutend. Dies sind die vier wichtigsten Muster für Feature-Sets von Wertinnovationen, die ich in der digitalen Welt beobachtet habe:

- Das Produkt bietet eine neue Mischung ausgewählter Funktionen von Wettbewerbern. Der Hybrid bietet dann eine viel bessere existierende Variante zur Bewältigung einer Aufgabe. (Google Maps + offizielle Apps für öffentliche Verkehrsmittel in Großstädten = Citymapper)
- Das Produkt besitzt einen innovativen Anteil oder einen Twist zu einem Nutzenversprechen von bestehenden, größeren Plattformen. (Google Maps + Crowdsourcing = Waze)

- Das Produkt konsolidiert ehemals unterschiedliche Benutzererfahrungen und Technologien in einer eleganten, einfachen und leistungsstarken Lösung. Es wird zum One-Stop-Shop für eine bestimmte Aufgabe der Anwender. (Live-Video-Übertragung + Online-Communitys + Gaming = Twitch)
- Das Produkt bringt zwei getrennte und unterschiedliche Nutzersegmente an einen Tisch, um einen Deal auszuhandeln, der vorher nicht möglich war, und revolutioniert so die Welten dieser Nutzer. (Untervermieter + Reisende = Airbnb)

Wie Sie sehen können, geht es bei den Mustern nicht darum, Nachbauten bestehender Produkte zu erstellen. Stattdessen wollen Sie auf bestehenden konzeptionellen Modellen aufbauen und diese Merkmale auf die nächste Ebene bringen. Großartige Ideen warten nur darauf, an unerwarteten, unscheinbaren Orten entdeckt zu werden. Sie müssen nur das Internet und Erfahrungen im realen Leben danach durchforsten wie ein Jäger, der nach Beute sucht!

Wilderei ist traditionell definiert als das illegale Jagen, Töten oder Fangen von Wildtieren, in der Regel in Verbindung mit Landnutzungsrechten.[3] Das vollständige Kopieren eines bestehenden Produkts ist ebenfalls illegal und kann als Patent- und/oder Markenrechtsverletzung gewertet werden. So hat Tinder beispielsweise Bumble, eine ähnliche Dating-App, wegen Patentverletzung verklagt und dabei unter anderem auf das Swipen der Karten und den gegenseitigen Auswahlprozess verwiesen.[4]

Es ist jedoch nichts Illegales daran, Funktionen und Interaktionsmuster zu klauen, die ein *gängiger Ansatz* sind, um Benutzern bei der Bewältigung einer Aufgabe oder eines Ziels zu helfen. Sie leihen sich diese Bausteine von verschiedenen Orten und setzen sie in einem brandneuen Kontext zusammen, um Wertinnovationen zu schaffen.

Die vier Techniken, die Sie nun lernen werden, sind:

- Schlüsselfeatures identifizieren
- Nutzen aus UX-Influencern ziehen
- Feature-Vergleich durchführen
- Storyboard für Wertinnovationen erstellen

Bitte beachten Sie, dass diese Techniken eher zu Ihrer persönlichen Erbauung oder der Ihres Teams dienen. Sie sind nicht unbedingt Ergebnisse, die Sie einem Kunden präsentieren werden.

3 »Wilderei«, *Wikipedia. https://de.wikipedia.org/wiki/Wilderei*

4 Liptak, Andrew: »Tinder's Parent Company Is Suing Bumble for Patent Infringement«, in: *The Verge*, 18. März 2018. *https://oreil.ly/sSTZ0*

Schlüsselfeatures identifizieren

Ein Schlüsselmerkmal ist ein einzigartiger Vorteil, der Ihre Wertinnovation repräsentiert. Es muss vorhanden sein, damit Ihr Produkt einen Wettbewerbsvorteil hat. Das Schlüsselfeature definiert die Erfahrung, die Ihr Produkt von allen anderen unterscheidet. Es könnte mit dem Geschäftsmodell zusammenhängen (beispielsweise die kilometerbezogene Abrechnung von Metromile). Ein Schlüsselmerkmal kann eine exotische Permutation von Features oder ein einzelnes signifikantes Feature sein, wie in den Mustern weiter vorn beschrieben.

Wir wollen intensiv darüber nachdenken, was wir aus unseren Kundeninterviews (Kapitel 3) und der Wettbewerbsanalyse (Kapitel 5) gelernt haben. Stellen Sie sich die folgenden Fragen, um das Nachdenken über die wichtigsten Merkmale in Gang zu setzen:

- Was wird Ihre provisorischen Personas (hypothetische Kunden) dazu bringen, dieses Produkt zu lieben?
- Was ist der *Aha-Moment* oder der Teil der Online- oder Offline-Reise des Benutzers, der dieses Produkt einzigartig macht?
- Was ist ein zentrale Pain Point, den Sie zu lösen versuchen, der derzeit nicht von Wettbewerbern gelöst wird?
- Welche Art von Workarounds wenden Ihre potenziellen Kunden derzeit an, um ihre Ziele zu erreichen?
- Was ist der Hauptnutzen für Ihre Kunden, der sich aus der Ausgabe oder Manipulation entweder Ihres proprietären Algorithmus und/oder Datensatzes ergibt?
- Welche Funktionalität oder welches Seiten-/Bildschirmlayout muss von Grund auf neu entwickelt werden, weil es dafür in keinem anderen digitalen Produkt eine Referenz gibt?

Ihre Antworten könnten Sie zu den Schlüsselfeatures führen, die Sie schließlich durch ein reibungsloses UX Design liefern werden!

Seien Sie jedoch vorsichtig damit, Ihre Schlüsselfeatures mit einer umfassenden Featureliste zu verwechseln, die aus zahlreichen Geschäftsanforderungen generiert wurde. In der vollständigen 1.0-Version eines Produkts ist es wichtig, dass alle Features enthalten sind, die der Benutzer benötigt, um seine Ziele zu erreichen. Wie in Abbildung 6.5 gezeigt, geht es in Feature Nummer 2 um ein integriertes Bezahlsystem. Die Möglichkeit, Kreditkartenzahlungen von Benutzern zu akzeptieren, ist zwar eine wichtige Geschäftsanforderung, aber kein Schlüsselfeature, das das Nutzenversprechen von anderen unterscheidet.

Airbnb for Weddings – Featureliste		
#	Name des Features	Details zur Funktionalität
1	Liste mit Locations durchsuchen	Möglichkeit, eine Suchabfrage nach Stadt oder Postleitzahl + ideale Daten + Gästezahl durchzuführen und eine Ergebnisliste mit relevanten Locations zu erhalten.
2	Zahlungssystem	Integration mit einem etablierten Online-Zahlungssystem, das es ermöglicht, mit allen gängigen Kreditkarten und PayPal sowohl Abonnements als auch Hochzeitspakete zu bezahlen.
3	Foto-Galerie	Möglichkeit für Location-Manager, bis zu 16 Fotos ihrer Location einzustellen und den Nutzern die Möglichkeit zu geben, die Fotos durch Swipen/Klicken auf die Pfeile zu durchsuchen und einzelne Fotos auf Vollbild zu vergrößern.
4	FAQ & Hilfe-Center	Bereich für Benutzer, um Antworten auf häufig gestellte Fragen zu lesen und eine Frage zu stellen, wenn sie die Antwort nicht finden können.
5	Chatbot	Ein Text-Chatbot, der global für die Benutzer zugänglich ist, um allgemeine Fragen mithilfe von künstlicher Intelligenz (KI) zu beantworten.
6	Registrierung/ Konto erstellen	Möglichkeit für Benutzer und Anbieter, schnell ein Konto mit nur einer (zu verifizierenden) E-Mail-Adresse und einem Passwort zu erstellen.
7	Echtzeit-Benachrichtigung	Benachrichtigungssystem, um Benutzer und Anbieter über anstehende Aufgaben zu informieren.

Abbildung 6.5: Auszug aus der Featureliste von Airbnb for Weddings 1.0

Nehmen Sie als Beispiel Twitter und denken Sie an all die Funktionen, die Teil der Plattform sind: Direktnachrichten, der News-Feed, Retweets. Doch das Schlüsselfeature ist, wie Dan Saffer es in seinem Buch *Microinteractions* beschreibt, »eine einzige Interaktion: das Senden einer 140 Zeichen langen Nachricht«.[5] Dieser Fokus auf Prägnanz und Kürze hat ganz eindeutig andere Apps wie Instagram und Snapchat beeinflusst.

5 Saffer, Dan: *Microinteractions*, Sebastopol, CA: O'Reilly, 2013.

Wenn wir also auf diese Weise über die wichtigsten Funktionen nachdenken, sollten wir mit einer viel kürzeren und anschaulicheren Liste aufwarten. Während der Wettbewerbsanalyse für Airbnb for Weddings haben wir gelernt, dass ein großer Pain Point unserer Zielkunden darin bestand, die verschiedenen Lieferanten zu organisieren. Da es sich bei Hochzeiten um einmalige Ereignisse handelt, ist die Lernkurve für ein zukünftiges Ehepaar steil. Der Budgetplaner von The Knot soll dabei helfen, allerdings gibt es über 50 Einzelposten (z.B. Hochzeitstorte, Geschenke für die Brautjungfern, Fotokabine usw.), die von den Eheleuten nachverfolgt werden müssen. Obwohl das Tool die Bedeutung aller einzelnen Posten erklärte, bot es keine Alternativen an, mit denen die Kosten gesenkt werden können. Dies erschwerte es dem Brautpaar, ein Budget von weniger als 30.000 Dollar einzuhalten.

Das Fehlen von erschwinglichen Optionen oder Ratschlägen zur Priorisierung der wesentlichen Komponenten machte das ganze Unterfangen zu einem Irrweg. Ohne ein vorheriges Verständnis aller Variablen und Einzelkosten kann das gesamte Veranstaltungsbudget aus dem Ruder laufen. Diese Differenzierung rund um die Kostensenkung mithilfe von künstlicher Intelligenz und kostengünstigeren Alternativen ist es, was in den Schlüsselfeatures zum Ausdruck gebracht werden muss (wie in Abbildung 6.6 gezeigt).

Airbnb for Weddings – Schlüsselfeatures

1. Eine Ergebnisliste von Optionen, die erschwingliche und dennoch wunderschöne Hochzeitslocations zeigen.
2. Eine KI-gestützte Engine, die den Kunden nahtlos durch die Entscheidungen zu seinen Präferenzen für die Hochzeit führt und dann individuelle Hochzeitspakete sowie kostengünstige Alternativen anzeigt.
3. Ein Koordinierungssystem, das den Kunden hilft, den Hochzeitsplan durchzuführen, und hierzu rechtzeitig Erinnerungen an Aktivitäten und zum Kontaktieren von Anbietern ausgibt.

Abbildung 6.6: Die Schlüsselfeatures von Airbnb for Weddings

Wie Sie sehen können, geht es um unbedingt erforderliche Ergebnisse. Sie wollen Ihr Team und Ihre Ressourcen unerbittlich auf die unverzichtbaren Vorteile des Produkts fokussieren. Es ist auch mutiger, den minimalistischen »Weniger ist mehr«-Ansatz zu wählen.

> Eine reibungslose UX ist nicht möglich, wenn die Funktionen überhandnehmen. Wir wollen besser, nicht mehr!

Nutzen aus UX-Influencern ziehen

Kurz, UX-Influencer sind Produkte, die eine Funktionalität haben, die gut zu Ihrem Nutzenversprechen passen würde. UX-Influencer müssen nicht einmal Konkurrenten sein; ihr Nutzenversprechen hat möglicherweise keinen Bezug zu Ihrem eigenen. Allerdings können ihre Benutzererfahrungen und Funktionen einen Einblick in die Wertinnovation Ihres Produkts geben. Der Trick dabei ist, dass Sie über den Tellerrand hinausschauen müssen. Erinnern Sie sich daran, dass eines unserer Muster für Wertinnovation das Mischen und Anpassen unterschiedlicher Gruppen von Features ist? Manchmal kann man durch das Zusammenfügen von Teilen, die scheinbar nicht zusammenpassen, erstaunliche Innovationen erzielen. Sie müssen sich einfach nur darauf einlassen, um zu sehen, wie ein Produkt oder eine Dienstleitung, das/die nicht konkurriert, so gebogen werden kann, dass es/sie Ihre Bedürfnisse erfüllt.

Ich wurde von Metromile inspiriert, dem Versicherungsanbieter, der in den Kapiteln 1 und 2 vorgestellt wurde. Dieses Unternehmen hat absolut nichts mit dem Nutzenversprechen von Airbnb for Weddings zu tun, aber die UX rund um den Prozess der Schadensmeldung ist ziemlich genial.

Die UX-Innovation von Metromile liegt in der Art und Weise, wie Kunden durch die Schadensmeldung für einen Autounfall geführt werden. Es ist eine komplexe und emotionale Journey mit vielen variablen Elementen. Dies wurde zur Inspiration für unsere KI-gestützte Experience der Hochzeitsplanung.

Der erste Schritt bestand darin, den Prozess der Schadensmeldung von Metromile zu dekonstruieren, indem wir uns den User Flow durch die Bildschirme ansahen, mit denen der Schaden gemeldet wird. Wir wollten herausfinden, welche Aspekte ihres mentalen Modells mit unserem Hauptmerkmal der Führung des Kunden durch die Entscheidungspunkte übereinstimmen. Ich zeige Ihnen eine Teilmenge der Bildschirme, um Ihnen einen Überblick zu geben, wie der Prozess und das Design von Metromile aussehen. Dies sind die Schritte, die in den folgenden Bildern dargestellt werden:

1. Bildschirm 1 (siehe Abbildung 6.7) zeigt den ersten Schritt, in dem der Kunde die Art des Vorfalls, der ihm gerade passiert ist, auswählt.
2. Bildschirm 2 (siehe Abbildung 6.8) zeigt die Arten von Details, die erfasst werden müssen.
3. Bildschirm 3 (siehe Abbildung 6.9) zeigt die Geoposition des Kunden an und ermöglicht ihm, den genauen Ort des Vorfalls anzugeben.
4. Bildschirm 4 (siehe Abbildung 6.10) zeigt, wie der Kunde angeben kann, wo der Schaden aufgetreten ist.

5. Bildschirm 5 (siehe Abbildung 6.11) zeigt die visuellen Anweisungen, die den Kunden auffordern, geeignete Fotos vom Schaden an seinem Auto zu machen.
6. Bildschirm 6 (siehe Abbildung 6.12) zeigt eine Liste der Werkstätten, die basierend auf dem vom Kunden gewünschten Ort für die Reparatur verfügbar sind.
7. Bildschirm 7 (siehe Abbildung 6.13) zeigt Informationen zum Versicherungsschutz und detaillierte Mietwagenoptionen.
8. Bildschirm 8 (siehe Abbildung 6.14) zeigt die Bestätigung der geplanten Reparatur und fragt den Kunden, ob er von der Werkstatt abgeholt werden möchte.

Die Struktur und Präsentation der Daten veranschaulicht, wie der KI-gestützte Trichter die gesamte Journey vom Zeitpunkt, ab dem der Benutzer seinen Pkw nicht mehr nutzen kann, bis zu dem Moment, an dem er Zugang zu einem Mietwagen erhält, vereinfacht.

Werfen Sie einen Blick auf die Bildschirme in Abbildung 6.7 bis Abbildung 6.14, um die Wertinnovation von Metromile in Aktion zu sehen!

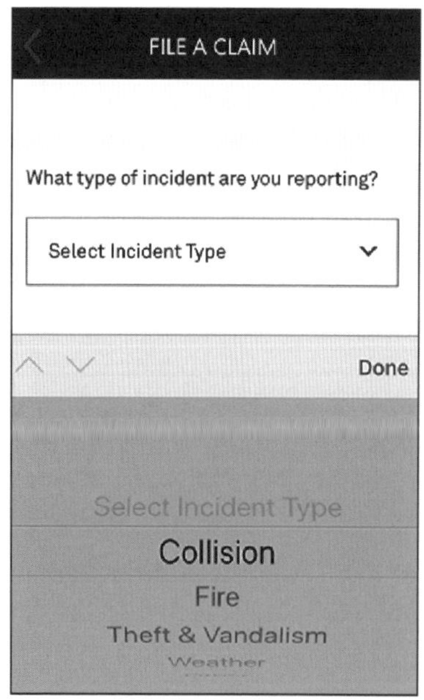

Abbildung 6.7: Der Kunde wählt Art des Vorfalls aus.

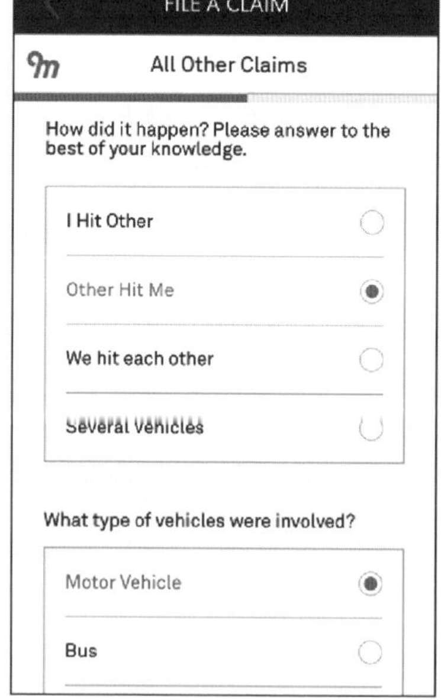

Abbildung 6.8: Der Kunde legt wichtige Details fest.

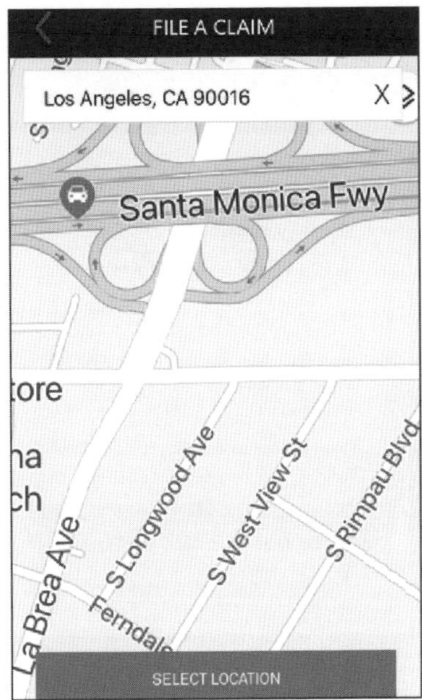

Abbildung 6.9: Der Kunde legt auf der Karte die genaue Position des Vorfalls fest.

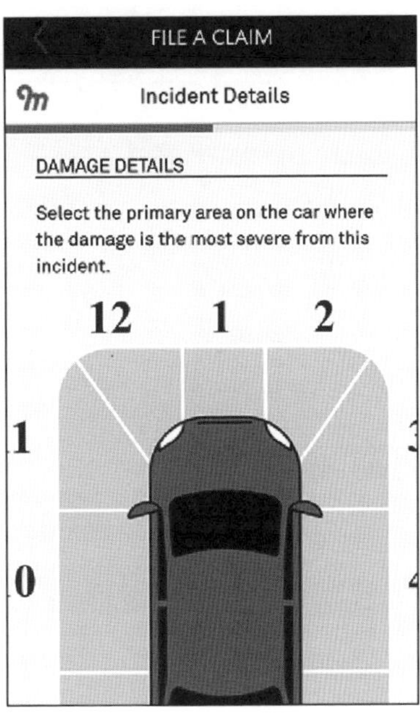

Abbildung 6.10: Der Kunde wählt die beschädigten Stellen aus.

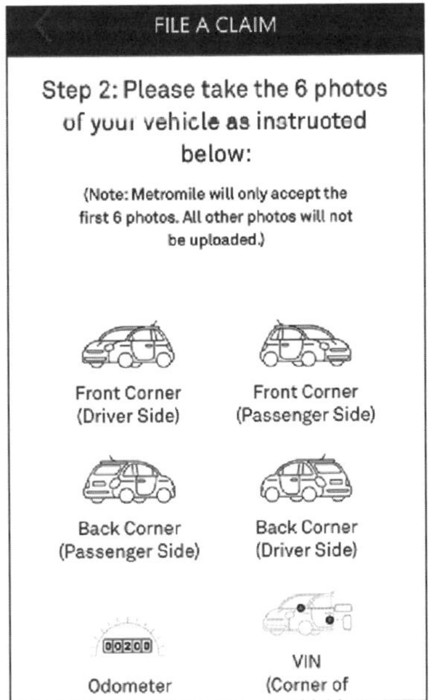

Abbildung 6.11: Der Kunde wird aufgefordert, Fotos zu machen.

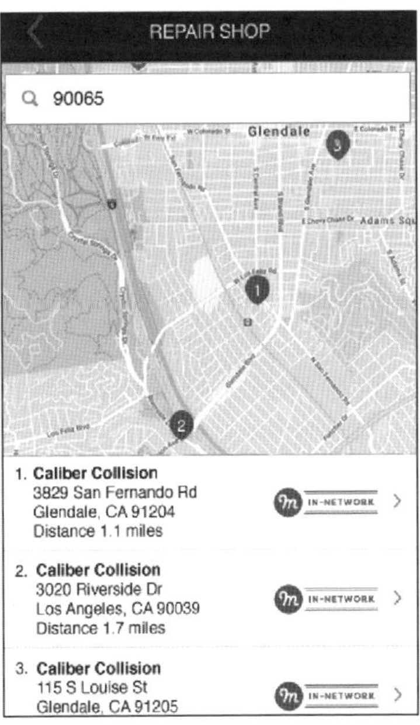

Abbildung 6.12: Der Kunde sieht sich eine Liste mit Werkstätten an.

Abbildung 6.13: Der Kunde wählt zwischen verschiedenen Mietwagen aus.

Abbildung 6.14: Der Kunde sieht, was der nächste Schritt sein könnte.

Schauen Sie sich die Bildschirmabbildungen nun noch einmal an und stellen Sie sich vor, wie Sie sie für Airbnb for Weddings anpassen könnten. Hier ist meine Anpassung:

1. Bildschirm 1 könnte den ersten Schritt zeigen, bei dem der Kunde die maximale Anzahl der Gäste für die Hochzeit auswählt (da dies ein wichtiger Faktor für die Auswahl der Location ist).
2. Bildschirm 2 könnte die wichtigen Details zeigen, die erfasst werden müssen (z.B. das Budget und den/die Wunschtermin/e).
3. Bildschirm 3 könnte eine Karte zeigen, die es dem Kunden ermöglicht, den gewünschten Ort für die Hochzeit festzulegen.
4. Bildschirm 4, keine Entsprechung
5. Bildschirm 5, keine Entsprechung
6. Bildschirm 6 könnte eine Liste der gefilterten Hochzeitslocations anzeigen, die auf der Grundlage des vom Benutzer gewünschten Ortes, des Budgets, der Termine und der Anzahl der Gäste verfügbar sind.
7. Bildschirm 7 könnte Hochzeitspakete anzeigen, die eine der ausgewählten Locations anbietet.

8. Bildschirm 8 könnte die Bestätigung des vom Kunden ausgewählten Hochzeitspakets anzeigen und ihn fragen, ob er eine Besichtigung planen möchte.

Sie werden Ideen für Anpassungen finden und entwickeln, indem Sie sich alle Details ansehen und herausfinden, wie Sie diese für Ihr Produkt nutzen können. Möglicherweise können Sie das Konzept verbessern und es auf der Designleiter eine Stufe nach oben bringen. Ihr Ziel ist es, die besten Ideen herauszupicken. Nachdem Sie sie haben, werden Sie sie in Form eines Storyboards umsetzen.

Feature-Vergleich durchführen

In Kapitel 5 habe ich erwähnt, dass laut Steve Blank das Erstellen eines Feature-Vergleichsdokuments mit dem Ziel, eine aufgeblähte Featureliste zu erstellen, letztendlich das Schiff versenken wird. Wenn Sie es jedoch als Werkzeug zur Discovery verwenden, ohne die Absicht, es einem Kunden zu zeigen, kann ein Feature-Vergleich Ihnen helfen, Möglichkeiten für Wertinnovationen zu identifizieren. Im Grunde genommen nehmen Sie so alle Puzzleteile aus dem Karton, legen sie offen auf den Tisch und können dann die besten Teile und Komponenten heraussuchen, um ein neues Interaktionsmuster zu erstellen. Man klaut Elemente und fügt sie dann zu einer reibungslosen UX zusammen.

Vor einigen Jahren beauftragte mich zum Beispiel ein multinationaler Konzern, die UX eines E-Book-Readers für das iPhone zu entwerfen. Da es bereits mehrere Lesegeräte auf dem Markt gab (Stanza, eReader, Kindle, Nook), führte ich eine Wettbewerbsuntersuchung und -analyse durch. Ich lud die Reader-Apps herunter und erfasste meine Daten. Ich machte Screenshots von vielen verschiedenen Funktionen, Merkmalen und Erfahrungen, z.B. wie man nach einem Buch sucht, die Benutzeroberfläche des Startbildschirms, die Navigation im Inhaltsverzeichnis und wie man Hervorhebungen und Anmerkungen anbringt. Ich dokumentierte alles, was die Schlüsselfeatures berührte, die ich entwerfen musste, organisierte alle meine Screenshots anhand ihrer Beziehungen zueinander und machte mir zu jedem einzelnen Notizen. Abbildung 6.15 zeigt ein Beispiel für dieses Dokument.

Für den Vorgang brauchte ich mindestens vier Stunden, aber ich konnte hierbei vorbildliche Vorgehensweisen, unzureichende Lösungen sowie clevere Ansätze beobachten und quantifizieren. Es ersparte mir auch endlose Designstunden, weil ich das Rad nicht neu erfinden musste. Noch besser war, dass meine gut recherchierten Beweise mir halfen, mit einem penetranten Stakeholder umzugehen, der dachte, er wüsste, wie ich meine Arbeit am besten erledigen sollte.

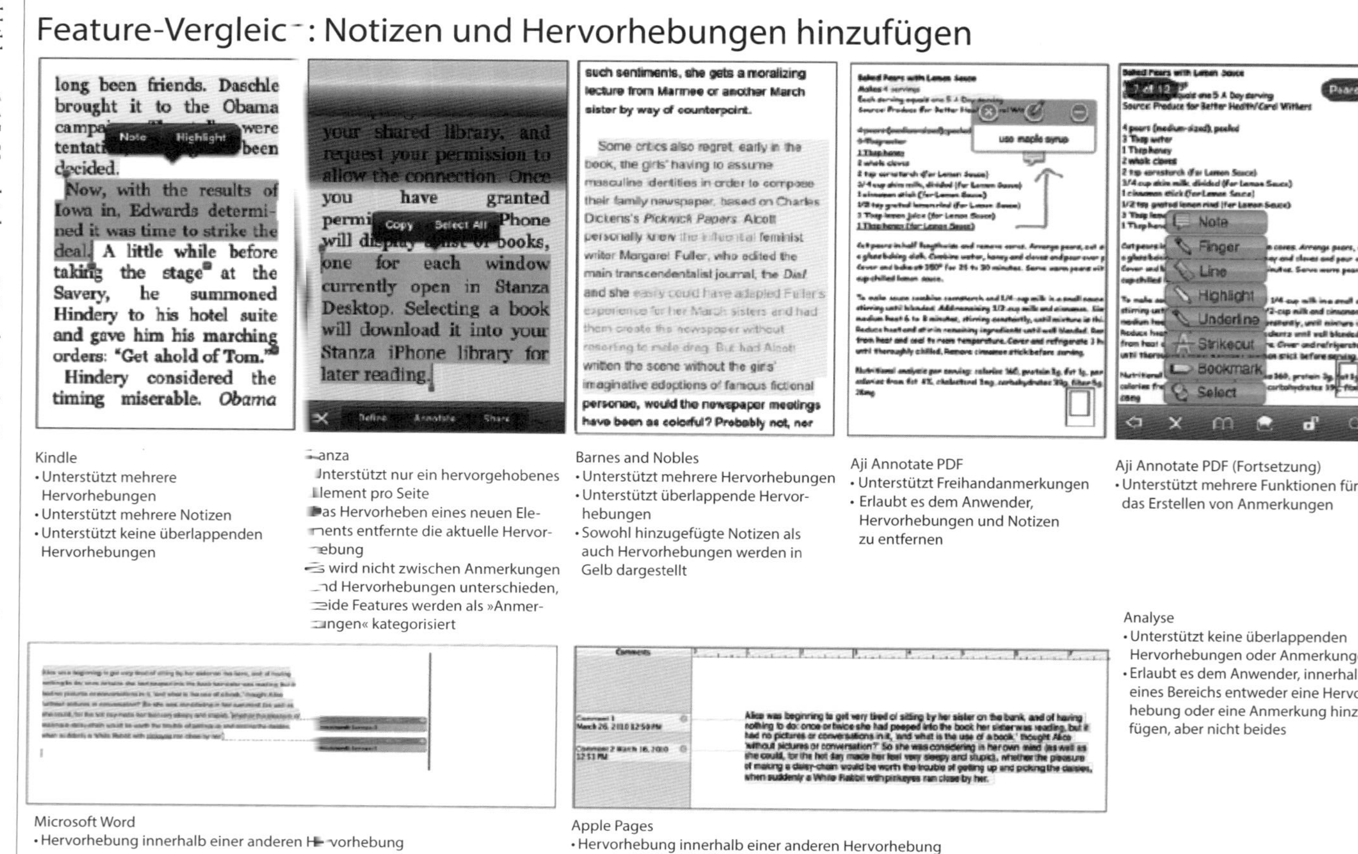

Abbildung 6.15: Vergleich von E-Book-Reader-Features zum Erstellen einer Notiz und Hervorhebung

Personalisierungs-features	Community oder UGC-Features	Wettbewerbsvorteil und/oder Schlüsselfeatures
Nachdem sie ein Profil erstellt haben, haben die Anwender Zugriff auf Hochzeitsplanungstools, einschl. personalisiertem Hochzeits-Dashboard, Budgetverwaltung, Hochzeitstisch, Gästeliste, Website, Verlauf der Kommunikation mit Anbietern usw.	Diskussionsforum, bestehend aus mehreren hochzeitsbezogenen Boards, nicht gut gepflegt. Kundenrezensionen für alle Veranstaltungsorte sind vorhanden.	Wedding Spot ist auf den Markt für Hochzeitslocations fokussiert, was es ihnen erlaubt, in die Tiefe zu gehen. Die einzigartige Spot-Estimate™-Funktion kann automatisch einen Kostenvoranschlag mit den von den Nutzern eingegebenen Hochzeitsinformationen und den von den Unternehmen zur Location bereitgestellten Informationen erstellen. Die Funktion zum Vergleich der einzelnen Veranstaltungsorte ist ebenfalls sehr nützlich.
Nach dem Erstellen eines Profils können Benutzer ihre favorisierten Angebote und die Preisangebote der Locations speichern und miteinander vergleichen. Benutzer können außerdem den Anfragenverlauf sowie den Nachrichtenverlauf mit den Veranstaltungsorten einsehen.	Ein gut gepflegtes, aktives Diskussionsforum, das in der oberen Navigationsleiste angezeigt wird. Kundenrezensionen werden für Orte angezeigt, die mindestens eine Rezension erhalten haben.	Wedding Wire bietet umfassende Tools für die Hochzeitsplanung an, die mit denen der Schwesterfirma The Knot identisch sind. Verglichen mit dem Schwesterunternehmen The Knot ist es in Bezug auf die Nutzerbasis und die Anbieterbasis kleiner, hat aber einen stärkeren Fokus auf die Bereitstellung einer Business-Management-Lösung für Anbieter, die ihr Geschäft auf Wedding Wire anbieten und dort werben.

Abbildung 6.16: Features, die sich aus der Wettbewerbsanalyse ergeben

Wenn Sie einen Feature-Vergleich durchführen, sollten Sie drei bis fünf Referenzen finden und dokumentieren. Auf diese Weise können Sie unterschiedliche Ansätze für typische Interaktionen vergleichen. Diese Vergleiche können sich als nutzlos oder inspirierend herausstellen, aber zumindest denken Sie kritisch über das nach, was es bereits gibt, und suchen nach besseren Wegen, um Mehrwert zu liefern.

Ihr Feature-Vergleich kann auch dazu führen, dass Sie tiefer in die bereits vorhandene Forschung einsteigen. Während Sie beispielsweise Ihre Wettbewerbsanalyse durchgeführt haben, haben Sie eine Vielzahl von vorhandenen Funktionen erfasst. Sie können zu Ihren Notizen zurückkehren, um dort nach Inspiration zu suchen, wie in Abbildung 6.16 dargestellt.

Mittels eines Feature-Vergleichs mit Wettbewerbern und UX-Influencern (z.B. Metromile) können Sie alles vergleichen, angefangen vom visuellen Design über das Interaktionsdesign bis hin zu den Funktionen und der Darstellung der Inhalte. Das Ziel ist, nicht ahnungslos zu sein, was Ihre Konkurrenz angeht. Manchmal können Sie die notwendigen iPhone- oder Android-Screenshots aus dem Google-Play- oder Apple-App-Store abrufen, oder Sie geben einfach das Geld für die Anwendungen aus. Berechnen Sie diese Kosten Ihrem Kunden oder bezahlen Sie es selbst und stellen Sie Ihrem Kunden eine zusätzliche Stunde in Rechnung. Letztendlich wird der Vergleich Ihnen und Ihrem Kunden Zeit und Geld sparen. Es wird Ihren Geist öffnen, besonders nach dem tiefen, konzentrierten Tauchgang, den Sie in Kapitel 4 und Kapitel 5 gemacht haben.

Storyboard für Wertinnovationen erstellen

Nachdem Sie nun die wichtigsten Features Ihres Produkts identifiziert haben, sollten Sie diese zu einem narrativen Faden zusammennähen, um ihnen Inhalt zu verleihen. Storyboards sind sowohl für Teams als auch für Stakeholder ein großartiges Kommunikationswerkzeug, da sie visuell und linear sind. Sie ermöglichen es Ihnen, Ihre validierte Persona in eine Situation zu versetzen, in der sie Ihr Produkt braucht, und es ihr hilft, ihr Ziel zu erreichen.

Originalität entsteht, wenn Features, Daten und Schnittstellen auf neue Weise kombiniert werden.

Den Storyboard-Prozess gibt es, seit die deutsche Filmemacherin Lotte Reiniger 1926 erstmals Storyboards für ihren Zeichentrickfilm *Die Abenteuer des Prinzen Achmed*[6] zeichnete und kolorierte. Seitdem sind sie zu wichtigen Werkzeugen geworden, die für Werbekampagnen, Comics, Filme, Softwaredesign und verschiedene andere Geschäftsprozesse verwendet werden. Sie ermöglichen es Regisseuren, ihren Kameraleuten mitzuteilen, was die wichtige Interaktion jeder Szene aus verschiedenen Blickwinkeln ist. Wir können diese Filmtechnik auf das Produktdesign übertragen, um Nahaufnahmen von wichtigen Funktionen (z.B. die Suche nach einer Hochzeitslocation im In-

6 »Die Abenteuer des Prinzen Achmed«, *Wikipedia*. *https://de.wikipedia.org/wiki/Die_Abenteuer_des_Prinzen_Achmed*

ternet) oder Weitwinkelansichten des Kunden bei einer Aktivität (z.B. Heiraten am Strand) zu erstellen. Diese eingefangenen Momente können Teil des digitalen Erlebnisses sein oder auch nicht, aber sie sind definitiv Teil der gesamten Customer Journey.

Wenn Sie ein Produkt entwickeln, sind Storyboards nach der Phase der Ideenfindung (Ideation) ein nützlicher Output. Während der Produktion erstellen UX-Teams oft Experience- oder Journey-Maps und destillieren diese in Szenarien. Dann wandeln sie sie in Storyboards um, die dann als Vorläufer für die Wireframing-Phase verwendet werden können. Das ergibt Sinn, wenn Sie das Produkt erstellen und alle interaktiven Details des End-to-End-Erlebnisses ausarbeiten müssen. Mir geht es jetzt aber darum, Storyboards für einen anderen Zweck zu verwenden. Ich empfehle, direkt mit dem Storyboarding der Wertinnovation und des Geschäftsmodells zu beginnen, um zu überlegen, was im Prototyp enthalten sein muss, um die Lösung zu validieren.

Wir werden ein Storyboard entwerfen, das die gesamte Erfahrung in etwa sechs Panels zusammenfasst, die jeweils aus einer Szene und ihrer Beschriftung bestehen. Das Ziel ist es, ein Narrativ zu schreiben, das die wichtigsten Merkmale miteinander verwebt, um den Weg von der Problemstellung zur Lösung darzustellen. Jetzt ist ein guter Zeitpunkt, um über alle Features, Vergleiche oder mentalen Modelle von UX-Influencern nachzudenken. In meinem Fall war dies der KI-gestützte Prozess der Schadensmeldung von Metromile.

Drei Schritte für das Storyboarding der wichtigsten Features

Das Hauptziel ist, schnell etwas zu produzieren, das die Wertinnovation visuell vermittelt. Sie wollen das Format des Storyboards nutzen, um sich auf die wichtigsten Komponenten des Erlebnisses zu konzentrieren. Sagen Sie mit weniger mehr, und enden Sie mit einem Happy End, indem das Problem für den Benutzer gelöst wird. Hier ist mein empfohlener Prozess für die Erstellung und die Präsentation eines Storyboards:

Schritt 1: Schreiben Sie die Titel Ihrer Panels auf (das Narrativ)

Wir schreiben die Bildbeschriftungen, die unter den einzelnen Bildern der Storyboard-Panels stehen werden. Sie sollten eine kurze Geschichte erzählen, die sich auf die wichtigsten Merkmale konzentriert. Denken Sie die gesamte Customer Journey durch, unabhängig davon, ob sie 20 Minuten dauert wie eine Uber-Fahrt oder zwei Monate wie ein Aufenthalt bei einer Gastfamilie über Airbnb. Berücksichtigen Sie sowohl digitale Interaktionen als auch Offline-Erfahrungen. Halten Sie die Beschriftungen kurz – ein Satz reicht.

Für Airbnb for Weddings bedeutete dies, zu zeigen, wie das Brautpaar seine Traumhochzeit erlebt, und nicht, wie die Kontoregistrierung oder die Fotogalerie funktioniert. Hier sind die von mir definierten Panel-Beschriftungen:

1. Das zukünftige Brautpaar hat es schwer, eine schöne und dennoch bezahlbare Hochzeit zu planen.
   (DAS IST DAS PROBLEM ODER DER BEDARF.)
2. Sie geben die wichtigsten Details ihrer idealen Hochzeit ein.
3. Sie sehen eine Liste der verfügbaren Hochzeitslocations.
   (DIES IST SCHLÜSSELFEATURE NR. 1.)
4. Sie wählen aus einer Reihe von maßgeschneiderten Hochzeitspaketen.
   (DIES IST SCHLÜSSELFEATURE NR. 2.)
5. Sie erhalten rechtzeitig Erinnerungen an Aufgaben, die erledigt werden müssen.
   (DIES IST SCHLÜSSELFEATURE NR. 3.)
6. Das Paar hat eine wunderbare Hochzeit, ohne sein Budget zu sprengen!
   (DAS IST DIE LÖSUNG.)

Schritt 2: Sammeln oder erstellen Sie Ihr visuelles Bildmaterial

Entscheiden Sie sich für Ihr visuelles Format. Manche Menschen können zeichnen oder skizzieren. Andere (wie ich) können nicht einmal ein Strichmännchen aufs Papier bringen. Wichtig ist, dass Sie einen Prozess wählen, der es Ihnen und Ihrem Team ermöglicht, Ihr Storyboard schnell und einfach zu erstellen. Wenn Sie gut in Photoshop, Keynote oder einem Wireframing-/Prototyping-Tool (z.B. Adobe XD, Figma oder Sketch) sind, können Sie einfach ein paar Interface-Ideen als Grafiken zusammenmischen. Verschwenden Sie keine Zeit mit einem detaillierten Wireframing. Es ist in Ordnung, Fotos von Google Images zu verwenden oder Screenshots von anderen Websites leicht zu verändern. Erstellen, zeichnen oder sammeln Sie alle Ihre Bilder und stellen Sie sicher, dass diese ungefähr das gleiche Seitenverhältnis haben. Es gibt keinen Grund, in diesem Stadium eine komplette Benutzeroberfläche zu entwerfen. Zoomen Sie stattdessen auf die Komponenten der Benutzeroberfläche, die das Konzept am besten veranschaulichen.

Schritt 3: Erstellen Sie das Layout Ihres Storyboards auf einem Canvas

Beginnen Sie damit, die nummerierten Beschriftungen unter den einzelnen Panels einzufügen. Verwenden Sie normale Groß-/Kleinschreibung und richten Sie die Texte linksbündig aus, damit sie leicht zu lesen sind. Fügen Sie dann alle Ihre Bilder hinzu.

Abbildung 6.17: Das Storyboard stellt die Wertinnovation für die zukünftige Braut dar.

Wie in Abbildung 6.17 gezeigt, habe ich eine Mischung aus Fotos von Google Images, Screenshots der Formularfelder von The Knot, zusammengewürfelten Grafiken und sogar einen Screenshot einer fingierten Textnachricht verwendet, um die Geschichte zu erzählen.

Ich habe bereits zu Beginn des Kapitels erwähnt, dass Storyboards nicht notwendigerweise Deliverables sind. Es gibt Fälle in anderen Arbeitsumgebungen, bei denen Storyboards hilfreich sind, um Ideen zu präsentieren. Aber im Moment verwenden wir sie, um innerhalb unseres Teams Konsens herzustellen und dann die wichtigsten Funktionen in einem erzählerischen Kontext darzustellen, um uns auf die Prototyping-Phase vorzubereiten.

Geschäftsmodelle, Wertinnovation und Online-Dating

Werfen wir einen Blick auf einen Markt, von dem ich mir wünschen würde, dass ich mit ihm weniger persönliche Erfahrungen hätte: Online-Dating und drei Plattformen, die dafür beispielhaft sind: eHarmony, OkCupid und Tinder.

Das Geschäftsmodell von eHarmony basiert auf einem monatlichen Abo-Service. Das Nutzenversprechen beruht auf dem Matching-Algorithmus, der sich auf die wichtigsten Eigenschaften der Kunden konzentriert, wie Verträglichkeit, Spiritualität und Extrovertiertheit. Beim Onboarding müssen die Nutzer Hunderte von Fragen beantworten, bevor sie eine stark kuratierte Auswahl an Matches erhalten. Um mehr Matches zu erhalten, müssen Sie die vorhandenen Matches schließen. Es gibt keine Möglichkeit, Profile auf eigene Faust zu durchsuchen. Es gibt sogar Tools für einen geführten Kommunikationsprozess, da die Plattform für »heiratswillige Menschen« konzipiert ist.

OkCupid ist das genaue Gegenteil von eHarmony, obwohl es auf dem gleichen Markt existiert. Das Geschäftsmodell ist für die Kunden kostenlos und im Laufe der Zeit hat sich die Einnahmequelle von bezahlter Werbung hin zu Premium-Abonnements erweitert. Das Nutzenversprechen ist jedoch in einer leistungsstarken UX verpackt, mit der Benutzer Übereinstimmungen basierend auf qualitativen und quantitativen Datenpunkten filtern können. Die Nutzer können den Algorithmus auch durch die Beantwortung von hochpersonalisierten Fragen in einem Polling-Feature beeinflussen. Die Kunden haben immer die volle Kontrolle darüber, wie weit oder eng sie ihre Netze auswerfen, während OkCupid von den umfangreichen Nutzerdaten profitiert.

Die nächste Generation von Innovationen beim Online-Dating waren die Swipe-App-Produkte, von denen Tinder das bekannteste ist. Bei Tinder dreht sich alles um Benutzerfreundlichkeit und Unmittelbarkeit. Die Nutzer melden sich mit einem Facebook-Account an, laden ein paar Fotos hoch, schreiben vielleicht eine Kurzbiografie, und 15 Minuten später sind sie startklar. Hier setzt die Innovation von Tinder an: Es kehrt das historische mentale Modell von Dating-Websites um, indem es den Nutzern nur dann erlaubt, miteinander in Kontakt zu treten, wenn beide Parteien gegenseitiges Interesse bekunden. Bei Tinder werden den Nutzern ständig Karten serviert, die nur nach Entfernung, Alter und Geschlecht kuratiert sind. Das ist das Schlüsselfeature Nr. 1. Die Benutzer wischen nach links, wenn sie das Profil nicht mögen. Sie wischen nach rechts, wenn sie es mögen. Wenn beide Nutzer nach rechts wischen, können sie sich innerhalb der App gegenseitig Nachrichten senden. Im Gegensatz zu anderen Dating-Sites zeigt Tinder Übereinstimmungen innerhalb eines Radius von einer Meile an. Das ist Schlüsselfeature Nr. 2. Wenn Sie in einer dicht besiedelten Stadt wie New York oder Berlin leben, können Sie sich auf Partner konzentrieren, die in unmittelbarer Nähe wohnen. Was also als Dating-App für Millennials begann, entwickelte sich sofort zur ersten Anlaufstelle für Menschen jeden Alters, um schnell eine Beziehung unterschiedlichster Dauer einzugehen.

Tinder startete zuerst nicht mit einer identifizierten Einnahmequelle, da das Geschäftsmodell zunächst eine Massenakzeptanz erforderte. Sobald dies erreicht war, begann Tinder, mit gezielter Werbung und kostenpflichtigen Funktionen zu experimentieren, die den Nutzern anspruchsvollere Funktionen boten. Dieser nur als mobile App verfügbare Konkurrent hat mittlerweile mehr als 50 Millionen Nutzer und hat das Wertversprechen von OkCupid schnell untergraben, sodass OkCupid 2017 seine Funktionalität grundlegend änderte und den Nutzern nicht mehr erlaubte, frei miteinander zu kommunizieren, es sei denn, sie mögen sich beide.

Eine weitere beliebte Swipe-Dating-App ist Bumble. Wie bereits erwähnt, ist sie Tinder sehr ähnlich. Der Hauptunterschied besteht darin, dass nach einem Match Frauen die erste Nachricht senden müssen. Dieses Schlüsselmerkmal des »ersten Zugs« erlaubt es den Gründern von Bumble, die App als »feministisches Tinder« zu bezeichnen.[7] Bumble bietet außerdem eine einzigartige Einnahmequelle namens »Lebenslang (Lifetime)« (siehe Abbildung 6.18), die Ihnen lebenslangen Zugang zu Bumble gewährt (oder zumindest so lange, bis Bumble stirbt). Dies scheint perfekt auf das Kundensegment ausgerichtet zu sein, das entweder regelmäßig datet oder das aus absoluten Pessimisten besteht.

7 »Is Bumble Really Feminist?«, in: *Grazia*, 11. Februar 2021. *https://oreil.ly/TKAPK*

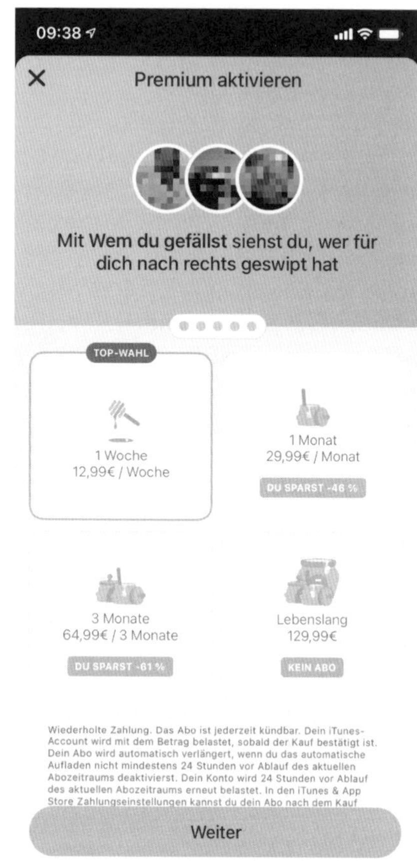

Abbildung 6.18: Die Option »Lebenslang« im Gebührenmodell von Bumble

Es gibt zwei Punkte, auf die ich besonders hinweisen möchte:

- Alle diese Produkte bieten unterschiedliche Schlüsselfeatures und Geschäftsmodelle.
- Sie alle haben in der gleichen Branche, in der sie miteinander konkurrieren, unbestreitbaren Erfolg gehabt.

Was jedes dieser Produkte innovativ macht, ist die einzigartige Art und Weise, Benutzer durch eine fein abgestimmte Permutation von Funktionen und Geschäftsmodellkomponenten zu binden.

Zusammenfassung

In diesem Kapitel habe ich eine Menge Material und viele Konzepte behandelt, die sich auf die Ideenfindung und darauf beziehen, die Ideen mit Ihrem Endziel zu verbinden: die Formulierung Ihrer Wertinnovation! Ich habe erklärt, wie Wertinnovation für digitale Produkte erreicht wird, indem man sich auf den primären Nutzen eines Produkts konzentriert. Sie haben gelernt, wie wichtig es ist, die Schlüsselmerkmale zu bestimmen, die das Nutzenversprechen verkörpern. Und dass es Zeitverschwendung ist, ein Produkt zu entwickeln, das einem Konkurrenzprodukt gleicht oder nur geringfügig besser ist. Ich habe Ihnen gezeigt, wie Sie sich von UX-Influencern inspirieren lassen können. Sie haben gelernt, wie Sie Funktionen, Interaktionsmuster und Geschäftsmodellideen von anderen Produkten abgreifen und dann zu etwas Neuem zusammenfügen. Schließlich haben Sie gelernt, wie Sie mit Storyboards Geschichten erzählen können, die die Customer Journey mit der Wertinnovation verbinden.

Jetzt ist es an der Zeit, dieses Fantasieland hinter sich zu lassen und zu sehen, ob Sie in der Realität innovativ sind, indem Sie Prototypen für Experimente erstellen.

Prototypen für Experimente erstellen

Sie müssen vermeiden, zu früh Kosten für die Verfolgung der falschen Strategie zu verursachen. Sie benötigen eine experimentelle Denkweise.[1]

– Clayton Christensen

Die Prämisse von Lean Startup ist, früh und oft Feedback zu bekommen, um zu überprüfen, ob man auf dem richtigen Weg ist. Dies ist auch die Grundlage von Säule 3: Validierte Nutzerforschung. Eric Ries und Steve Blank betonen, dass es wichtig ist, so früh wie möglich Experimente mit Ihrem Produkt durchzuführen. Diese Philosophie des »schnellen Lernens« ist nun auch in Unternehmensumgebungen sichtbar, wie die Popularität des Google-Design-Sprints-Prozesses beweist, bei dem Teams fünf Arbeitstage Zeit haben, um potenzielle Lösungen zu entwickeln und zu testen.

Eine erfolgreiche UX-Strategie braucht schnelle Experimente, um sicherzustellen, dass Ihr Produkt eine Lösung liefert, die die Menschen wirklich wollen. Daher müssen Sie von Ihrem Storyboard zu einem Minimum Viable Product (MVP) oder Prototyp Ihres Produkts springen, das in den folgenden Kapiteln für Experimente verwendet wird. Auf diese Weise erfahren Sie so schnell wie möglich, ob Ihr Team mit den aktuellen Annahmen richtig liegt, und Sie werden gezwungen, sich mit der Realität dessen zu konfrontieren, was nötig wäre, damit Ihr Geschäftsmodell in der realen Welt funktioniert. Jetzt, wo wir uns auf den Prototyp vorbereiten, jonglieren wir endlich gleichzeitig mit allen vier Säulen (siehe Abbildung 7.1).

1 Sarkar, Christan: »RIP, Professor Christensen«, *Christian Sarkar*, 25. Januar 2020. *https://oreil.ly/mdLKA*

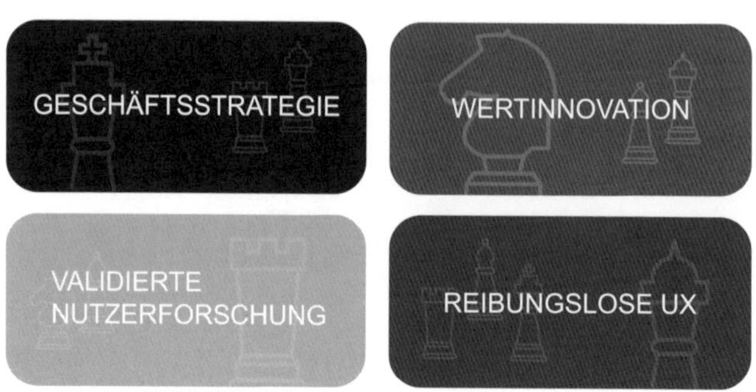

Abbildung 7.1: Die vier Säulen der UX-Strategie

Geben Sie Ihr Bestes

Jahre, bevor mein Vater den zum Scheitern verurteilten Hotdog-Stand kaufte, über den ich in Kapitel 4 schrieb, sah ich zu, wie meine Mutter aus ihrem Schlafzimmerschrank in unserem Haus im San Fernando Valley heraus erfolgreich eine Firma gründete und betrieb. Es waren die frühen 1970er-Jahre und meine Mutter, 35 Jahre alt, verliebte sich total in den Tennissport. Dies war in den USA das Jahrzehnt des Tennis. Seine Popularität wurde durch die im Fernsehen übertragenen Meisterschaften in Wimbledon sowie die US Open und die French Open mit Teilnehmern wie John Newcombe, Ken Rosewall und Chris Evert angeheizt. Im ganzen Land entstanden Tennisplätze im eigenen Garten, Country Clubs mit umfangreichem Tennisangebot und überall wurden Turniere abgehalten. Im sonnigen Südkalifornien wurde Tennis zu einem integralen Bestandteil des Lebensstils der oberen Mittelschicht. Während ich die Grundschule besuchte, schleppte meine Mutter meinen kleinen Bruder in seinem Laufstall in den örtlichen Park, wo sie Tennisunterricht nahm. Sie war ein Naturtalent und entwickelte einen kraftvollen Slice-Rückschlag, und sechs Monate nach Beginn des Unterrichts gewann sie ihre erste Trophäe bei einem Damen-Doppelturnier (siehe Abbildung 7.2).

Es dauerte nicht lange, bis meine Mutter begann, über das Spiel hinauszuschauen. Eines Tages, als sie mit Lea Kramer, ihrer Partnerin im Doppel, zu Mittag aß, wurde sie inspiriert. Die Freundinnen liebten alle Aspekte des Sports – auf und neben dem Platz –, aber beide waren sich einig, dass es fast unmöglich war, preiswerte Tenniskleidung zu finden. Eine Überprüfung von Discount-Tennisbekleidungsgeschäften in Los Angeles versicherte den Frauen, dass sie auf einen blauen Ozean gestoßen waren. So fanden sie ein Nutzenversprechen.

Sie hatten beide jeweils 500 Dollar, die sie investieren konnten. Keiner von ihnen hatte Erfahrung im Einzelhandel. Lea wusste, wie man Buchhaltung macht. Meine Mutter hatte nur als Anwaltssekretärin gearbeitet und nie ein

College besucht. Aber meine Mutter war eine Strippenzieherin. Sie schlug vor, dass sie mit ihrem Nutzenversprechen experimentieren sollten, indem sie einen Probelauf machten. Sie wandte sich an einen Freund der Familie, um zu sehen, ob er ihnen helfen könnte, ein paar Produkte zu erwerben. Er arbeitete im »schmatta business«, in der Textilbranche, und kannte sich bei den Bekleidungsherstellern in Downtown von Los Angeles aus. Er kannte auch den Filmstar Elke Sommer, die sich bereit erklärte, den neuen Geschäftspartnern ein paar Stücke ihrer neuen Tenniskleidungsproduktlinie zu einem Preis knapp über dem Selbstkostenpreis zu verkaufen. Mit vier Kleidern, zehn pastellfarbenen Röcken und zwölf BHs ausgestattet, mussten meine Mutter und Lea nur noch ein paar Kunden finden.

Abbildung 7.2: Das Foto zeigt Rona Levy mit ihrer ersten Tennistrophäe im Jahr 1972.

Zuerst versuchten sie, Kunden auf den Tennisplätzen zu gewinnen, indem sie ihre Waren aus dem Kofferraum des Chevy Nova meiner Mutter präsentierten. Aber die Leute mussten die Kleidung in einer privaten Umgebung anprobieren. Also besorgten sie sich lokale Clublisten mit Namen und Telefonnummern von Spielern, die sie dazu überreden konnten, zu ihnen nach Hause zu kommen. Ich erinnere mich, wie ich von der Schule nach Hause kam und Dutzende von halbnackten Frauen vorfand, die im Schlafzimmer meiner Mutter herumliefen, während sie sie drängte, verschiedene Modelle anzuprobieren. Dann wurden meine Mutter und Lea in ein Haus in Beverly Hills eingeladen, um an einer Wohltätigkeitsveranstaltung teilzunehmen, bei der sie zehn Prozent ihres Umsatzes spenden würden. Sie transportierten ihre Kleidung zu diesem wohlhabenden Kundenkreis und verkauften die Produkte in einer »Pop-up«-Umkleidekabine in der Garage des Anwesens. Diese Experimente führten schließlich zu einem durchschlagenden Erfolg. Ihr unternehmerisches Vorhaben wurde sogar im LA Magazine als eines der »zehn größten Schnäppchen in L.A.« vorgestellt.[2] Innerhalb des ersten Jahres hatten sie einen Lagerbestand im Wert von 10.000 Dollar und einen Kundenstamm in alles Stadtteilen von Los Angeles aufgebaut, darunter Beverly Hills, Ojai und Pacific Palisades. Es war an der Zeit, zu skalieren, ihre Schlafzimmerschränke zu verlassen und ein Ladengeschäft am Ventura Boulevard zu eröffnen. *Love Match Tennis Shop* war offiziell geboren (siehe Abbildung 7.3)!

Abbildung 7.3: Foto von Lea Kramer (links) und Rona Levy (rechts) vor dem »Love Match Tennis Shop« in 1974

Das Geschäft war von Anfang an kostendeckend und meine Mutter und Lea reinvestierten normalerweise jeden Gewinn in den Kauf von mehr Waren. Sie genossen das frei verfügbare Einkommen und den flexiblen Zeitplan, der es ihnen ermöglichte, gleichzeitig ihre kleinen Kinder großzuziehen und Tennis zu spielen. Nach drei Jahren zogen sie mit dem Geschäft in einen dreimal so großen Laden in ein neues Einkaufszentrum um. *Love Match Tennis Shop* setzte seinen Erfolg fort, aber nach fast zehn Jahren beschloss meine Mutter, etwas anderes zu versuchen. Lea kaufte ihren Anteil für einen Betrag, den sie beide für fair hielten. In Übereinstimmung mit der Etikette, die am Ende eines richtigen

2 LeBlanc, Rena: »The Ten Biggest Bargains in L.A.«, in: *LA Magazine*, Juli 1973.

Tennismatches demonstriert wird, gaben sie sich die Hände und beendeten so ihre unternehmerische Partnerschaft.

Was lernen wir daraus?

- Sie brauchen keinen MBA (Master of Business Administration) oder nicht einmal eine Hochschulausbildung, um ein Unternehmen zu gründen und damit erfolgreich zu sein. Sie müssen aber ein Macher sein.
- Fangen Sie klein an. Wenn Sie eine große Idee haben, finden Sie einen Weg, sie als Prototyp umzusetzen. Managen Sie das Risiko, indem Sie aktiv werden. Investieren Sie schnell, aber mit kleinen Beträgen.
- Bleiben Sie so lange in einer Partnerschaft, wie Sie das Durchhaltevermögen haben, Ihren Beitrag zu leisten. Wenn es vorbei ist, verlassen Sie sie würdevoll und mit einem Handschlag.

Wie ich experimentiersüchtig wurde

Anfang 2011 arbeitete ich von zu Hause aus Vollzeit als UX-Strategieberaterin für Cisco Systems. Gleichzeitig war ich auf der Suche nach kleineren, etwas handfesteren Aufgaben bei lokalen Tech-Start-ups in Los Angeles. Im März lernte ich Jared Krause kennen – ein frecher, witziger, wortgewandter Unternehmer und obendrein wie ich Absolvent der NYU. Er hatte große Pläne für eine bahnbrechende Online-Plattform, die es den Menschen ermöglichte, alle Arten von Waren und Dienstleistungen einfach zu tauschen, und er hatte auch schon ein erstes privates Investment aufgetan. Ja, es gab andere Tausch-/Handelsplattformen, aber keine von ihnen nutzte künstliche Intelligenz, um Nutzer auf der Basis gemeinsamer Interessen und geografischer Lage zusammenzubringen.

Ich begann sofort mit der Arbeit an dem Projekt, während ich gleichzeitig meinen Vollzeitjob in einem Unternehmen, eine Scheidung und den Kindergarteneintritt meines Sohnes unter einen Hut brachte. Etwa sechs Monate später hatten wir die Geschäftsanforderungen, eine Projekt-Roadmap, die Informationsarchitektur und etwa 50 % der UX-Wireframes fertiggestellt. Unser Nutzenversprechen war im Grunde, dass es das »OkCupid für Tauschgeschäfte« sein würde, oder, in Jareds Worten, »eine Dating-Site für deinen ganzen Krempel«. Die große Idee war, dass Kunden Listen mit all den Dingen erstellen konnten, die sie anzubieten hatten, und mit all den Dingen, die sie haben wollten. Dann würde der Backend-Algorithmus die passenden Leute zusammenbringen. Das Projekt war ehrgeizig und kompliziert.

Eines Tages, zu Beginn eines Wireframe-Review-Anrufs, sagte mir Jared, ich solle aufhören, an der UX zu arbeiten. Stattdessen sollte ich den New-York-Times-Bestseller *The Lean Startup* von Eric Ries lesen.[3] Kurz danach hörte ich mir zwei Tage lang die Audioversion an, während ich in Pasadena auf den Arroyo-Seco-Trails wanderte.

Eines der Dinge, die mich wirklich beeindruckt haben, war, wie Ries' einfache Bauen-Messen-Lernen-Feedbackschleife (Build – Measure – Learn, siehe Abbildung 7.4) auf die Produktstrategie angewendet wird. Die Schleife beginnt mit einer Idee, die schnell in ein oder mehrere Minimum Viable Products (MVPs) umgesetzt werden kann, wie in Kapitel 2 beschrieben. Dieses Produkt muss, wenn es potenziellen Kunden gezeigt wird, messbare Daten in Form von Feedback erzeugen. Sie lernen dann aus diesem Feedback und verbessern die Idee weiter.

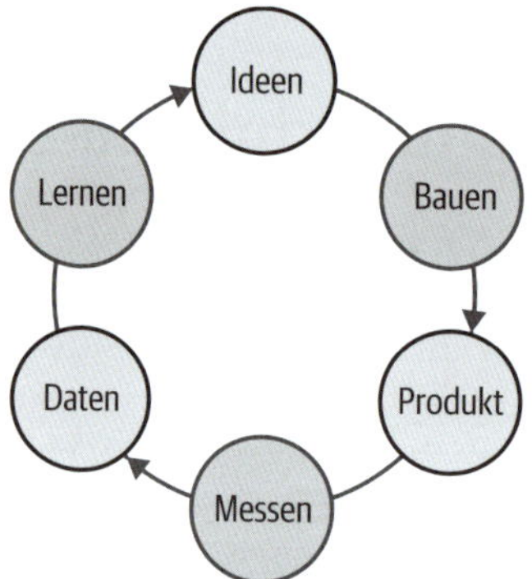

Abbildung 7.4: Die Bauen-Messen-Lernen-Feedbackschleife aus dem Buch »The Lean Startup« von Eric Ries

Die Prinzipien von *Lean Startup* waren wie ein Weckruf für mich und ich sah zwei unangenehmen Realitäten ins Auge. Die erste war, dass Jareds und meine Vorgehensweise für das Produkt dringend geändert werden musste. Das bedeutete, dass ich eine Menge harter UX-Arbeit wegwerfen oder beiseitelegen musste. Die zweite Realität war, dass meine Praxis der UX-Strategie und Design-Methodik, die auf dem traditionellen Wasserfallmodell der Software-Entwicklung basierte, nun veraltet war. Die Regeln hatten sich komplett geändert:

- Nicht mehr an UX-Strategiephasen arbeiten, die auf eine große 1.0-Einführung ausgerichtet waren. Jetzt musste ich planen, kleine inkrementelle

3 Ries, Eric: *Lean Startup: Schnell, risikolos und erfolgreich Unternehmen gründen [Lean Startup]*, München: Redline Verlag, 2014.

Vorstufen (MVPs) zu erstellen, die verschiedene Aspekte der Produktstrategie zum Ausdruck bringen sollten.

- Nicht mehr isoliert arbeiten und dann die Dokumentation einfach an das Team (Stakeholder, Entwickler, Designer) weitergeben. Jetzt musste ich kontinuierlich mit ihnen zusammenarbeiten und Strategien entwickeln, um sicherzustellen, dass das Produkt so schnell wie möglich veröffentlicht wurde.
- Kein Daumen mehr drücken und hoffen, dass die Kunden das Produkt lieben würden, nachdem es hergestellt war. Jetzt musste ich darauf bestehen, dass meine Kunden mich Experimente auf dem Weg durchführen ließen, um die Schlüsselfunktionen zu testen, die die Essenz des Nutzenversprechens darstellten.

Mitten im Projekt unseren Prozess zu ändern, war sehr stressig. Außerdem waren Jareds Investoren frustriert und wollten echte Beweise für den potenziellen Erfolg unseres Produkts. Die große Frage, die uns immer wieder gestellt wurde, war: »Warum sollte jemand auf einen lohnenswerten Tausch seines alten Laptops warten, wenn er ihn einfach auf Craigslist verkaufen und das Geld dann für alles Mögliche ausgeben kann?« Jared und ich mussten sofort anfangen, mit einem MVP zu experimentieren, um zu zeigen, dass unsere utopische Vision nicht vom Planeten Utopia stammte.

Die Herausforderung bestand darin, einen Ausschnitt der UX zu isolieren, der das Nutzenversprechen wirklich testen würde. Jared war zuversichtlich, dass seine eigenen unkonventionellen Marketingtechniken genug Leute auf die Landingpage bringen würden. Dennoch brauchten wir einen Ort, an dem sie landen konnten, der sofort Sinn machte und sich nicht wie ein leeres Einkaufszentrum anfühlte.

Das erste Experiment sollte herausfinden, ob Tauschgeschäfte dann wahrscheinlicher sind, wenn die Person, die etwas zu tauschen hat, offen für eine Vielzahl von angemessenen Angeboten ist oder wenn sie im Tausch einen bestimmten Gegenstand haben möchte. Um dies herauszufinden, mussten wir die Tauschgeschäfte schnell abwickeln. So kam Jared auf die Idee, einen Tausch pro Tag ins Rampenlicht zu rücken und ihn zu etwas zu machen, das für unser vermutetes Kundensegment sehr attraktiv war. Dies würde die Chancen erhöhen, mehr Gebote für die Tauschartikel zu bekommen, und vielleicht sogar zu einer erfolgreichen Transaktion führen.

Der schwierigste Teil war, zu bestimmen, wie der Prototyp einen rudimentären Handel auf dem Frontend ermöglichen würde, ohne dass die Entwickler auf dem Backend Code schreiben und/oder eine Datenbank einrichten mussten. Wir mussten uns auf die genaue Wertinnovation konzentrieren, die für TradeYa die Möglichkeit war, etwas zu bekommen, das man wollte, ohne Geld dafür zu bezahlen. Wir brauchten Leute, die sich auf das Tauschen von Gütern mit Fremden einlassen wollten. Nach intensiver Diskussion entschieden Jared und ich, dass, wenn Craigslist perfekt funktioniert hatte, ohne dass die Benutzer ein Konto haben mussten, dies auch für unseren TradeYa-Prototyp gelten könnte. Infolgedessen strich ich die gesamte Personalisierung und die transaktionalen Wireframes – keine Benutzerprofile, Warenkörbe oder Benutzerbewertungen. Das MVP brauchte das einfach nicht.

Jared und ich saßen ein ganzes Wochenende zusammen und erstellten in dieser Zeit die gesamte notwendige UX-Dokumentation für die Entwickler. Am darauffolgenden Mittwoch war der »Trade of the Day« (Tausch des Tages) geboren. Abbildung 7.5 zeigt die Site-Maps der ursprünglichen TradeYa-Vision und des ersten MVP, nachdem wir auf Lean umgestiegen sind. Abbildung 7.6 zeigt die Homepage-Wireframes vor und nach dem Umstieg auf Lean.

Schon ein kurzer Blick in die UX-Dokumentation macht deutlich, wie sehr sich das Produkt von fett in schlank verwandelt hatte. Einer der Hauptgründe, warum wir dies erreichen konnten, ist, dass Jared jeden Tausch manuell durchführte. Er half dabei, die Tauschlogistik per E-Mail zwischen den Parteien abzustimmen, koordinierte Zeiten für den persönlichen Austausch und fungierte sogar als Vermittler – beispielsweise durch seine Anwesenheit vor einem 7-Eleven – um sicherzustellen, dass alles reibungslos ablief.

Aber dann intensivierte Jared das Experiment. Er bestand darauf, dass jeder im Team – Investoren, Entwickler, Designer ... wir alle – dies testen mussten, indem wir Waren oder Dienstleistungen zum Tauschen anboten, bis jeder von uns einen erfolgreichen Tausch abgeschlossen hatte. Ich hatte nicht geplant, mir die Hände so schmutzig zu machen! Ich hatte keine alten Sofas oder Computer, die ich tauschen wollte (oder musste). Also entschied ich mich, meine UX-Fähigkeiten einzutauschen (siehe Abbildung 7.7). Mein Tauschangebot waren zwei Stunden meiner UX-Beratungszeit über Skype. Ich war offen für Angebote, suchte aber auch gezielt nach jemandem, der mir bei der sehr speziellen Aufgabe helfen konnte, nämlich einige alte Flash-Animationen in YouTube-Videos zu konvertieren

Es war beängstigend und machte doch Spaß. Und außerdem war es wirklich wie unser ursprüngliches Nutzenversprechen: eine Dating-Site für all Ihren Krempel. Innerhalb von 24 Stunden nahm ich ein Tauschangebot von Edward an, einem digitalen Berater aus Portland. Das war der Zeitpunkt, an dem ich mit ganzem Herzen eins und eins zusammengezählt hatte. Ich hatte aus erster Hand erfahren, dass das Nutzenversprechen sehr nahe an dem von OkCupid lag. Der Handel war erfolgreich. Edward lud meine Zeichentrickserie auf YouTube hoch und ich schulte ihn darin, wie man in Portland Arbeit im Bereich UX bekommen konnte.

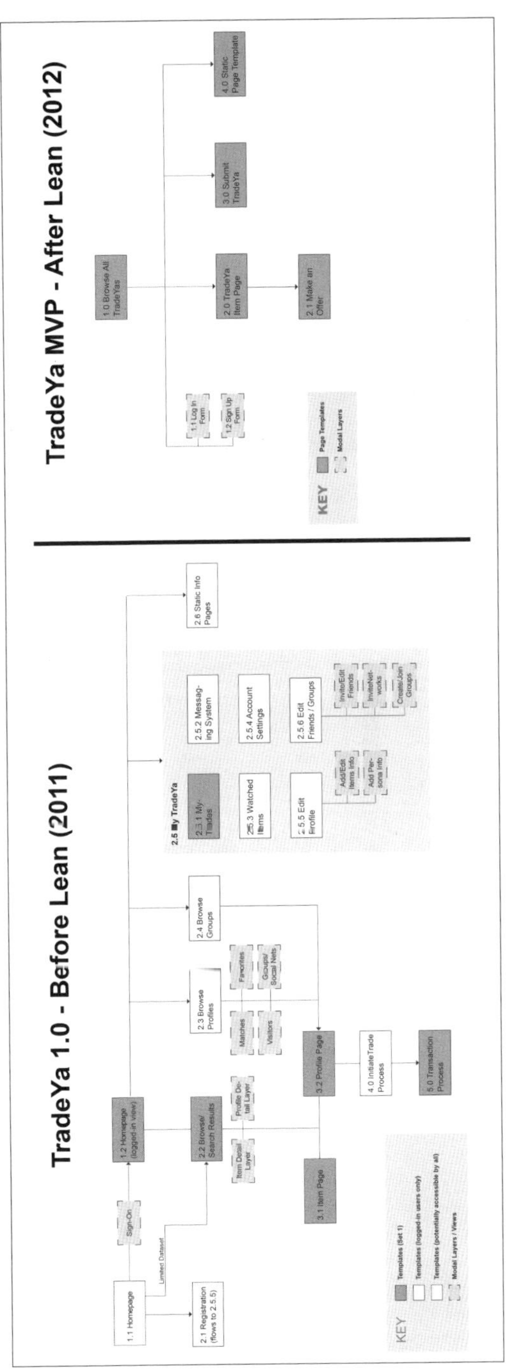

Abbildung 7.5: TradeYas Site-Map vor und nach dem Umstieg auf Lean

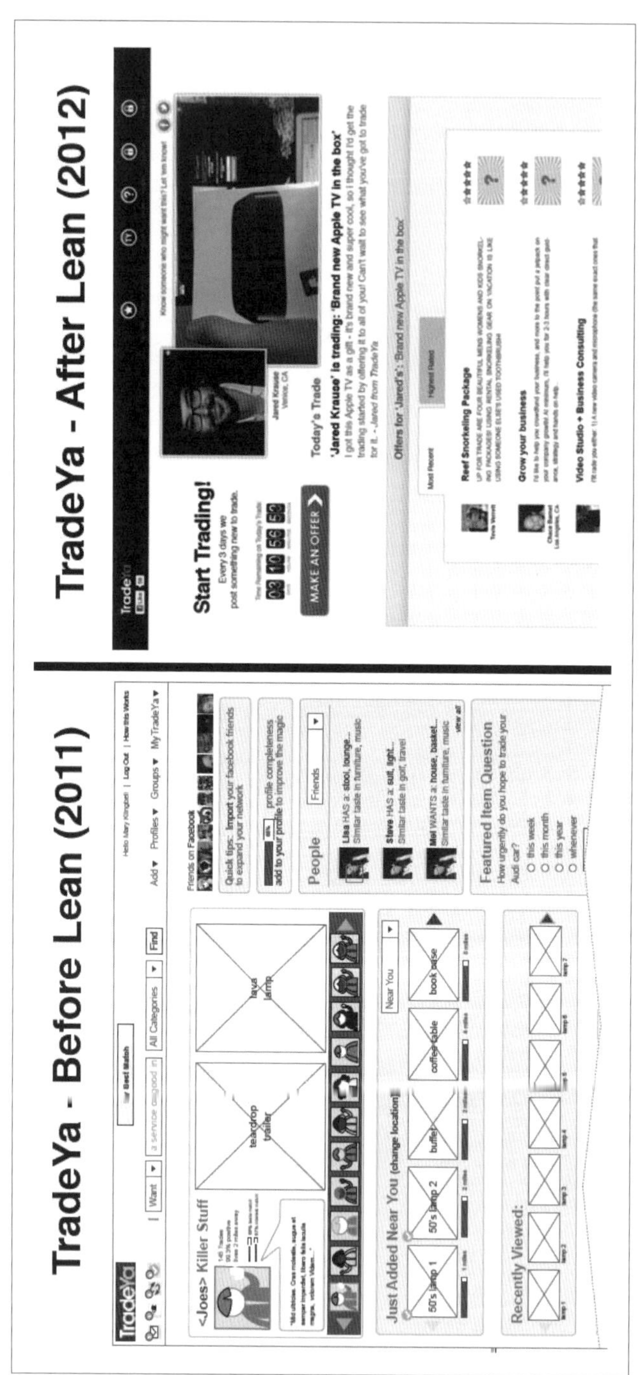

Abbildung 7.6: Die Homepage von TradeYa vor und nach dem Umstieg auf Lean

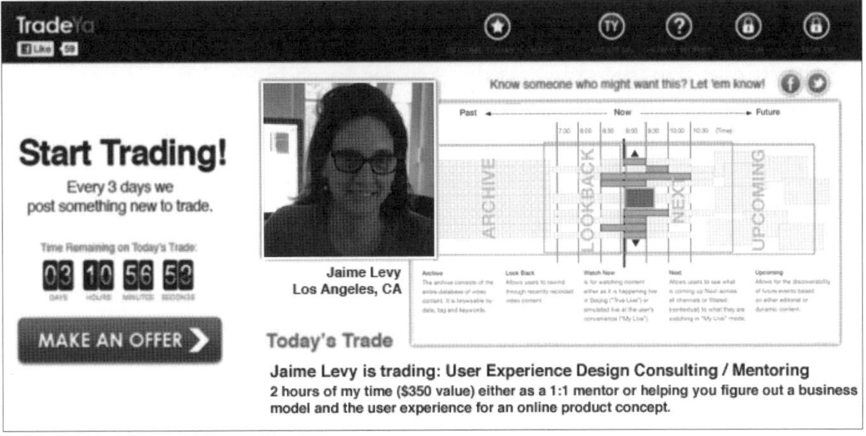

Abbildung 7.7: Mein eigener »Trade of the Day« auf TradeYa

Ich vermittelte ihm sogar ein Vorstellungsgespräch. Die gesamte User Journey war ziemlich magisch. Unser Handel war mehr wert als Papiergeld, weil wir beide so viel von dem Austausch unserer Fähigkeiten profitiert haben, ohne dass einer von uns ein W-9-Formular[4] ausfüllen musste. Den Investoren gefiel, was sie sahen, und so konnten wir weiter experimentieren, mit dem ultimativen Ziel der Validierung des Nutzenversprechens.

Heutzutage Experimente definieren

Durch das TradeYa-Projekt und die Arbeit mit Jared bekam ich wirklich eine gute Dosis der »experimentellen Denkweise« mit, über die Clayton Christensen im Eingangszitat dieses Kapitels spricht. Ich liebte es, dass Geschäftsideen mit minimalem Programmieraufwand getestet werden konnten. Es hatte sogar etwas von einem Punkrock-Ethos, bei dem man ein rohes Konzept nimmt und es rausschmettert, um zu sehen, wie die Leute reagieren. Ich entdeckte auch, dass Split-Test-Experimente ein legitimer Weg waren, um Diskussionen mit Stakeholdern oder Teammitgliedern abzukürzen, indem ich einfach vorschlug: »Vielleicht habe ich recht, vielleicht hast du recht. Lass uns beide Ideen testen, um das herauszufinden!«

Aber lassen Sie uns einen Schritt zurücktreten und uns daran erinnern, was genau ein Experiment ist. Der Zweck eines Experimentes ist, eine Hypothese zu testen, um sie auf der Grundlage messbarer Ergebnisse zu akzeptieren oder zu verwerfen. Experimente sind vielfältig und können in einem Labor oder im

4 »Form W-9«, *Wikipedia*. *https://en.wikipedia.org/wiki/Form_W-9*

Feld durchgeführt werden. Sie können mit oder ohne Kontrollgruppe durchgeführt werden, um Vergleiche anzustellen. Sie können, je nach Budget, groß oder klein sein. Unabhängig von der Art des Experiments geht es immer darum, eine Variable zu testen. Diese Variable ist jedes Element, jeder Faktor oder jede Bedingung, die Sie kontrollieren oder verändern können. Bei der Beobachtung der Variablen in den Experimenten suchen Sie nach einer Beziehung zwischen Ursache und Wirkung und Sie führen das Experiment für eine endliche Zeitspanne durch, weil Sie messen und empirisch erfassen wollen, was passiert, wenn sich die Variable ändert.

Das klingt wahrscheinlich sehr wissenschaftlich. Kommen wir also zurück zu Säule 1: Geschäftsstrategie und Säule 3: Validierte Nutzerforschung. Ein Experiment für ein Nutzenversprechen beginnt mit einer Hypothese. Der Unterschied zwischen einer Annahme und einer Hypothese ist oft nicht deutlich. Denken Sie zurück an Kapitel 3 und rufen Sie sich in Erinnerung, dass eine Annahme etwas ist, von dem Sie vermuten, dass es wahr ist, wie z. B.: »Die meisten Millennials in Brooklyn lieben veganes Eis.« Eine Hypothese ist auch etwas, von dem man annimmt, dass es wahr ist, aber sie ist eindeutig formuliert, sodass sie getestet werden kann. Oder wie Eric Ries in *The Leader's Guide* erklärt: »Eine falsifizierbare Hypothese ist eine Vorhersage, die konkret und spezifisch genug ist, dass sie logisch gesehen falsch sein könnte.«[5] Zum Beispiel: »Mehr als 75 % der Millennials in Brooklyn lieben veganes Eis, weil sie glauben, dass es besser für die Umwelt ist.« Wir können diese Hypothese testen, indem wir 100 Millennials in Brooklyn, die veganes Eis essen, fragen, warum sie es lieben. Sobald Sie eine Hypothese haben, ist es an der Zeit, sich die wirtschaftlichste und effizienteste Methode für die Erfassung von Daten auszudenken, die Ihre Theorie beweist oder widerlegt.

Begrifflichkeiten für Experimente

Viele Arten von Experimenten werden mit Schlag- oder Modewörtern versehen. Leute erfinden ständig Begriffe für Dinge, die oft schon einen Namen haben. Manchmal gibt es ein wenig Variation in der Bedeutung, was nur zu weiterer Verwirrung führt. Jedoch haben sich einige Begriffe durchgesetzt, und ich habe hier eine Liste von Begriffen zusammengestellt, die sich auf die Durchführung von Experimenten mit Nutzenversprechen beziehen:

Concierge

Dies ist ein französisches Wort, das im Wesentlichen Pförtner bedeutet. Die Aufgabe eines Concierge in einem Hotel oder einem Wohngebäude ist es, dafür zu sorgen, dass die Kunden (Mieter, Gäste, wer auch immer)

---

5 Ries, Eric: *The Leader's Guide*, Audible Originals, 2019.

ein reibungsloses Erlebnis haben, sobald sie das Gebäude betreten. Concierge-MVPs oder -Prototypen versuchen, einen Aspekt der Kundenerfahrung ohne die Schnittstelle zu simulieren. Sie zielen auch darauf ab, dass der Benutzer während der Interaktion mit dem Prototyp dies mit so wenig Reibung wie möglich tut. Wenn Sie nicht die Zeit oder die Ressourcen haben, ein Backend zu erstellen, ist es der richtige Weg, das Backend durch ein menschliches Element zu ersetzen. Das ist genau das, was Jared tat, als er auf TradeYa quasi als Concierge die Transaktionen manuell vermittelte.

Wizard of Oz
Die digitale Produktsimulation geht eigentlich auf ein Experiment mit künstlicher Intelligenz zurück, das J. F. Kelley 1983 bei IBM durchführte. Kelley beschrieb das, was er das *OZ-Paradigma* nannte, als »eine experimentelle Simulation, bei der den Teilnehmern der Eindruck vermittelt wird, dass sie mit einem Programm interagieren, das Englisch so gut versteht, wie es ein anderer Mensch tun würde. Der Versuchsleiter, der als Wizard, als Zauberer, agiert, fängt heimlich die Kommunikation zwischen Teilnehmer und Programm ab und liefert bei Bedarf Antworten und neue Eingaben.«[6] Beim Testen von Produktkonzepten interagieren die Teilnehmer mit einem Produkt, von dem sie glauben, dass es voll funktionsfähig ist, das aber in Wirklichkeit von einem unsichtbaren menschlichen Bediener gesteuert wird. Im Gegensatz zum Concierge wissen die Kunden nicht, dass hier ein Mensch beteiligt ist.

Smoke-Test
Mit dieser Methode wird ermittelt, ob es eine ausreichende Kundennachfrage für ein bestimmtes Nutzenversprechen gibt, sodass die Produkthersteller die Herstellung des eigentlichen Produkts oder der Dienstleistung rechtfertigen können. Der Begriff stammt aus der Hardware-Entwicklung, als Ingenieure prüften, ob nach dem ersten Einschalten Rauch aus einer Platine aufsteigt. Grundsätzlich dient der Smoke-Test dazu, offensichtliche Unzulänglichkeiten in einem Produkt oder Produktkonzept aufzuspüren, um zu vermeiden, dass etwas freigegeben wird, das zum Scheitern verurteilt ist. Das Besondere an Smoke-Tests ist, dass sie nicht das gesamte Kundenerlebnis simulieren. Sie messen das Kundeninteresse, indem sie festhalten, wie oft ein Button angeklickt wird, oder indem sie Anmeldeinformationen sammeln, was den Kunden jedoch nirgendwohin oder zu einer »Kommt demnächst«-Seite führt. Der Kunde erhält nicht

6 Kelley, J. F.: »An Empirical Methodology for Writing User-Friendly Natural Language Computer Applications«, in: *Proceedings of ACM SIG-CHI '83 Human Factors in Computing Systems*, Boston, 12.–15. Dezember 1983.

das eigentliche Produkt oder die Dienstleistung. Ein Beispiel für einen Smoke-Test ist ein Landingpage-Experiment, das Sie in Kapitel 9 sehen werden.

Erklärvideo
: Dieses Kurzvideo bzw. die Animation erklärt die Vorteile des Produkts. Sie finden sie auf Landingpages von Unternehmen, YouTube oder Crowdfunding-Plattformen wie Kickstarter und Indiegogo. Sie sollen Investoren anlocken, Kapital auftreiben, die Attraktivität des Produkts testen und Nutzer akquirieren. Auf eine erfolgreiche Unterstützung deutet die Anzahl der potenziellen Kunden hin, die ihre E-Mail-Adresse oder andere persönliche Informationen angeben.

Mechanischer Schachspieler/Schachtürke
: Im Jahr 1770 führte der Erfinder Wolfgang von Kempelen der Kaiserin von Österreich seinen Schachautomaten vor, der jahrzehntelang durch Europa tourte, Schach spielte und Herausforderer wie Napoleon Bonaparte und Benjamin Franklin besiegte.[7] Was die Benutzer nicht wussten, war, dass sich im Inneren der Maschine ein Schachmeister befand. Die Benutzer spielten also gegen *ihn* und nicht gegen *es*, die Maschine. Wenn heute jemand sagt, dass er ein Produkt »mechanisch türken« will, bedeutet das in der Regel, dass er ein Frontend mit einem menschengesteuerten Backend baut, um ein komplexes digitales Produkt manuell zu simulieren. Sie könnten dies mit Amazons Mechanical Turk tun, das ihnen Zugang zu einer vielfältigen und skalierbaren Belegschaft für das Outsourcing von Mikroaufgaben gibt. Es ist wie eine Crowdsourcing-Version des *Wizard of Oz-MVP*.

Rapid Prototyping zur Validierung des Nutzenversprechens

Experimente zum Testen von Nutzenversprechen sollen nicht lange dauern und Sie brauchen keine voll funktionsfähige Website oder App, um sie durchzuführen. Hier kommen Prototypen ins Spiel. Es gibt viele Experten- oder Pseudo-Expertenmeinungen zum Thema Prototyping. Ich möchte mit Ihnen das teilen, was für mich in den letzten 30 Jahren bei der Verwendung von Prototypen zum Testen der Produktstrategie funktioniert hat. Lassen Sie uns zu Beginn einige grundlegende Konzepte auspacken.

---

7 »Schachtürke«, *Wikipedia*. *https://de.wikipedia.org/wiki/Schachtürke*

Laut *Oxford English Dictionary* ist das Wort *prototype* fast 500 Jahre alt und stammt vom lateinischen *prototypum*.[8] Die Definition des Wortes hat sich mit dem technologischen Fortschritt weiterentwickelt und bedeutet »eine vorläufige Version, die in kleinen Stückzahlen zur Evaluierung hergestellt wird oder aus der verbesserte oder modifizierte Versionen entwickelt werden können«.

Ein digitaler Prototyp ist ein Proof of Concept, der es Ihnen ermöglicht, die Lösung zu testen, bevor Sie sie vollständig erstellen. Er sollte den Benutzer mit der endgültigen Erfahrung vertraut machen, die Sie zu schaffen versuchen. Er muss nicht unbedingt animiert oder interaktiv sein. Er kann billig, schnell, aufwendig oder langsam produziert werden. Er kann für verschiedene Zwecke verwendet werden, z.B., um die Zustimmung der Führungsetage zu erhalten oder um Feedback von zukünftigen Kunden zu bekommen.

Prototypen können verwendet werden, um die allgemeine Machbarkeit oder Nutzbarkeit eines Produkts zu testen. Sie ermöglichen es uns, große und kleine Ideen zu iterieren, zu überprüfen und zu verfeinern. Weitere Informationen zum Prototyping finden Sie in *Prototyping for Designers* von Kathryn McElroy.[9]

Was ist Rapid Prototyping?

Der Begriff Rapid Prototyping stammt aus der Fertigungsindustrie. In der Fertigung wird Rapid Prototyping verwendet, um ein Produkt oder Teil zu testen, bevor es in größeren Mengen hergestellt wird. In ähnlicher Weise haben digitale Produktdesigner Rapid Prototyping als eine schnelle und kostengünstige Möglichkeit übernommen, eine funktionierende Version ihres Produkts zu bauen und zu testen.

Der Prototyp ist nicht das finale Produkt, auch wenn er die zukünftigen Konstrukteure informieren, inspirieren oder ärgern kann.

Das »rapid« in Rapid Prototyping impliziert, dass diese Art von Prototyping schnell ist. Der Zeitrahmen für die schnelle Erstellung eines Prototyps – d.h. Tage statt Wochen oder Monate – hangt von zwei Dingen ab: dem Umfang des Projekts und der Größe des Teams. Für schnelle Prototypen ist nicht notwendigerweise das Schreiben von Code erforderlich. Der Schlüssel liegt in der Verwendung eines einfach zu erlernenden Prototyping-Tools, damit Sie Ihre Zeit mit der Erstellung des Prototyps und nicht mit der Beherrschung eines neuen Tools verbringen. Außerdem sind ein Storyboard (aus Kapitel 6) und ein Entwurf des Prototyps, auf die ich gleich komme, von entscheidender Bedeutung, damit Sie Ihre Zeit planen und sich auf das Prototyping der wichtigsten Funktionen konzentrieren können.

---

8 »prototype«, *Oxford English Dictionary Online. https://oreil.ly/Kjztk*

9 McElroy, Kathryn: *Prototyping for Designers*, Sebastopol, CA: O'Reilly, 2017.

Im Kasten finden Sie eine Liste von Tools, die 2021 häufig für das Prototyping verwendet werden.

Ein paar beliebte Tools für Rapid Prototyping

Bitte beachten Sie, dass sich diese Liste auf kostengünstige bis kostenlose Tools konzentriert, die Wireframing beinhalten, einfach zu erlernen sind und häufig von Agenturen und Unternehmen verwendet werden.

Adobe XD (www.adobe.com/products/xd.html)
: Ein kollaboratives Tool, mit dem Sie und Ihr Team High-Fidelity-Designs für Websites, mobile Apps, Sprachschnittstellen, Spiele und mehr erstellen können. Es gibt eine Reihe von UI-Kits, die online verfügbar sind, um Ihnen den Einstieg zu erleichtern.

Figma (www.figma.com)
: Eine Desktop-App und browserbasierte Design-, Prototyping- und Code-Generierungsplattform für die Online-Zusammenarbeit, ohne dass Sie zwischendurch installieren, speichern oder exportieren müssen. Sie nutzt Vektornetzwerke, um die einfache Erstellung komplexer Icons und Designs zu ermöglichen.

Sketch (www.sketch.com)
: Ein vektorbasiertes Design-Tool für macOS mit Tausenden von Toolkits und Plugins, die online verfügbar sind. Sie können damit High-Fidelity-Mockups erstellen, Ihren Prototyp bauen, mit Ihrem Team zusammenarbeiten und Ihre Arbeit mit Kunden teilen.

InVision Cloud (www.invisionapp.com)
: Ein Tool, mit dem Sie vorhandene High-Fidelity-Comps in einen Prototyp umwandeln können. Sie können die Bilder hochladen, sie mit Hotspots miteinander verknüpfen und einfach auf einem mobilen Gerät zur Validierung mit Kunden teilen. Es ist auch einfach, Kommentare und Versionen zu erfassen.

Balsamiq (https://balsamiq.com)
: Ein schnelles Low-Fidelity-Wireframing-Tool, das die Erfahrung des Skizzierens auf einem Notizblock oder Whiteboard reproduziert. Es enthält Hunderte von Interaktionsmustern und Symbolen für die schnelle Erstellung von Mockups für Websites, Desktop-Apps und mobile Anwendungen.

Was bedeutet Rapid Prototyping für die Validierung des Nutzenversprechens?

Wie in Kapitel 3 erläutert, besteht der Hauptzweck eines Nutzenversprechens darin, die Vorteile zu kommunizieren, die der Kunde von Ihrem Angebot erwarten kann. Das Nutzenversprechen von Airbnb ist zum Beispiel »ein Online-Community-Marktplatz, auf dem Menschen Unterkünfte auf der ganzen Welt veröffentlichen, entdecken und buchen können«. Die Gründer validierten ihr anfängliches Nutzenversprechen, indem sie eine einfache Website nutzten, um Luftmatratzen in ihrer eigenen Wohnung zu vermieten, um zu sehen, ob dies etwas ist, das die Leute nützlich finden würden.

Aus diesem Grund ist es für die Produktstrategie wichtig, dass sich ein Prototyp auf die wichtigsten Funktionen des Nutzenversprechens konzentriert. Wir versuchen herauszufinden, ob die Funktionalität, von der wir glauben, dass sie unser Produkt einzigartig macht, potenziellen Kunden einen echten Wert, einen echten Nutzen bietet. Das ist viel wichtiger als Erkenntnisse darüber, ob das Design hübsch oder das Produkt einfach zu bedienen ist. Denn nichts von alledem wird von Bedeutung sein, wenn der Zielkunde nach dem Betrachten des Prototyps keinen Bedarf an dem Produkt äußert. Daher sind dies also die entscheidenden Fragen, die unser Prototyp beantworten muss:

1. Löst die Lösung das Problem oder die wichtigsten Pain Points, die der Zielkunde geäußert hat?
2. Findet der Zielkunde die Schlüsselfeatures wertvoll?
3. Würde der Zielkunde für das Produkt bezahlen oder es auf eine Weise nutzen, die sich monetarisieren lässt?

Die Antworten auf die Fragen 1 und 2 helfen uns bei der Validierung unseres Nutzenversprechens. Die Antwort auf Frage 3 hilft, unser Geschäftsmodell zu validieren. Dieser Prozess wird manchmal als *Konzeptvalidierung* oder *Test des Geschäftsmodells* bezeichnet. Er beruht auf der Durchführung von Experimenten mit einem MVP, das realistisch genug ist, um genaues Kundenfeedback zu erhalten.

Aus diesem Grund befürworte ich die Verwendung von High-Fidelity-Prototypen, um die Produktstrategie festzulegen. Fidelity bezieht sich auf den Grad der visuellen Details und der Funktionalität. Das Problem mit einem Low-Fidelity-Prototyp ist, dass er von den Versuchsteilnehmern viel Vorstellungskraft erfordert. Wenn Sie wichtige Details wie z.B. realistische Inhalte weglassen, riskieren Sie die Ablehnung einiger Teilnehmer, weil sie nicht verstehen können, was sie sehen.

Vier Schritte zum schnellen Prototyping eines Nutzenversprechens

In Kapitel 6 habe ich erläutert, warum Sie sich auf die wichtigsten Merkmale konzentrieren und ein Narrativ aus der Sicht des Benutzers entwerfen müssen. Nun werden Sie Ihr Storyboard als Ausgangspunkt für die Erstellung eines Prototyps verwenden, der für Experimente genutzt werden kann. Diesen Prototyp werden wir dann für qualitative und quantitative Untersuchungen verwenden. In Kapitel 8 werden wir ihn mit Online-Teilnehmern über Videokonferenzplattformen freigeben. In Kapitel 9 werden wir Bildschirme des Prototyps verwenden, um Grafiken für Landingpage-Experimente zu entwickeln.

Auch wenn Sie kein erfahrener Designer sind, können Sie lernen, schnell Prototypen zu erstellen. Ich unterrichte seit Jahren an der University of Southern California (USC) einen UX-Strategie-Kurs für Ingenieurstudierende auf Hochschulniveau. Selbst Studierende ohne Design-Erfahrung können großartige Prototypen erstellen. Tatsächlich werde ich in den nächsten beiden Kapiteln einige ihrer Arbeiten verwenden, um zu zeigen, wie schnelle Prototypen, selbst solche, die in weniger als 100 Stunden erstellt wurden, für Experimente in der Nutzerforschung verwendet werden können.

Damit dieser Prozess rapide verläuft, wollen wir keine Zeit damit verschwenden, etwas von geringem konzeptionellen Wert zu simulieren.

Darf ich Ihnen Jessica vorstellen, eine meiner Studentinnen und angehender UX-Rockstar? Ihr Nutzenversprechen ist eine mobile Anwendung für die Buchung von autonom fliegenden Shuttles. Ja, denken Sie an Blade Runner und Citymapper. An diesem Punkt ihres Prozesses hatte Jessica während ihrer Customer Discovery ihr Kundensegment der 20- bis 30-jährigen in Vollzeit beschäftigten Pendler aus LA validiert. Sie führte ihre Wettbewerbsforschung und -analyse durch und erfuhr, dass Uber Air ihr größter Konkurrent war. In Abbildung 7.8 sehen Sie Jessicas handgezeichnetes Storyboard, das veranschaulicht, wie die Kunden von ihrer Lösung profitieren würden.

Wie Sie sehen können, zeigt Jessicas Storyboard jemanden, der versucht, während der Hauptverkehrszeit zur Arbeit zu kommen. Sie widmet sich dann jedem einzelnen ihrer Schlüsselfeatures – dem Buchen von Kombinationen aus autonomen Air Shuttles und anderen Transportmitteln sowie der Verwendung von QR-Codes, um schnell und einfach einzusteigen. Das Zeichnen dieser Interaktionen half Jessica schnell zu verstehen, welche Art von Bildschirmen sie benötigen wird, ohne überhaupt einen Computer einzuschalten. Jessica verwendete dieses Storyboard als Ausgangspunkt für die Erstellung ihres Prototyps.

Um das zu erreichen, befolgte sie diese vier Schritte, die ich Ihnen im Detail erläutern werde:

1. Schreiben Sie einen Entwurf für den Prototyp.
2. Verwenden Sie Ihr Prototyping-Tool und organisieren Sie Ihre Ressourcen.
3. Entwickeln Sie alle Bildschirme Ihres Prototyps.
4. Bringen Sie die Dinge in Fluss.

Also krempeln Sie die Ärmel hoch, da es jetzt an der Zeit ist, dass Sie sich »Ihre Hände schmutzig machen«.

Abbildung 7.8: Jessicas handgezeichnetes Storyboard

Schritt 1: Schreiben Sie einen Entwurf für den Prototyp

Der erste Schritt ist, unser Storyboard-Narrativ zu erweitern. Werfen Sie einen Blick auf die Beschriftungen im Storyboard. Kopieren Sie dann die Beschriftungen, die Aktionen beschreiben, die auf Ihren Oberflächen stattfinden. Wahrscheinlich gibt es mehrere Funktionen oder ganze Oberflächen, die erstellt werden müssen, um von einem Panel zum nächsten zu gelangen. Wundern Sie sich also nicht, wenn Sie die Aktion in mehrere Bildschirme aufteilen müssen. Das Narrativ kann linear oder nichtlinear sein, je nachdem, was Ihre Hauptfeatures sind und ob sie immer nacheinander erlebt werden oder nicht. Es ist wichtig, Bildschirme zu zeigen, die es uns ermöglichen, entscheidende Fragen zu unseren Features, unserem Nutzenversprechen und unserem Geschäftsmodell zu stellen.

Hier ist das allgemeine Framework für die Bildschirme des Prototyps. Die Reihenfolge und Menge der Übergangsbildschirme sind flexibel, je nachdem, wie viele wichtige Funktionen Sie zeigen müssen.

Setup
: Typischerweise die Landingpage, der Startbildschirm oder das Benutzer-Dashboard.

Hauptfeature 1
: Wird typischerweise in ein bis drei Bildschirmen dargestellt und zeigt die wesentlichen Interaktionen der Wertinnovation.

Hauptfeature 2
: Wird typischerweise in ein bis drei Bildschirmen dargestellt und zeigt die wesentlichen Interaktionen der Wertinnovation.

Ergebnis
: Bildschirm(e), der/die das Ergebnis oder den Nutzen ausdrückt, wie das Produkt das Problem des Benutzers löst.

Preisstrategie (falls zutreffend)
: Hier werden die Kosten für die App, monatliche Gebühren, Verpackungskosten usw. angegeben. Wenn die Einnahmequelle des Produkts Werbung ist, sollten Sie überlegen, ob Sie Beispiele dafür, wie Werbung aussehen könnte, auf den entsprechenden Prototyp-Bildschirmen platzieren.

Verwenden Sie nun dieses Framework und schreiben Sie einen Entwurf der Benutzerinteraktionen auf und versuchen Sie, den wahrscheinlichen Bildschirm oder die Seite zu benennen, auf der die Aktion stattfinden wird. Dieser Entwurf bestimmt den Umfang Ihres Prototyps in Bezug auf die Anzahl der benötigten Bildschirme und die zu erstellenden Inhalte. Für diejenigen, die mit User Flows vertraut sind, ist dies ein ähnliches Konzept; wir beschreiben die Reise eines Benutzers durch unser Produkt. Der Unterschied besteht darin, dass der Prototyp eine begrenzte Funktionalität hat und wir möglicherweise einen verkürzten Weg durch unsere zentralen Features erstellen müssen.

Hier ist Jessicas Entwurf des Prototyps:

1. Home: Die Benutzerin öffnet die App und wird aufgefordert, ihr Ziel einzugeben.
2. Destination Details (Details zum Ziel): Die Benutzerin gibt ihre Geschäftsadresse ein und dass sie bis 8:45 Uhr ankommen muss, bevor sie auf »Check Routes« klickt.
3. Route Options (Routenoptionen): Der Benutzerin werden die schnellsten Routen, die landschaftlich reizvollsten Routen und andere Routen angezeigt, die sie rechtzeitig an ihr Ziel bringen werden. Die Benutzerin wählt die schnellste Route.
4. Route Overview (Routenübersicht): Die Benutzerin erhält eine Übersicht über ihre Reise, in der jeder Abschnitt, den sie zu Fuß, fliegend oder mit anderen öffentlichen Verkehrsmitteln zurücklegt, zusammen mit Preisinformationen angezeigt wird. Die Benutzerin tippt auf »Go«.
5. Walking Directions (Wegbeschreibung zu Fuß): Die Benutzerin erhält eine Wegbeschreibung zur nächstgelegenen Haltestelle, die sie Schritt für Schritt zum Ziel führt.
6. Air Pickup: Die Benutzerin erhält eine detaillierte Beschreibung, wie sie zum Abholpunkt des Air Shuttles gelangt.
7. Air Payment (Bezahlung der Flugstrecke): Die Benutzerin hat bereits eine Monatskarte und wählt diese auf diesem Bildschirm aus, indem sie »Use Your Monthly Pass« antippt.
8. Boarding Directions (Hinweise für das Boarding): Die Benutzerin benutzt den QR-Code am Scanner, um an Bord des nächsten ankommenden Air Shuttles zu gehen. Die Benutzerin verfolgt dann ihre aktuelle Position und wird daran erinnert, wann sie aussteigen muss.
9. Bus Directions (Wegbeschreibung für Busstrecke): Die Benutzerin steigt an einer Haltestelle in der Nähe eines Busbahnhofs aus. Nachdem sie den Anweisungen gefolgt ist, wie sie zu Fuß zur entsprechenden Bushaltestelle gelangt, erhält sie Informationen über den nächsten Bus und wann und wo sie aussteigen sollte.

Schritt 2: Verwenden Sie Ihr Prototyping-Tool und organisieren Sie Ihre Ressourcen

Erstellen Sie mit dem Prototyping-Tool Ihrer Wahl für jeden Bildschirm im Entwurf leere Artboards. Verwenden Sie das richtige Bildschirmverhältnis für das Gerät, auf dem Sie den Prototyp zeigen möchten (Desktop, Tablet oder Mobiltelefon). Jessica hat ihr Bildschirmverhältnis so gewählt, dass es auf ein Mobiltelefon für Pendler passt, die die App unterwegs nutzen.

Suchen Sie online nach kostenlosen UI-Kits von Elementen oder sogar ganzen Bildschirmen, um Ihr Prototyping zu beschleunigen. Suchen Sie nach Kits, die etablierte UX- und UI-Designmuster verwenden, damit Ihr Prototyp professioneller und realistischer aussieht. Schauen Sie sich die einzelnen UI-Kits an und notieren Sie sich alle Elemente oder Bildschirme, die für Sie hilfreich sein könnten. Laden Sie so viele relevante Assets wie möglich herunter. Organisieren Sie sie, damit Sie bei Schritt 3 leicht darauf zugreifen können.

Jessica fand einige coole UI-Kits, darunter auch solche, die sich speziell mit der Buchung von der Beförderung von Personen befassten (siehe Abbildung 7.9).

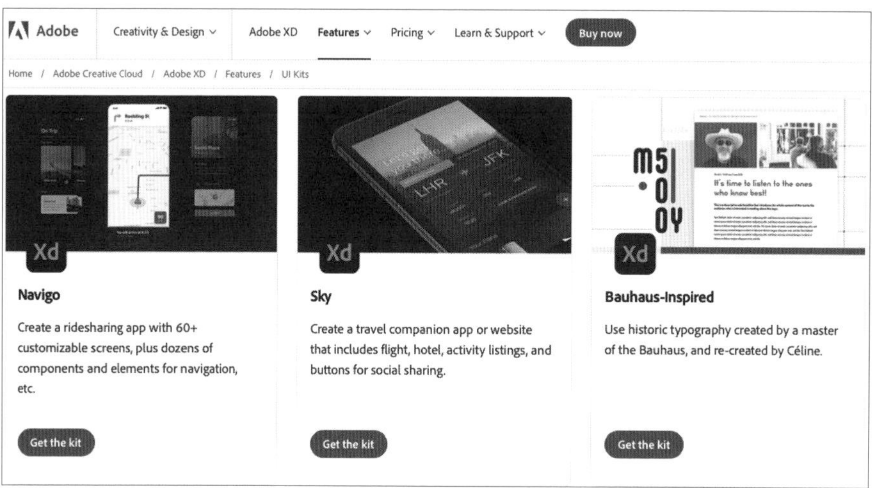

Abbildung 7.9: Beispiele für Adobe-XD-UI-Kits, die Jessica verwendet hat

Schritt 3: Entwickeln Sie alle Bildschirme Ihres Prototyps

Fügen Sie auf allen Artboard-Bildschirmen die UI-Elemente aus den ausgewählten UI-Kits ein, die funktionieren. Ordnen Sie die Elemente an und fügen Sie weitere grafische Elemente hinzu, damit die Benutzer ihre Aktion wie im Entwurf des Prototyps beschrieben ausführen können. Passen Sie die Farben, die Formatierung und die Schriftarten an, damit das Design stimmig wirkt. Vergleichen Sie Ihr Design mit relevanten Screens und Seiten von Mitbewerbern oder UX-Influencern, damit Sie nichts Wichtiges vergessen. Zeigen Sie die Vorschau des Bildschirms immer auf dem Gerät Ihrer Wahl an, damit die Grafik- und Textgrößen proportional korrekt sind. Fahren Sie dann mit dem nächsten Bildschirm fort, bis Sie alle Bildschirme Ihres Entwurfs fertiggestellt haben (siehe Abbildung 7.10).

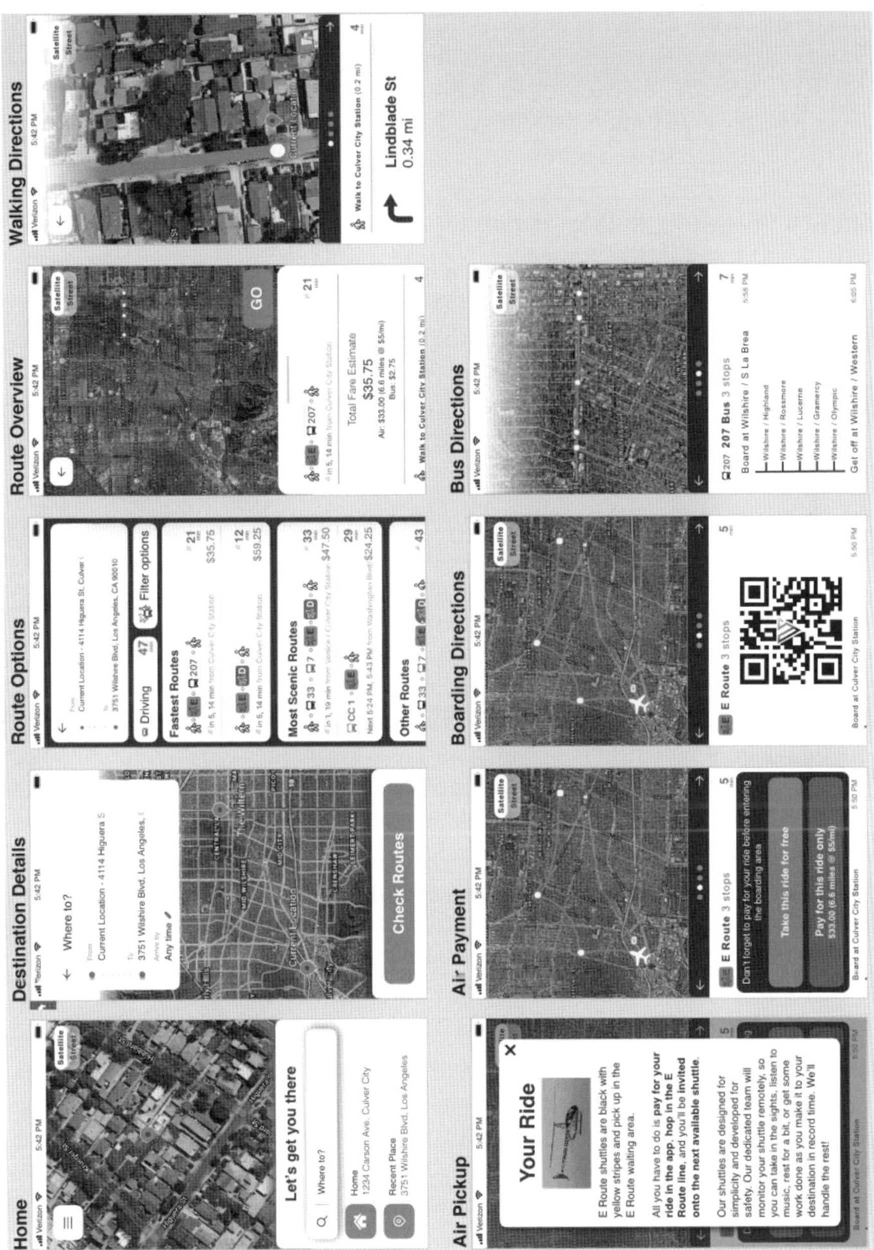

Abbildung 7.10: Jessicas Artboards für die Bildschirme ihres Prototyps

Nachdem sie die Elemente aus den ausgewählten UI-Kits eingefügt hatte, fügte Jessica ein paar zusätzliche Elemente hinzu und ergänzte fehlende Inhalte, wie z.B. Karten von Google Earth. Sie sorgte auch dafür, dass die UI-Elemente weniger generisch aussahen, indem sie sie an das von ihr gewählte Farbschema und die Schriftarten anpasste.

Schritt 4: Bringen Sie die Dinge in Fluss

Sobald Sie alle Bildschirme entworfen haben, ist es an der Zeit, zu überlegen, welche Animationen oder Interaktivität notwendig sind, damit die Besucher das Nutzenversprechen verstehen. Animationen können von einfachen Übergängen zwischen Bildschirmen und Dialogfenstern bis hin zu komplexen Simulationen einer E-Commerce-Transaktion reichen. Es kann sein, dass Sie einfach das Vorher und Nachher einer wichtigen Eigenschaft zeigen, damit Ihr Kunde sie versteht. Es kann auch sein, dass Sie nichts animieren müssen.

Das Gleiche gilt für die Interaktivität. Ich habe Monate damit verbracht, voll funktionsfähige Prototypen zu bauen, um sie den Stakeholdern zu zeigen, damit sie alle möglichen Funktionen sehen konnten, um ihre Zustimmung zu erhalten. Aber um ein Nutzenversprechen an Kunden zu testen, reicht es oft aus, sie von einem Bildschirm zum nächsten wischen zu lassen. Ich sage meinen Studierenden immer, dass das Logo den Benutzer zum ersten Bildschirm zurückbringen soll, falls Sie die Demo von vorne beginnen müssen. Dies kann auch nützlich sein, um nichtlineare Geschichten zu erzählen, bei denen der Benutzer zu einem Startbildschirm zurückkehren muss, um das nächste wichtige Schlüsselfeature zu erreichen. Veröffentlichen Sie Ihren Prototyp in der Cloud und testen Sie ihn, um zu überprüfen, ob die Benutzererfahrung reibungslos funktioniert. Eine weitere Abkürzung beim Rapid-Prototyping besteht darin, einen großen, fetten Hotspot auf den Rest des Bildschirms zu legen, damit die Demo vorwärtsläuft. Schau, Mama, keine Programmierung erforderlich (siehe Abbildung 7.11)!

Glückwunsch, Sie und Jessica haben Ihre Prototypen fertiggestellt! Sie haben nicht Tausende von Euros oder Wochen oder ein Team von Entwicklern gebraucht, um ihn fertigzustellen. Der nächste Schritt besteht darin, sicherzustellen, dass er leicht zugänglich ist, wenn Sie ihn mit einem potenziellen Kunden teilen. Dies kann persönlich auf einem Tablet oder Computer geschehen, aber auch online, wie Sie im nächsten Kapitel sehen werden.

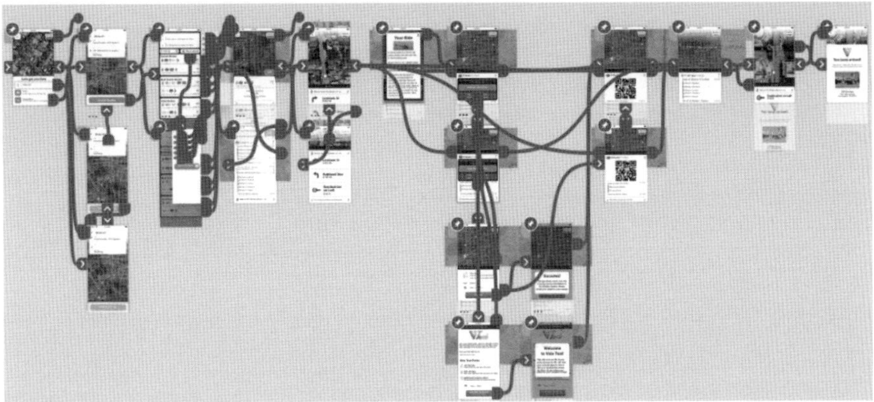

Abbildung 7.11: Überblick von Jessicas verknüpften Prototypen. Sie finden den vollständigen Prototyp unter https://adobe.ly/2XcL3OR.

Zusammenfassung

Die Moral dieses Kapitels ist: Vergeuden Sie weder Ihre Zeit noch Ihr Geld oder Ihre Bemühungen für ein Produkt, das noch nicht mit den avisierten Zielkunden getestet und validiert wurde. Tun Sie etwas, um das Erlebnis real zu ermöglichen, auch wenn das bedeutet, Dinge aus Ihrem eigenen Schlafzimmerschrank zu verkaufen.

In Kapitel 8 werden Sie Ihren Prototyp verwenden, um Ihre Zielbenutzer in eine Online-Nutzerstudie einzubeziehen und qualitatives Feedback zu sammeln. In Kapitel 9 werden Sie die Bildschirme Ihres Prototyps in einem Landingpage-Experiment verwenden und erfassen quantitative Daten.

Nutzerforschung online durchführen

Ergreif die Gelegenheit und geh aus Dir raus.
So verlier etwas Schlaf und sag, Du hast es probiert.
Reine Frustration von Angesicht zu Angesicht.
Ein Standpunkt erzeugt mehr Wellen.[1]

– Joy Division

Durch rasche Experimente können Sie Hypothesen über Ihr Nutzenversprechen und Ihr Geschäftsmodell sofort von den Benutzern selbst validieren lassen. Dieses Kapitel konzentriert sich auf Säule 3: Validierte Nutzerforschung (Abbildung 8.1) und darauf, wie Sie eine qualitative Forschungsstudie online durchführen. Sie werden den Prototyp aus Kapitel 7 verwenden, um mit offenem Herzen und Verstand der Wahrheit näherzukommen und wirklich zu hören, was Ihre potenziellen Kunden über Ihr Produkt fühlen und denken. Durch diese strukturierte Form der Nutzerforschung gewinnen Sie umsetzbare Erkenntnisse.

Abbildung 8.1: Säule 3: Validierte Nutzerforschung

1 Joy Division, »Autosuggestion«, *Earcom 2: Contradiction*, Fast Product, 1979.

Zeitleiste März 2020: Den Wahnsinn bewältigen

Die folgende Zeitleiste (Abbildung 8.2 bis Abbildung 8.4) stellt die dramatischen Ereignisse dar, wie sie sich in den USA zu Beginn der Covid-19-Pandemie abspielten. Neben anderen Dingen wurde ich durch diese Entwicklungen dazu gezwungen, schnell meine Praktiken bei der Durchführung von Nutzerforschung anzupassen, damit meine Studierenden in Sicherheit bleiben konnten.

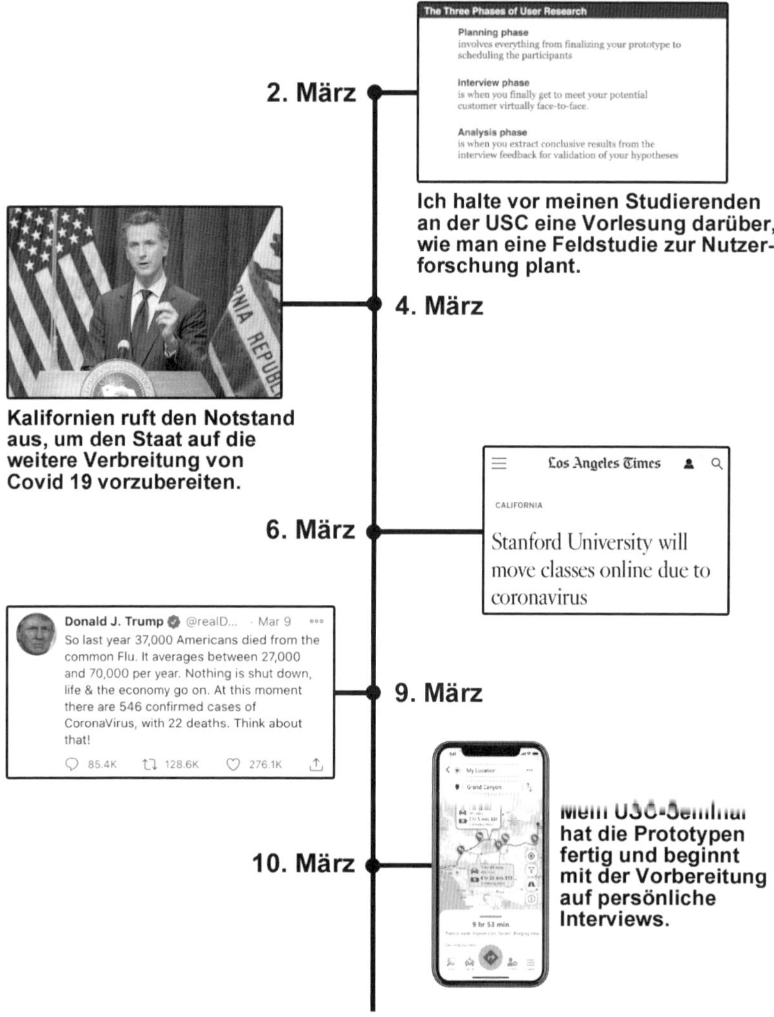

Abbildung 8.2: Zeitleiste für 2. März bis 10. März 2020

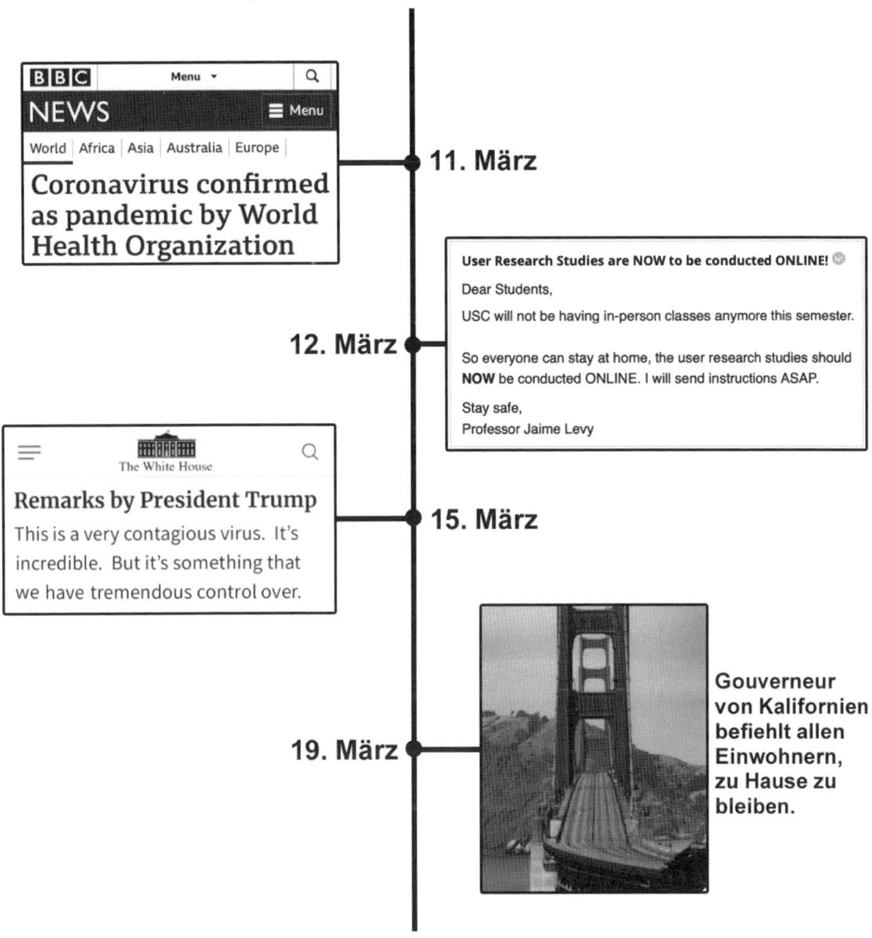

Abbildung 8.3: Zeitleiste für den Zeitraum 11. März bis 19. März 2020

Was lernen wir daraus?

- Selbst während einer großen Katastrophe können wir neue Wege finden, um die Dinge zu erledigen, wenn wir anpassungsfähig sind.
- Ich hatte Bedenken, dass das Feedback der Online-Nutzerforschung nicht die gleiche Qualität haben würde wie bei Studien, die persönlich durchgeführt werden. Aber es stellte sich heraus, dass das Feedback genauso gut sein kann, wenn die Studie richtig durchgeführt wird.
- Trage eine Maske, wasche deine Hände, sei kein Idiot.

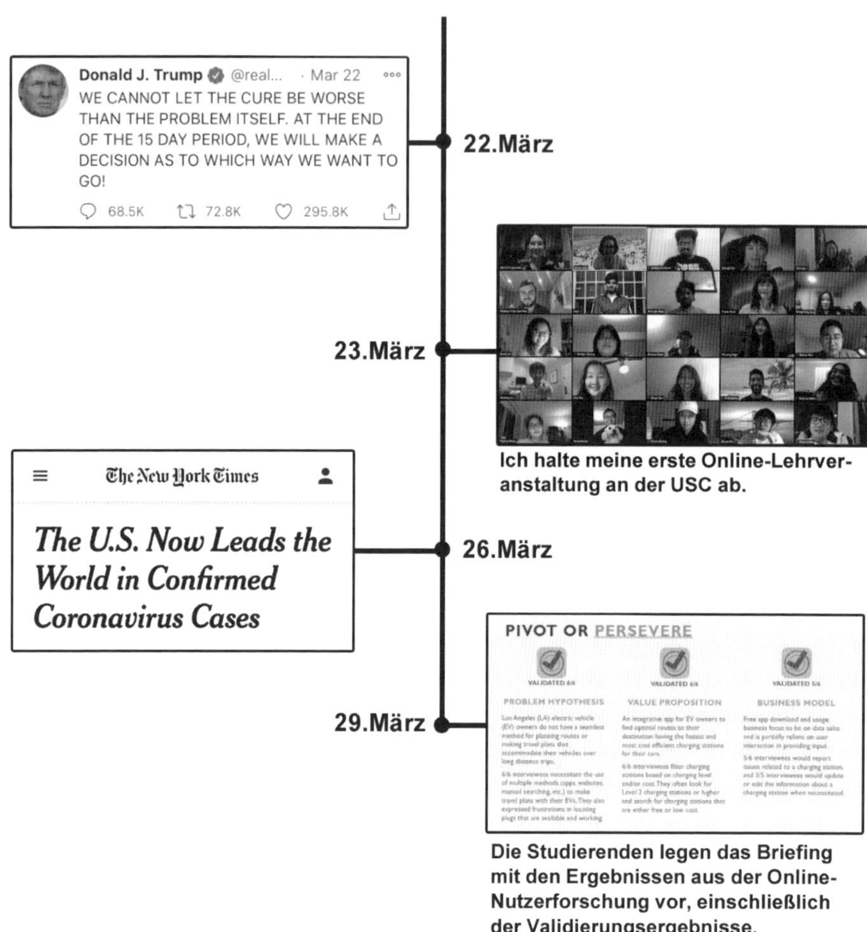

Abbildung 8.4: Zeitleiste für den Zeitraum 22. März bis 29. März 2020

Einmaleins der Nutzerforschung

Der Zweck von Nutzerforschungen ist es, die Bedürfnisse und Ziele Ihrer Zielkunden zu verstehen, um das Nutzenversprechen des Produkts zu ermitteln. Nutzerforschung ist entweder qualitativ oder quantitativ. Es ist wichtig, den Unterschied zu kennen, da beide Ansätze ihre Vor- und Nachteile aufweisen. Sie sollten in der Lage sein zu entscheiden, welche Art von Forschung Ihrem Produkt und Prozess am besten dienen wird.

Quantitative Forschung ist darauf ausgelegt, Datenpunkte in messbarer, numerischer Form zu sammeln. Sie kann in großem Umfang durchgeführt werden, was für Stakeholder wichtig ist, die nach beeindruckenden Zahlen und Key Performance Indicators (KPIs) suchen. Zu den traditionellen Methoden gehören Usability-Tests, Web-Analysen, Web-Umfragen, Eye-Tracking und A/B-Tests. Usability-Tests konzentrieren sich darauf, ob Ihre Produkte funktionieren, indem sie in Echtzeit herausfinden, wie Menschen das Produkt nutzen. Datenpunkte, die in einer Usability-Studie getestet werden, könnten die folgenden Fragen beantworten:

- Führt der Benutzer die erforderlichen Aufgaben über die Oberfläche aus?
- Wie viele Klicks benötigt der Benutzer, um sie auszuführen?
- Wie lange braucht der Benutzer, um die einzelnen Aufgaben zu erledigen?

Die Antworten auf diese Art von Fragen sind konkret. Mit ihnen lässt sich validieren, ob die Calls-to-Action Ihres Produkts richtig platziert sind, ob der Benutzer wichtige Informationen findet und ob die Nomenklatur der Navigation eindeutig ist. Traditionell werden Usability-Tests in speziellen Laboren mit Zwei-Wege-Spiegeln oder vor Ort in den Räumen großer Unternehmen durchgeführt. Heutzutage lassen sich diese Tests remote durchführen, indem zahlreiche Online-Dienste (wie UserZoom und UserTesting) genutzt werden, die schnell und kostengünstig aufgezeichnete Screencasts zur Verfügung stellen, die zeigen, wie Personen Ihr Produkt oder Ihren Prototyp benutzen, während sie ihre Gedanken in Echtzeit äußern.

Im Gegensatz dazu stützt sich die qualitative Forschung auf die Beobachtung und das Sammeln von nicht-numerischen Erkenntnissen wie Meinungen und Motivationen. Qualitative Studien konzentrieren sich auf die Gründe für ein bestimmtes Verhalten. Dieser Ansatz ist besser geeignet, um offene Fragen mit dem Ziel zu stellen, die Pain Points der Kunden zu verstehen. Diese Erkenntnisse können zu neuen Produktideen und Funktionsverbesserungen führen. Zu den traditionellen Methoden der qualitativen Nutzerforschung gehören Fokusgruppen, kontextbezogene Befragungen und ethnografische Studien.

Bei der ethnografischen Forschung – dem Studium von Menschen in ihrer natürlichen Umgebung – geht es darum, an die tiefen, dunklen Stellen zu gelangen, ähnlich wie bei den qualitativen Personas, die Alan Cooper in Kapitel 3 befürwortet. Um eine Vorstellung davon zu bekommen, wie tiefgründig sie sein kann, lassen Sie uns einen Blick auf eine meiner Heldinnen werfen, die Anthropologin Dr. Genevieve Bell von Intel. Ihre Forschung konzentrierte sich auf das Sammeln von Erkenntnissen aus Entwicklungsländern, um Intel über zukünftige Chipdesigns zu informieren. Über zwei Jahre hinweg besuchte sie Hunderte von Haushalten in 19 Städten in sieben Ländern Asiens, um zu erfahren, wie die Menschen Technologie nutzten. Während einer Keynote, die sie hielt und an der ich teilnahm, beschrieb sie, wie sie eine Frau in einem abgelegenen Dorf aufgespürt hat. Die Frau hatte kein Wasser, keinen Strom und nicht einmal einen Computer, aber sie korrespondierte trotzdem regelmäßig mit ihrem Sohn per E-Mail. Wie hat sie das gemacht? Sie ging Dutzende von Kilometern zum Haus einer befreundeten Familie und die Familie half ihr, ihrem Sohn E-Mails zu schicken. Die Frau selbst hat den Computer eigentlich gar nicht benutzt!

Diese Art von Forschung erfordert intensive kontextbezogene Befragungen. Obwohl ich Dr. Bell und ihre intensive Feldarbeit und umfassenden Analysen bewundere, arbeite ich normalerweise nicht mit Kunden zusammen, die die Zeit oder das Geld haben, um diese Art von Forschung zu betreiben. Wenn ich versuche, die Kosten selbst abzuschätzen – Flugreisen, Hotels, Tagesspesen, Dokumentation –, wird mir ganz schwindelig. Stattdessen brauchen Sie schnellere Wege, um qualitative Nutzerforschung durchzuführen, die sofortiges Feedback mit Testbudgets liefert, die näher an 500 Euro als an 500.000 Euro liegen.

Selbst Kunden mit einem dicken Budget sollten eine Online-Recherche in Betracht ziehen, denn es geht nicht nur darum, Geld zu sparen, sondern auch wertvolle Zeit. Die Tech-Branche bewegt sich in einem rasanten Tempo, und Innovation ist ein Ziel, das sich permanent bewegt. Ihr Zeitfenster, in dem Sie etwas Einzigartiges schaffen können, schließt sich oder verschiebt sich. Online-Nutzerforschung stellt sicher, dass der Prozess Ihres Teams sofortiges, nützliches und pointiertes Wissen liefert.

> Ein schlecht ausgeführtes Experiment ist viel schlimmer als ein gescheitertes Experiment, weil nichts gelernt wurde.

In der ersten englischsprachigen Ausgabe dieses Buchs ging es in diesem Kapitel um die Durchführung von Nutzerforschung im Feld. Es war mir wichtig, die Taktiken zu skizzieren, die ich persönlich verwendet habe, um qualitative Daten innerhalb eines kontrollierten Experiments und strukturierten Rahmens zu erfassen. In dieser Ausgabe werde ich einen ähnlichen Ansatz für die Online-Nutzerforschung diskutieren, den ich zu Beginn der Coronavirus-Pandemie entwickelt habe, als die Feldforschung aufgrund des Lockdowns in Kalifornien unmöglich war.

Mir ist klar, dass die Durchführung von Online-Nutzerforschung für Praktiker, die aufgrund von Entfernungen und anderen logistischen Problemen keinen einfachen physischen Zugang zu ihrem Kundensegment haben, nicht neu ist. Aufgrund der Pandemie sind jedoch Online-Kommunikations- und -Kollaborationswerkzeuge allgegenwärtig geworden. Fast über Nacht wurde Zoom zum Mainstream für soziale Kontakte, für Arbeit, Schule und mehr. Nach viel Ausprobieren habe ich eine effektive Kombination aus den neuesten Tools und Plattformen gefunden, die kostenlos oder kostengünstig sind, einfach zu bedienen sind und sich ineinander integrieren lassen, um den Prozess zu optimieren.

Die drei Hauptphasen der Online-Nutzerforschung

Die Online-Nutzerforschung erfordert eine Menge Koordination. Ihr Team muss jeden Schritt des Prozesses durchdenken und einen Backup-Plan bereithalten. Es stehen zwar keine Menschenleben auf dem Spiel, aber die Kosten und der Zeitaufwand müssen im Rahmen bleiben!

Lassen Sie mich mit einem Überblick beginnen, um die grundsätzliche Aufteilung der einzelnen Phasen sowie den damit verbundenen Zeit- und Kostenaufwand zu erläutern. Anschließend werde ich jede Phase anhand eines Projekts, das ein Student an der University of Southern California durchgeführt hat, als Fallstudie erläutern.

Planungsphase (ein bis zwei Wochen, je nach Teamgröße und Anzahl der Teilnehmer)

Die Planungsphase ist die komplizierteste aller drei Phasen, da sie alles von der Fertigstellung Ihres Prototyps bis zur Zeitplanung der Interviews mit den Teilnehmern umfasst. Alles muss durchdacht, zeitlich abgestimmt und geprobt werden. Sie müssen reinkommen, die Sache durchziehen und dann schnell mit einem Sieg wieder herauskommen.

Die Planungsphase beinhaltet:

- Festlegen der Hypothesen
- Vorbereiten der Interviewfragen
- Teilnehmer online rekrutieren

Interviewphase (ein bis zwei Tage)

Die Interviewphase kann die aufregendste aller drei Phasen sein, weil Sie Ihre potenziellen Kunden endlich praktisch von Angesicht zu Angesicht kennenlernen. Sie können sehen, wie sie tatsächlich auf Ihr Geschäftskonzept reagieren.

Die Interviewphase beinhaltet:

- Die Vorbereitung der Interviews
- Durchführen der Interviews
- Erstellen von prägnanten Notizen in der Tabelle

Analysephase (ein bis zwei Tage)

Die Analysephase ist die am wenigsten komplizierte der drei Phasen, aber dennoch unerlässlich. Seien Sie in dieser Phase nicht nachlässig. Sie müssen aus den Interview-Antworten schlüssige Ergebnisse extrahieren, um letztlich jede

Ihrer Hypothesen zu bestätigen oder zu widerlegen. Der letzte Schritt besteht darin, auf der Grundlage Ihrer Analyse vernünftige Entscheidungen über die beste Vorgehensweise zu treffen.

Planungsphase (ein bis zwei Wochen)

Sind Sie bereit? Lassen Sie uns mit der ersten Phase loslegen.

Schritt 1: Die Hypothese festlegen

In diesem ersten Schritt müssen Sie die Hypothesen der Forschungsstudie festlegen und dann definieren, welche Aspekte der UX und des Geschäftsmodells getestet werden müssen. Fragen Sie sich: »Was sind die wichtigsten Dinge, die ich erfahren muss, um festzustellen, ob meine Lösung wünschenswert und realisierbar ist?« Denken Sie über die Annahmen nach, die in das Nutzenversprechen eingebettet sind. Was muss durch Ihr Zielkundensegment validiert werden?

Wir brauchen ein Framework, um sicherzustellen, dass unser Prozess empirisch bleibt. Dies ist schließlich ein strukturiertes Forschungsexperiment! Öffnen Sie erneut das UX-Strategie-Toolkit. Darin finden Sie das Tool/Tabellenblatt »Experimentdesign Nutzerstudie«. Sie werden es verwenden, um die Fragen zu erstellen, die während Ihrer Benutzerinterviews beantwortet werden müssen.

Um zu zeigen, wie man das Tool ausfüllt, werde ich einen anderen meiner Diplomstudenten an der University of Southern California verwenden. Darf ich Ihnen Nico vorstellen, einen angehenden Produktmanager? Seine Problemstellung lautet wie folgt: *Einwohner von Los Angeles, die kein Auto besitzen, haben es schwer, für schnelle Fahrten und Besorgungen Fahrzeuge auf Stundenbasis zu mieten.* Wie Jessica hat er bereits seine Customer Discovery, die Wettbewerbsanalyse und ein Storyboard fertiggestellt. Sein Nutzenversprechen ist eine Plattform, auf der Autos stundenweise gemietet werden können. Er hat die folgenden zentralen Features identifiziert:

1. Benutzer können ein beliebiges Flottenfahrzeug bei einem autorisierten Anbieter abholen und es zu einem beliebigen anderen autorisierten Anbieter zurückbringen, sodass sowohl Einwegmieten als auch Abholung und Rückgabe an der gleichen Station möglich sind.

2. Benutzer können alle verfügbaren Fahrzeuge in einem Umkreis von mindestens 100 Meilen nach Entfernung durchsuchen und sie innerhalb eines 30-Minuten-Fensters online reservieren.

Als sein Prototyp einer Carsharing-Plattform fertig war und er ihn seinem Kundensegment vorführen konnte, um Feedback zu erhalten, verwendete er mein Tool. Seine Ergebnisse sehen Sie in Abbildung 8.5.

1. Nutzenversprechen: Eine Plattform zur Anmietung von E-Autos auf Stundenbasis **2. Art des Experiments:** Nutzerstudie mit Prototyp **3. Start-/Enddatum:** März 2020	**4. Details zum Experiment:** Es werden 5 Personen interviewt, die mit einer Anzeige auf Craigsliste rekrutiert wurden und die den Prototyp sehen werden, um Feedback zu geben.	
5. HYPOTHESEN	**6. VALIDIERUNGSFRAGEN**	**7. MINIMALE ERFOLGSKRITERIEN**
Hypothese 1 (Testet das Nutzenversprechen): Das Kundensegment möchte auf Stundenbasis mindestens 1 mal im Monat ein E-Auto mieten, um Besorgungen zu machen.	Können Sie sich einen Bedarf für die Anmietung eines Autos auf Stundenbasis vorstellen? Für welchen Zweck? Wie häufig würden Sie den Service in Anspruch nehmen?	80 % positives Feedback
Hypothese 2 (Testet das Geschäftsmodell): Das Kundensegment ist bereit, für die Miete des PKWs je Stunde 15 Dollar zu bezahlen.	Was denken Sie, wie hoch wäre der richtige Preis für eine stundenweise Anmietung eines Autos?	80 % positives Feedback
Hypothese 3 (Schlüsselfeature 1): Das Kundensegment wird diesen Service eher für einfache Fahrten und weniger für Hin- und Rückfahrten nutzen.	Glauben Sie, dass Sie den Service eher für einfache Fahrten oder für Hin- und Rückfahrten nutzen würden?	60 % positives Feedback
Hypothese 4 (Schlüsselfeature 2): Für das Kundensegment ist die Nähe zum Auto wichtiger als Preis/Typ/Qualität/Baujahr.	Was ist für Sie wichtig, wenn Sie ein Auto für eine ein- bis dreistündige Fahrt mieten? Vorgaben: Preis, Nähe, Art des Autos, Benutzerfreundlichkeit in Bezug auf die Transaktion	60 % positives Feedback

Abbildung 8.5: Nicos ausgefüllte Version des Tools »Experimentdesign Nutzerstudie«

Hier eine Beschreibung des Inhalts der verschiedenen Zellen:

1. *Nutzenversprechen:* Tragen Sie hier die aktuelle, prägnante Version Ihres Nutzenversprechens ein. Nico hat das Nutzenversprechen verwendet, das er während seiner Wettbewerbsanalyse verfeinert hat.

2. *Art des Experiments*: Beschreiben Sie auf einer allgemeinen Ebene die Art des Experiments, das Sie durchführen wollen, z. B. eine Nutzerstudie oder eine Online-Landingpage-Kampagne (siehe Kapitel 9). Nico nannte sein Experiment »Nutzerstudie mit Prototyp«.

3. *Start-/Enddatum des Experiments:* Geben Sie die tatsächlichen Daten und/oder die Dauer des Experiments an. Nico hat sein Experiment an drei Tagen im März 2020 durchgeführt.

4. *Details zum Experiment:* Geben Sie die wichtigen Details an, z. B. wie viele Teilnehmer an der Studie teilnehmen werden, welche Tools Sie voraussichtlich verwenden und welchen Proof of Concept Sie erbringen wollen. Nico gab an, wie viele Personen er zu befragen plante und welches Werkzeug er für die Rekrutierung verwenden würde.

5. *Hypothesen:* Wie in Kapitel 7 erörtert, muss eine Hypothese eindeutig und messbar sein. Bei Nutzerstudien, die Geschäftskonzepte mithilfe eines Prototyps testen, werden in der Regel mehrere Hypothesen gleichzeitig getestet, die sich auf das Geschäftsmodell, das Nutzenversprechen und die wichtigsten Features beziehen. Denken Sie dabei an Ursache und Wirkung: Kunden werden X wegen Y tun. Oder betrachten Sie die Wahrscheinlichkeit Ihrer Annahmen: Kunden werden eher X tun als Y. Nico wollte in erster Linie herausfinden, ob sein Kundensegment das Angebot so stark nutzen würde, dass das Geschäftsmodell nachhaltig wäre. Deshalb lautet eine seiner Hypothesen: »Das Kundensegment ist bereit, für die Miete des Pkws je Stunde 15 Dollar zu bezahlen.«

6. *Validierungsfragen:* Dies sind Fragen, die beantwortet werden müssen, um die verschiedenen Hypothesen zu validieren oder zu widerlegen. Sinn und Zweck dieses Tools besteht darin, Sie bei der Formulierung der Fragen zu unterstützen, damit Sie sie einfach in Ihre Benutzerinterviews einbauen können. Nico hat für jede Hypothese mehrere Fragen formuliert, die er potenziellen Benutzern während der Demo seines Prototyps stellen musste.

7. *Minimale Erfolgskriterien*: Der Prozentsatz der Teilnehmer, die den einzelnen Hypothesen zustimmen müssten, damit Sie und/oder Ihr Team weiterhin von dem Konzept begeistert sind. Dieses Kriterium dient als Schwellenwert des Experiments; es ist der Beweis, der Ihre Hypothesen bestätigt oder widerlegt. Daher sollte das Kriterium für das Nutzenversprechen der größte Prozentsatz sein (z. B. 80 %). Nico wollte eine Validierung von 80 % für sein Nutzenversprechen und seine Geschäftsmodellhypothesen sowie mindestens 60 % Validierung für jedes seiner Schlüsselfeatures.

Schritt 2: Vorbereitung der Interviewfragen

Der nächste Schritt besteht darin, die Fragen, die Sie im Tool »Experimentdesign Nutzerstudie« generiert haben, in ein zusammenhängendes User-Research-Interview zu verweben. Denken Sie daran, dass dies keine Usability-Tests sind. Wir wollen uns nicht darauf fixieren, lediglich das Design zu verbessern, damit die Benutzer die Aufgaben leichter bewältigen können. Stattdessen soll Ihre Demonstration, die nicht unbedingt anklickbar sein muss, herausfinden, ob der Benutzer die Aufgaben mit Ihrem Produkt *überhaupt erledigen will*. Sie werden den Teilnehmer durch den Prototyp führen, mit dem Ziel, echtes, unverfälschtes und direktes Feedback zu erhalten.

Um diese Art von Antworten zu erhalten, müssen Sie sich wirklich Gedanken über Ihre Interviewfragen und die Reihenfolge, in der Sie sie stellen werden, machen. Abbildung 8.6 zeigt den allgemeinen Ablauf des Interviews.

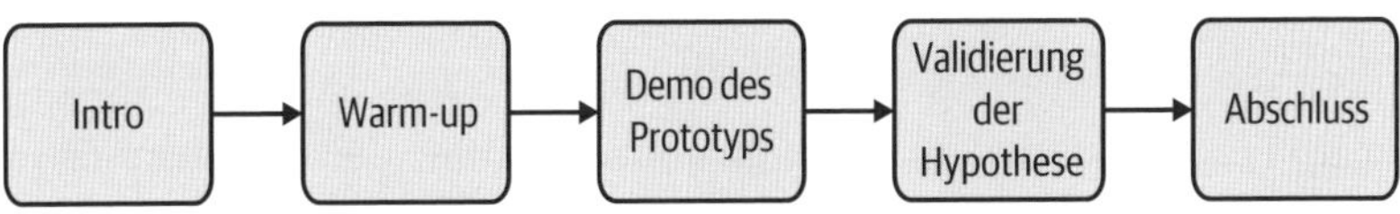

Abbildung 8.6: Ablauf der Interviews für die Online-Nutzerstudie

Ich werde Sie nun durch das Schreiben eines Interview-Skripts führen, das auf diesem Ablauf basiert, und weiterhin Nico als Beispiel verwenden. Sie können die Vorlage im UX-Toolkit »Nutzerforschung Interviews« verwenden, wenn Sie Ihre eigenen Interviews vorbereiten möchten. In diesem Tool werden Sie während des Interviews in Phase 2 die Antworten der Teilnehmer erfassen.

Beachten Sie, dass die Dauer der Interviews je nach Budget und Komplexität des Prototyps variieren kann. In Nicos Experiment betrug die Gesamtdauer jedes Interviews 30 Minuten.

Intro (eine Minute)

Hier informieren Sie die Teilnehmer über den Zweck der Studie und teilen ihnen mit, dass Sie ehrliches Feedback wünschen. Bitten Sie sie, frei und laut zu sagen, was ihnen durch den Kopf geht, um zusätzlichen Input zu erhalten (Think-Aloud-Methode). Wenn Sie das Interview aufzeichnen, sollten Sie den Teilnehmern mitteilen, wie die Aufnahmen verwendet werden. Teilen Sie ihnen mit, dass sie am Ende des Interviews bezahlt werden, und danken Sie ihnen für ihre Zeit. Das Intro von Nico ist in Abbildung 8.7 zu sehen.

INTRO (1 MIN)
Hallo <Name>. Mein Name ist Nico. Ich führe diese Forschungsstudie durch, weil mein Team von Leuten, die kein Auto besitzen, erfahren möchte, wie sie dennoch Autos nutzen oder sie für kurze Zeiträume mieten. Sie können uns am meisten helfen, wenn Sie uns ehrliches Feedback zu den Fragen geben. Bitte denken Sie laut, während Sie das Produkt benutzen. Ich habe den Prototyp nicht entworfen, fühlen Sie sich also frei, kritisch zu sein. Die Aufnahme des Interviews dient nur zu Notizzwecken und wird niemals öffentlich verbreitet werden. Wir bewerten das Produkt, nicht Sie, wenn Sie also die Antwort auf eine Frage nicht wissen, ist das in Ordnung. Sie werden am Ende des Interviews bezahlt. Vielen Dank, dass Sie uns bei dieser Studie helfen.

Abbildung 8.7: Nicos Einleitung aus seinen Interviews im Rahmen der Nutzerstudie

Warm-up/Einstimmung (drei bis fünf Minuten)

Warm-up-Fragen sollten sich darauf konzentrieren, den Teilnehmer in die richtige Stimmung zu versetzen. Sie wollen, dass sie sich bereits auf den Kontext eingestellt haben, während sie den Prototyp betrachten. Eine Möglichkeit ist, dies bereits zu tun, bevor Sie ihnen den Prototyp zeigen. Beginnen Sie damit, die Teilnehmer zu fragen, wann sie das letzte Mal den Pain Point hatten, den Sie in den Kundeninterviews in Kapitel 3 herausgefunden haben. Bitten Sie sie, Ihnen die Geschichte zu erzählen, und finden Sie heraus, wie sie das Problem gelöst haben. Finden Sie heraus, ob sie bereits Erfahrungen mit der Lösung Ihres direkten Konkurrenten gemacht haben oder ob sie diese kennen. Wie in Abbildung 8.8 zu sehen ist, drehten sich Nicos Warm-up-Fragen um die bisherigen Erfahrungen der Teilnehmer mit der kurzzeitigen Anmietung von Autos.

WARM-UP (3-5 MIN)
Können Sie mir sagen, wie Sie für einen kurzen Zeitraum (ein paar Stunden bis einen Tag) Zugang zu einem Auto bekommen?
Was sind die Probleme, auf die Sie gestoßen sind, wenn Sie für einen kurzen Zeitraum ein Auto benötigen?
Haben Sie Carsharing-Dienste (z. B. Turo) ausprobiert und können Sie mir von Ihren Erfahrungen berichten?

Abbildung 8.8: Nicos Warm-up-Fragen aus seinen Nutzerinterviews

Prototyp-Demo (20 Minuten)

Dies ist der Moment der Enthüllung. Sie senden Ihrem Teilnehmer einen Link zu Ihrem Cloud-basierten Prototyp. Da Sie ein Programm wie Skype, Zoom oder Google Meet verwenden, gibt der Teilnehmer seinen Bildschirm für Sie frei, sobald er den Link öffnet. Auf diese Weise können Sie die Teilnehmer dabei beobachten, wie sie mit dem Prototyp interagieren und ihn selbst anklicken. Während sie klicken, führen Sie sie durch die verschiedenen Bildschirme Ihres Prototyps. In Abbildung 8.9 sehen Sie die ersten Bildschirme von Nicos Prototyp.

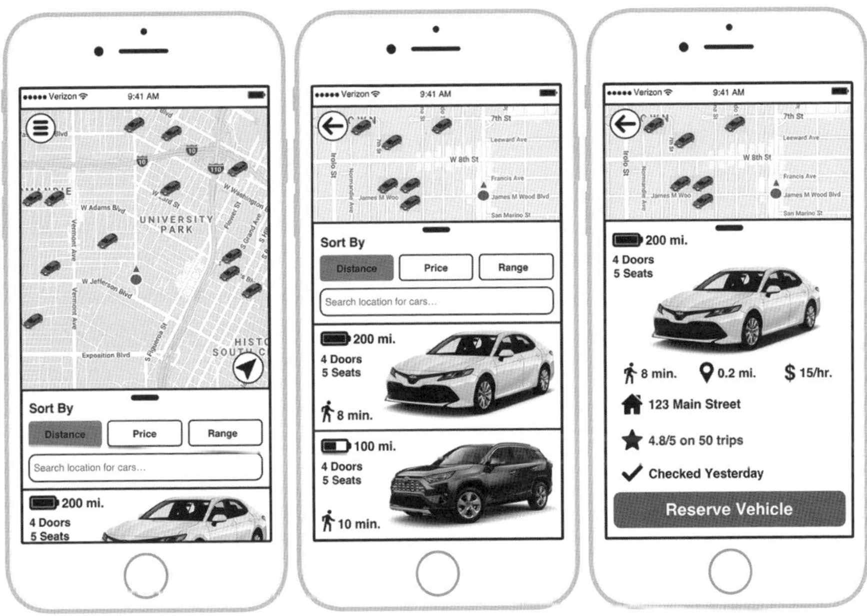

Abbildung 8.9: Die ersten Bildschirme von Nicos Carsharing-Prototyp »Ourly« (zum Patent angemeldet)

Wenn Sie einem Teilnehmer den ersten Bildschirm zeigen, sollten Sie ihm eine Aufgabe stellen, damit er ein erstes Ziel vor Augen hat, z. B.: »Ich möchte, dass Sie ein Auto reservieren«, oder »Ich möchte, dass Sie ein Hochzeitspaket buchen.« Sie müssen dieses Szenario generisch halten, damit Sie die Möglichkeit haben, den Teilnehmern spezifische Fragen zu ihren Präferenzen und Bedürfnissen zu stellen, während sie sich durch den Prototyp arbeiten.

Damit Sie diese Besonderheiten erfassen können, müssen Sie Fragen aufschreiben, die mit jedem Bildschirm in der Demo korrelieren. Bei einigen Bildschirmen können keine Fragen gestellt werden, weil sie keinen bedeutenden Inhalt oder keine Funktionalität haben, wie z.B. ein Startbildschirm. Aber im Allgemeinen sollten Sie in der Lage sein, sich pro Bildschirm mindestens eine Frage auszudenken, um sicherzustellen, dass der Teilnehmer versteht, was er sieht. Eine gute Frage beim ersten Anzeigen eines Bildschirms könnte zum Beispiel lauten: »Was glauben Sie, können Sie auf diesem Bildschirm tun?« Und ja, dies ist zwar eine Usability-Frage, aber sie sorgt dafür, dass sich die Teilnehmer auf ihre persönliche User Journey konzentrieren. Fragen wie diese können auch nützliche Erkenntnisse bringen, die Ihnen helfen, die Teile des Designs zu identifizieren, die den Teilnehmer verwirren. Da Sie einen echten potenziellen Kunden vor sich haben, wollen Sie trotz eines unvollkommenen Prototyps nichts verpassen.

Hier sind ein paar allgemeine Dinge, die man tun und die man lassen sollte:

- Erstellen Sie Interviewfragen, die die Teilnehmer dazu anregen, über Ihre Lösung nachzudenken.
- Bitten Sie die Teilnehmer, laut zu denken.
- Beginnen Sie mit offeneren Fragen und geben Sie lediglich solche Hinweise und Aufforderungen, die helfen, die Hypothesen zu bestätigen oder zu widerlegen.
- Benutzen Sie auffordernde Sätze, die Benutzer dazu bringen, ihre Gedankenprozesse mit Ihnen zu teilen. Finden Sie durch Ihre Nachfragen heraus, wie, ob und warum Ihre Lösung für sie funktionieren würde oder nicht. Geben Sie ihnen Optionen für vertraute mentale Modelle, die dem Prototyp einen Kontext geben.
- Halten Sie den Mund und hören Sie zu (d.h., reden Sie so wenig wie nötig).
- Stellen Sie keine Suggestivfragen. Sagen Sie den Teilnehmern nicht, was sie denken sollen, und verdrehen Sie nicht ihr erstes Feedback, damit es Ihre Hypothese bestätigt.
- Setzen Sie die Teilnehmer nicht unter Druck, indem Sie sie zu einem Brainstorming über Funktionen für Ihr Produkt zwingen.
- Lassen Sie sich nicht dazu verleiten, Ihre Lösung zu rechtfertigen oder zu erklären.
- Zeigen Sie keine starken Emotionen und halten Sie Ihre nicht-visuellen Reaktionen im Zaum.
- Stellen Sie keine Fragen, die die Intelligenz der Teilnehmer testen, wie z.B.: »Was denken Sie, was die kleinen blauen Autos auf der Karte darstellen?« Oft liegt der Unterschied zwischen einer guten und einer schlechten

Frage nur in der Formulierung. Ein besserer Weg, diese Frage zu stellen, ist: »Was fällt Ihnen auf diesem Bildschirm auf?« Dann schauen Sie, ob sie auf die Autos hinweisen. Möglicherweise müssen Sie auch den Bildschirm für die Benutzer kontextualisieren, bevor Sie ihnen Fragen stellen: »Jetzt sind Sie gerade in die Einfahrt eines Vermieters eingefahren.«

Abbildung 8.10 zeigt Nicos Fragen für die ersten paar Bildschirme. Die Frage für Bildschirm 2 wurde so strukturiert, dass sie nicht suggestiv ist und auch eine quantitative Messung ermöglicht. Bei der letzten Frage zu Bildschirm 3 geht es um die Preisgestaltung. Es ist sehr umstritten, ob man einen Kunden fragen sollte, was er für ein Produkt bezahlen würde. Kunden könnten Sie herunterhandeln oder sie haben hierauf keine Antwort. Dennoch kann es hilfreich sein, ein Gefühl dafür zu bekommen, was Kunden *erwarten, bezahlen zu müssen*, um Marketing- und Preisstrategien zu entwickeln.

PROTOTYP-DEMO (20 MIN)
Bildschirm 1 – Home, Suche
Ich möchte, dass Sie für ein paar Stunden ein Auto reservieren. Schauen Sie sich diesen ersten Bildschirm an. Wie würden Sie bei der Auswahl eines Autos vorgehen?
Welche Dinge würden Sie tun, wenn Sie für einen kurzen Zeitraum einen PKW mieten?
Bildschirm 2 – Suchergebnisse
Wenn Sie sich die Filter ansehen, können Sie diese in der Reihenfolge ihrer Wichtigkeit für Sie einordnen? (Validierung von Schlüsselfeature 2)
Bildschirm 3 – Details der Position
Gibt es Informationen, die auf diesem Bildschirm fehlen und die Sie wissen möchten, bevor Sie dieses Auto anmieten?
Finden Sie, dass der Preis pro Stunde für die Anmietung eines PKW hoch oder niedrig ist? (Validierung des Geschäftsmodells)

Abbildung 8.10: Nicos Interviewfragen für die ersten paar Bildschirme

Validierung der Hypothesen (drei bis fünf Minuten)

Stellen Sie alle Validierungsfragen, die sie im Tool »Experimentdesign Nutzerstudie« erstellt haben und die noch nicht gestellt oder nicht explizit beantwortet wurden. Manchmal ist es am besten, eine Validierungsfrage zu stellen, während der Teilnehmer den wichtigsten Bildschirm zum ersten Mal sieht; manchmal sollte eine Validierungsfrage erst dann gestellt werden, nachdem der Teilnehmer den gesamten Prototyp gesehen hat, damit er das Gesamtkonzept versteht. Nico konnte im Laufe des Interviews Fragen zum Geschäftsmodell und den wichtigsten Features stellen. Er musste jedoch noch ein paar direkte Fragen stellen, um festzustellen, ob es ein tragfähiges Geschäftsmodell gibt.

Abbildung 8.11 zeigt die Fragen, die Nico gestellt hat, um zu verstehen, wie sein potenzieller Kunde den Dienst nutzen könnte.

VALIDIERUNG DER HYPOTHESEN (3-5 MIN)
Können Sie sich einen Bedarf für eine stundenweise Anmietung eines Autos vorstellen? (Validierung des Nutzenversprechens)
Wie häufig würden Sie diesen Service nutzen? (Validierung des Nutzenversprechens)
Glauben Sie, dass Sie diesen Service eher für einfache Fahrten oder für Hin- und Rückfahrten nutzen würden? (Validierung des Schlüsselfeatures 1)

Abbildung 8.11: Nicos Fragen zur Validierung der Hypothesen

Abschluss (zwei Minuten)

Bedanken Sie sich am Ende des Interviews namentlich bei den Teilnehmern. Sagen Sie ihnen, wie sehr Sie ihr ehrliches Feedback schätzen. Fragen Sie sie, ob sie bereit wären, sich in der Zukunft mit Ihnen zu treffen, wenn das Produkt weiterentwickelt wurde. Bezahlen Sie sie dann, noch während die Verbindung steht oder aber sofort kurz nach dem Ende des Interviews.

Proben Sie und führen Sie eine Pilotstudie durch

Jetzt ist es an der Zeit, das gesamte Interview online zu proben. So können Sie sehen, ob Ihr Prototyp und Ihre Fragen zusammenpassen. Sie *können* eine Kollegin oder einen Freund bitten, die Teilnehmer zu spielen. Es ist jedoch von Vorteil, einen echten Teilnehmer zu rekrutieren und zu interviewen, damit Sie Ihren gesamten Prozess evaluieren können. Vielleicht stellen Sie fest, dass die Rekrutierungsanzeige noch optimiert werden muss. Vielleicht haben die Fragen des Screeners nicht ausgereicht, um Personen auszusortieren, die lügen, um, vielleicht wegen der Vergütung, in Ihre Studie zu kommen. Vielleicht sind

Sie in der Mitte des Prototyps auf eine Sackgasse gestoßen oder Ihr Teilnehmer wurde durch eine Frage verwirrt. Indem Sie eine Pilotstudie mit einem Teilnehmer durchführen, können Sie diese Probleme aufdecken, bevor Sie eine größere Studie zur Validierung Ihrer Hypothesen durchführen. Denken Sie daran, dass ein kontrolliertes Experiment Konsistenz über die Teilnehmer hinweg erfordert; daher sollten Sie die Antworten dieses Pilotteilnehmers bei der Validierung Ihrer Hypothesen von denen der anderen Teilnehmer trennen.

Stellen Sie sich auf technologische Herausforderungen ein

Machen Sie unbedingt einen Probelauf Ihrer technischen Komponenten. Stellen Sie sicher, dass Sie alle möglichen Dinge berücksichtigen, die während der Interviews schiefgehen könnten. Dies beinhaltet:

- Schlechte Internetverbindung
- Schlechte Audio- oder Videoqualität durch minderwertige Kameras oder Mikrofone
- Bildschirmfreigabe funktioniert nicht
- Bildschirmaufnahme wird nicht gespeichert
- Prototyp funktioniert nicht einwandfrei
- Teilnehmer hat die Videosoftware nicht vorher heruntergeladen
- Beleuchtung, Kamerawinkel oder Hintergrund sehen nicht professionell aus

Erstellen Sie einen Notfallplan für den Fall, dass die Technik während des Interviews ausfällt. Im schlimmsten Fall können Sie den Teilnehmer immer noch anrufen und das Interview am Telefon fortsetzen. Auch wenn Ihr Computer nicht abstürzt, müssen Sie möglicherweise Ihre Pläne anpassen. Beispielsweise hat Nico die Teilnehmer während des Rekrutierungsprozesses darüber informiert, dass sie einen funktionierenden Computer haben müssen. Dennoch nahmen einige Teilnehmer von ihrem Telefon aus an dem Gespräch teil, von wo aus sie ihren Bildschirm nicht freigeben konnten. Nachdem dies bei einigen Teilnehmern der Fall war, erinnerte er die Teilnehmer daran, dass sie sich von ihrem Computer aus in die Videokonferenz einwählen sollten.

Schritt 3: Teilnehmer online rekrutieren

Wenn Sie innerhalb einer kurzen Zeitspanne viele Design-Iterationen ausprobieren möchten, ist es vielleicht besser, mit weniger (z.B. fünf) Teilnehmern zu arbeiten. Wenn Sie feststellen, dass keiner der Teilnehmer eine Ihrer Hypothesen bestätigt, ist es auf diese Weise kostengünstiger und einfacher, das Design zu ändern. Wenn Ihr Kundensegment eine große Varianz aufweist, sollten Sie mit einer größeren Stichprobe beginnen. Wenn Sie herausfinden, worauf Ihre Zielkunden positiv reagieren, sollten Sie die Stichprobengröße erhöhen.

Um richtig rekrutieren zu können, müssen Sie Ihr Kundensegment bereits validiert haben, da Sie Personen interviewen möchten, die diese Gruppe repräsentieren (siehe Kapitel 3). Es ist wichtig, dass Sie wissen, wer diese Personen sind, weil Sie dann wissen, wie Sie rekrutieren, wo Sie rekrutieren, wie Sie die Kandidaten überprüfen und wann Sie Interviews ansetzen. Wenn Sie z.B. Lehrer rekrutieren, könnten Sie diese aus einer Lehrergruppe auf Facebook rekrutieren und die Interviews am Abend oder am Wochenende ansetzen. Wo Sie für Teilnehmer werben, hängt auch von der Art der benötigten Personen und Ihrem Budget ab. Wenn Sie am Ende Personen rekrutieren, die nicht zu Ihrem Zielkundensegment gehören, könnte das Experiment unbrauchbar sein und Sie müssen von vorne beginnen.

Vergütung für die Teilnahme

Da die Teilnehmer Ihnen an diesem Punkt während Ihrer strategischen Bemühungen helfen, empfehle ich, sie immer für ihren Aufwand zu entschädigen. Wie viel Sie bezahlen, hängt davon ab, wen Sie ansprechen und wie viel diesem Personenkreis seine Freizeit wert ist. Wenn Sie zum Beispiel Ärzte interviewen müssen, müssen Sie möglicherweise viel mehr bezahlen als bei anderen Kundensegmenten. Machen Sie Ihre Bezahlung für Ihre Teilnehmer so wertvoll, dass es sich für sie lohnt, an dem Experiment teilzunehmen, aber niedrig genug, damit Sie im Rahmen Ihres Budgets bleiben. Je nach Kundensegment sollten Sie überlegen, welche Art von Zahlungsmethode für die Teilnehmer am angenehmsten ist. Manche Leute wollen beispielsweise keine Amazon-Geschenkkarte, weil sie Amazon hassen. Da Nico Millennials interviewte, entschied er sich, die Teilnehmer über Venmo (ein Mobile-Payment-Service von PayPal) zu entschädigen. Vor dem Interview informiert er die Teilnehmer darüber, dass dies der Plan war, und notierte ihre Benutzernamen. Nach dem Interview schickte er ihnen 15 Dollar kurz bevor er das Gespräch beendete. Indem er proaktiv vorging, sorgte er dafür, dass der Fokus auf die Studie gerichtet blieb.

Werben und screenen Sie Teilnehmer

Es gibt viele Möglichkeiten, Teilnehmer zu rekrutieren, wenn Ihr Unternehmen es sich nicht leisten kann, einen speziellen Rekrutierungsservice zu beauftragen. Hier ist eine Liste von meist kostenlosen Plattformen, die für die Werbung genutzt werden können:

Craigslist
Es gibt kostenlose Kategorien für das Aufgeben von Anzeigen, aber wenn Sie viele Antworten in kurzer Zeit haben wollen, lohnt es sich, eine bezahlte Anzeige im Bereich »Gigs« aufzugeben.

Facebook
Sie können eine zielgerichtete Werbekampagne für rund zehn Euro starten oder in relevanten Gruppen posten.

Reddit
Suchen Sie nach relevanten aktiven Communities, in denen Sie posten können. Nico hätte beispielsweise in der Community »r/Turo« rekrutieren können, weil das Hauptgesprächsthema in diesem Subreddit der Carsharing-Dienst Turo war.

LinkedIn
Posten Sie in Ihrem LinkedIn-Newsfeed. Posten Sie in einer relevanten LinkedIn-Gruppe. Oder schreiben Sie Personen direkt an, indem Sie zu Ihrer Verbindungsanfrage eine Notiz hinzufügen. Dies ist besonders nützlich, um Fachleute aus der Branche zu finden, insbesondere solche, die in technologiebezogenen Bereichen arbeiten.

Twitter
Verwenden Sie relevante Hashtags, um ein weites Netz auszuwerfen. Sie können mit »@« auch direkt einzelne Profile anschreiben und hoffen, dass diese Ihre Anzeige an eine bestimmte Gruppe von Followern retweeten.

WeChat
Posten Sie in Gruppen und teilen Sie auf Moments. Bitten Sie Freunde, die Anzeige in ihren Moments zu teilen, damit Sie so Menschen außerhalb Ihrer eigenen sozialen Gruppe erreichen.

Discord
Posten oder senden Sie Nachrichten in den entsprechenden Kanälen innerhalb öffentlicher Communities (»Server«). Diese Plattform eignet sich besonders gut, um junge Erwachsene zu erreichen, die sich für Gaming, Popkultur und mehr interessieren.

Empfehlungen von beruflichen Kontakten oder Freunden von Freunden, die in Ihr Kundensegment passen, können ebenfalls hilfreich sein. Seien Sie sich nur bewusst, dass es eine implizite Voreingenommenheit gibt, wenn Sie über Familie und Freunde rekrutieren. Bei B2B-Software können Sie manchmal Teilnehmer über Ihren Kunden gewinnen oder Leads auf der Website des Kunden über ein Formular erfassen.

Nico rekrutierte schließlich Teilnehmer über den Bereich »Gigs« auf Craigslist. Es kostete ihn zehn Dollar, die Anzeige aufzugeben, aber er bekam so viele Antworten von potenziellen Teilnehmern, dass er sie nicht einmal alle anrufen musste, um seine Interview-Slots zu füllen.

Schreiben Sie Ihre Anzeige

Wenn Sie Teilnehmer werben, halten Sie die Anzeige einfach. Im Folgenden finden Sie eine grundlegende Vorlage, auf der Sie aufbauen können:

Titel

Bezahlte Online-Forschungsstudie für <Kundensegment, demografisch oder psychografisch>. <Bezahlter Betrag> für <Anzahl> Minuten.

Anzeigentext

Wir entwickeln eine <Produkttyp>, die <allgemeine Beschreibung der Lösung> ermöglicht. Wir sind auf der Suche nach <Kundensegment-Anforderungen>, um online ein Interview über das Produkt zu führen und Ihr ehrliches Feedback zu erhalten. Sie müssen <alle wichtigen Anforderungen, die mit den demografischen Merkmalen Ihrer validierten Persona übereinstimmen müssen>. Die Interviews werden an <Datum/en> zwischen <Zeitraum> durchgeführt.

Das <Anzahl> Minuten dauernde Interview wird per Videokonferenz über <Plattform (z. B. Zoom, Google Meet oder Unternehmensplattform Ihrer Wahl)> geführt. Ihr Computer muss über eine Webcam und eine gute Internetverbindung verfügen. Die Teilnehmer erhalten nach Beendigung des Interviews eine Entschädigung in Höhe von <Bezahlungsbetrag> über <Zahlungsmethode (z. B. PayPal, Venmo, Amazon-Geschenkkarte usw.)>.

Schlusszeile, Version 1

Wenn Sie Interesse haben, antworten Sie bitte mit Ihrer Telefonnummer und geben Sie eine Zeit an, zu der Sie gut erreichbar sind, um dieses Thema weiter zu besprechen.

Schlusszeile, Version 2

Wenn Sie Interesse haben, klicken Sie bitte auf den Link, um die Screening-Umfrage auszufüllen <Link hier>.

Diese Vorlage sollte entsprechend den Anforderungen Ihrer Studie angepasst werden, wie die von Nico verwendete Anzeige zeigt (Abbildung 8.12).

Der knifflige Teil beim Formulieren der Anzeige besteht darin, dass Sie ausreichend Informationen geben müssen und gleichzeitig nicht so viele Einzelheiten verraten dürfen, dass jeder in Ihre Studie einsteigen kann, indem er lügt, um mit den Angaben in der Anzeige übereinzustimmen. Wenn auch nur ein Teilnehmer in Ihrer Stichprobe nicht mit Ihrem Kundensegment übereinstimmt, dann ist Ihr Experiment nicht mehr kontrolliert – Ihre Variablen sind falsch. Das ist der Grund, warum Recruiting-Unternehmen viel Geld verlangen. Sie werden dafür bezahlt, die falschen Leute auszusortieren und die richtigen an Bord zu holen.

Looking for people to give feedback on a new carsharing app (PAID)

Hi! I work for a startup that is developing a mobile app that allows individuals to rent cars on an hourly basis. I am looking to interview Los Angeles residents ONLINE about the product to get your honest feedback and test a prototype. You must have a valid driver's license.

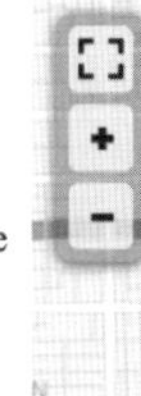

The interview will take about 30 minutes and will be conducted over video conference (using Zoom which is free to download), so we can all stay safe at home. However, you will need to have a webcam on a computer and a decent Internet connection. The interview will take place on Saturday, March 28th during the day and we can book the exact time after we talk. Participants will receive $15 via Venmo for compensation. If you are interested, please reply with your phone number and a good time to reach you to further discuss this opportunity.

Abbildung 8.12: Nicos Originalanzeige, mit der er auf Craigslist Teilnehmer für seine Studie rekrutierte

Wie in Kapitel 3 erörtert, sind Screener-Fragen eine nützliche Methode, um potenzielle Teilnehmer für eine Studie auszuwählen. Eine gute Technik ist es, eine »Deal-Breaker«-Frage zu stellen, die nur das richtige Kundensegment sofort, schnell und ohne Internetrecherche beantworten kann. Stellen Sie sich die Rekrutierung so vor, als wären Sie ein Detektiv, der versucht herauszufinden, ob jemand wirklich in Ihr Kundensegment passt.

Für Airbnb for Weddings wollten wir Paare finden, die heiraten wollen. Als sich Leute auf die Anzeige meldeten, in der stand, dass wir Paare suchen, die heiraten wollten, fragten wir sie, welche Hochzeitslocations sie in letzter Zeit in Betracht gezogen hatten. Wenn sie in den ersten 30 Sekunden nicht mindestens zwei nennen konnten, bedankten wir uns für ihre Zeit und beendeten das Gespräch. Hätten wir ihnen diese Frage einfach nur per E-Mail geschickt, hätten sie die Antwort einfach googeln können.

Nico rief die Leute an, als die Reaktionen von Craigslist eintrafen – sie hatten ihre Rufnummer und einen Zeitpunkt angegeben, zu dem sie gut erreichbar waren. Für das Screening stellte er zwei Deal-Breaker-Fragen: »Wann haben Sie das letzte Mal ein Auto gemietet?« und »Für wie lange mieten Sie normalerweise ein Auto?« Er wollte nicht verraten, dass er Leute suchte, die Kurzzeitmieten von idealerweise ein bis zwei Tagen gebucht hatten. Am Ende des Anrufs sagte er, er würde den Leuten eine E-Mail schicken, wenn sie ausgewählt wurden.

Sie können auch eine Umfrageplattform (z. B. Google Forms, Alchemer, Typeform, SurveyMonkey oder UserInterviews.com) verwenden, um potenzielle Teilnehmer vorab zu screenen, ihre Verfügbarkeit zu prüfen und sicherzustellen, dass sie über die für den Anruf erforderliche Technologie verfügen. Einige Plattformen verfügen sogar über zeitlich begrenzte Fragen, die Sie verwenden können, um Deal-Breaker-Fragen zu stellen. Dies wird jedoch nicht verhindern, dass Personen mit wenig Geld eine zweite E-Mail-Adresse verwenden, um die Umfrage zu beantworten, wenn sie wirklich an der Studie teilnehmen möchten. Deshalb sollten Sie die Teilnehmer trotzdem anrufen, um ihnen mindestens eine Deal-Breaker-Frage zu stellen. Sie wollen nicht Ihre Zeit und Ihr Geld damit verschwenden, die falsche Person zu befragen.

Ihre potenziellen Teilnehmer bewerten

Wenn jemand auf die Anzeige antwortet, sollten Sie seinen Namen, die Kontaktdaten und die Antworten auf die Screener-Fragen in der Registerkarte »Kandidaten für Studie« des UX-Strategie-Toolkits erfassen, um alle Interessenten zu organisieren. In Abbildung 8.13 sehen Sie ein Auszug der von Nico ausgefüllten Version. (Die Namen und Kontaktdaten in der Abbildung wurden geändert.)

Füllen Sie während der Rückrufe die restlichen Screener-Fragen aus. Aktualisieren Sie auch den Status (muss angerufen werden, wartet auf Antwort, noch kontaktieren, bestätigt, backup oder abgelehnt). Am wichtigsten ist, dass Sie die Teilnehmer mit 1 (nein), 2 (vielleicht) oder 3 (ja) bewerten und damit angeben, wie geeignet sie für die Studie sind.

Nachdem Sie alle Rückrufe durchgeführt haben, sortieren Sie die Teilnehmerliste anhand der Bewertungen so, dass die am meisten bevorzugten Personen ganz oben stehen. Hoffentlich haben Sie mindestens fünf bis zehn Kandidaten, die sich mit einer »3« qualifiziert haben. Wenn nicht, sollten Sie eine weitere Anzeige auf einer anderen Plattform und/oder eine bezahlte Anzeige in Betracht ziehen. Nico hat Personen, deren durchschnittliche Mietdauer kürzer war und zu dem von ihm gewählten Datum/Uhrzeit verfügbar waren, höher bewertet.

Planen der Interviews

Nun ist es an der Zeit, diese Personen zu kontaktieren, um das Interview zu planen, was Sie manuell oder mithilfe eines Terminplanungstools (z. B. Calendly, Acuity oder Doodle) tun können. Sie sollten die Interviews auf ein oder zwei Tage verteilen. Planen Sie mindestens 30 Minuten Pufferzeit zwischen den Terminen ein, falls ein Interview länger dauert als geplant oder ein Teilnehmer zu spät kommt.

NUTZERSTUDIE REKRUTIERUNGSTOOL									
Name	Telefon	E-Mail	Verfügbarkeit	Status	Gebuchte Zeit	Rating 1-3 gibt, an wie geeignet sie für die Studie sind (3=ja, 2=evtl., 1= nein)	Wann haben Sie das letzte Mal ein Auto gemietet?	Für wie lange mieten Sie normalerweise ein Auto?	Weitere Notizen
Ian Curtis	309-424-8314	icurtis@gmail.com	samstags ganzer Tag	bestätigt	9:50 Uhr	3	vergangenen Monat	2 Tage	
Peter Hook	217-361-5628	phoook82@ hotmail.com	täglich ab 11 Uhr	bestätigt	12:00 Uhr	3	letzte Woche	Tagestour	
Deborah Woodruffe	832-273-6547	debwruffe@ yahoo.com	sonntags ganzer Tag	bestätigt	14:40 Uhr	3	vergangenen Monat	3-4 Stunden	
Stephen Moris	404-495-9948	stephn1992@ hotmail.com	samstags 13 Uhr	bestätigt	15:30 Uhr	3	letztes Wochenende	1 Stunde bis 1 Wochenende	
Cate Le Bin	630-392-9624	cate@gmail.com	sonntags ganzer Tag	backup		2	vor 4 Monaten	10 Tage	
Kurt Cobain	210-710-7416	kurtco@hotmail.com	sonntags ganzer Tag	backup		2	vor 2 Monaten	5 Tage	
Pete Shelley	973-750-3131	shelleyp@ yahoo.com	keine Angabe	backup		2	vor 2 Monaten	2-3 Wochen	klang, als ob er lügen würde
Mark E. Smith	801-795-7568	mesmith@ gmail.com	samstags ganzer Tag	backup		2	letzten Sommer	2 Wochen	war unfreundlich
Kim Gorden	305-778-9456	gordonkim@ hotmail.com	samstags ganzer Tag	wartet auf Antwort					
Bernard Summer	269-281-8231	BernieSumm@ hotmail.com	samstags ab 10 Uhr	wartet auf Antwort					
Patti Smith	510-331-3307	pattys@gmail.com	samstags ganzer Tag	wartet auf Antwort					
Steve Albini	202-283-6076	steve.albini@ hotmail.com	sonntags 13:30 bis 18:00	noch kontaktieren					
Debora Harry	989-456-9923	debharry@ gmail.com	sonntags ganzer Tag	abgelehnt					

Abbildung 8.13: Teilnehmer am Screener und Terminplan

Sie können auch mehr Teilnehmer buchen, als Sie benötigen, für den Fall, dass jemand absagt oder nicht zu seinem geplanten Termin erscheint. Nico hat die Teilnehmer auf Blöcke von 30 Minuten verteilt, und zwischen den Blöcken Puffer eingeplant. So hatte er Zeit, das Gehörte zu verarbeiten und sich auf das nächste Interview vorzubereiten. Als er die Interessenten am Telefon screente, fragte er sie auch nach ihrer Verfügbarkeit. Dann schickte er den ausgewählten Teilnehmern per E-Mail das ihnen zugewiesene Zeitfenster, basierend auf ihrer Verfügbarkeit.

Unabhängig davon, wie Sie Ihre Teilnehmer einplanen und wie Sie den Termin bestätigen, sollten Sie vor den Interviews per E-Mail Anweisungen und detailliertere Informationen verschicken, damit die Teilnehmer technisch vorbereitet sind.

Diese E-Mail könnte die folgenden Anweisungen enthalten:

1. Laden Sie das Online-Videokonferenz-Tool (z.B. Zoom, Google Meet oder was immer auch die von Ihnen bevorzugte Plattform ist) herunter und installieren Sie es. (Geben Sie hierzu auch den Downloadlink an.)
2. Testen Sie Ihre Webcam und Ihr Mikrofon, um sicherzustellen, dass diese mit der Software funktionieren.
3. Stellen Sie sicher, dass Ihr Computer für das Interview an einem ruhigen Ort mit einer guten Internetverbindung steht.
4. Bereiten Sie die Freigabe Ihres Bildschirms vor, den Sie freigeben müssen, während Sie sich einen Prototyp ansehen.
5. Das Interview wird aufgezeichnet (die Aufnahmen dienen nur zu Notizzwecken und werden nicht veröffentlicht).

Sobald alle Teilnehmer zugesagt haben, fügen Sie deren Namen und Kontaktdaten in die Spalten rechts neben den Fragen in der Vorlage »Nutzerforschung Interviews« ein.

In vielen Ländern müssen Sie die Zustimmung schriftlich einholen, entweder über eine Einverständniserklärung oder eine Checkbox in einer Online-Umfrage. Erkundigen Sie sich bei der Rechtsabteilung Ihres Unternehmens, bevor Sie die Interviews durchführen.

Jetzt kann es damit losgehen.

Interviewphase (ein bis zwei Tage)

Auf geht's. Alles muss wie am Schnürchen laufen, wie die Choreografie eines Balletts. Die gesamte Technik muss funktionieren. Die Videokonferenzsoftware muss bei den Teilnehmern reibungslos laufen. Die Prototyp-Demo und die Fragen müssen synchron sein. Der Terminplan muss eventuelle Nachzügler oder Nichtteilnehmer berücksichtigen. Die Show *muss* weitergehen.

Technische Vorbereitungen vor den Interviews

Schließen Sie alle Chats und Anwendungen, die Sie nicht benötigen, schalten Sie Benachrichtigungen ab und blenden Sie alles aus, was persönlich ist oder aus dem Kontext gerissen als beleidigend angesehen werden könnte. Öffnen Sie die Videokonferenzsoftware. Testen Sie die Kamera und das Mikrofon erneut, um sicherzustellen, dass der Winkel, die Beleuchtung und die Lautstärke noch gut sind. Überprüfen Sie Ihren Hintergrund, damit nichts Ablenkendes oder Unprofessionelles zu sehen ist. Wenn sich im gleichen Raum wie Sie Kinder oder andere Personen befinden, stellen Sie sicher, dass diese Sie nicht unterbrechen können. Öffnen Sie den Prototyp in einem Webbrowser, falls der Teilnehmer Probleme hat, auf den Prototyp zuzugreifen oder ihn selbst zu steuern. Öffnen Sie das Arbeitsblatt »Nutzerforschung Interviews«, damit Sie während des Interviews Notizen machen können. Abbildung 8.14 zeigt die Standardkonfiguration für einen Computer-Desktop bei der Durchführung von Online-Nutzerinterviews.

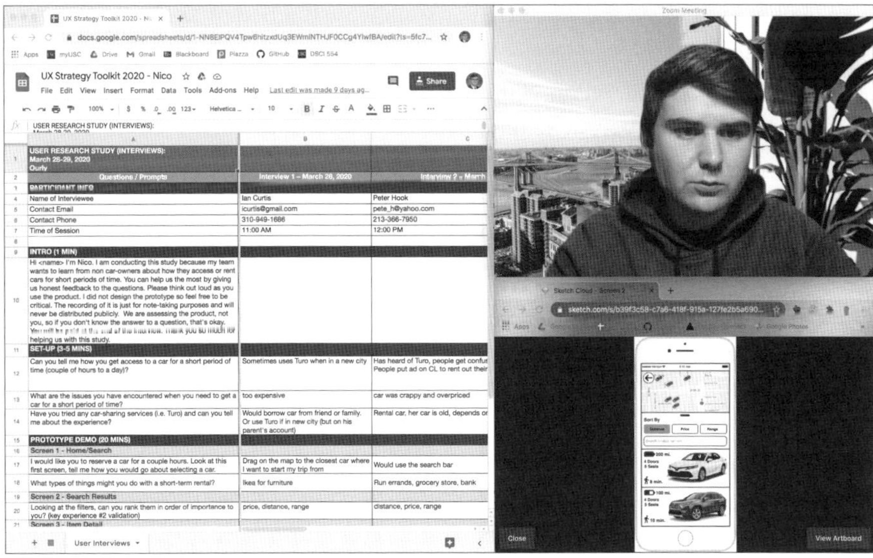

Abbildung 8.14: Nicos Desktopkonfiguration während der Nutzerinterviews

Interviews durchführen

Das Führen eines gutes Interviews mit dem Ziel, wertvolle Erkenntnisse zu gewinnen, ist eine Kunstform, in der man erst durch Übung und Erfahrung zum

Meister wird. Um mehr darüber zu erfahren, sollten Sie sich das Buch *Interviewing Users* von Steve Portigal[2] ansehen. Das Buch ist eine hervorragende Anleitung zu Interviewtechniken für Nutzerstudien in freier Wildbahn. Wenn Sie schüchtern oder Gespräche mit potenziellen Kunden neu für Sie sind, üben Sie vorher mit Teammitgliedern und Freunden.

Dies sind meine allgemeinen Hinweise für die Durchführung von Online-Nutzerinterviews:

- Begrüßen Sie die Leute immer mit einem herzlichen Lächeln und bedanken Sie sich sofort bei ihnen für ihre Unterstützung Ihrer Studie.
- Beginnen Sie die Interviews nicht mit Small Talk. Seien Sie professionell. Sie können eine Beziehung aufbauen, indem Sie einfach aktiv zuhören, während Ihr Gesprächspartner spricht.
- Lesen Sie das vorbereitete Intro vor, aber lassen Sie es wie ein Gespräch klingen. Beginnen Sie dann mit Ihren Warm-up-Fragen. Behalten Sie die Uhr im Auge, damit Sie genug Zeit für die Prototyp-Demo haben.
- Nach den Warm-up-Fragen senden Sie den Teilnehmern den Link zum Prototyp und bitten Sie sie, ihren Bildschirm für Sie freizugeben.
- Halten Sie sich an das Skript, aber stellen Sie bei Bedarf zusätzliche Folgefragen.
- Es ist in Ordnung, wenn während des Interviews Momente der Stille entstehen. Sie möchten nicht versehentlich etwas Suggestives sagen. Verwenden Sie stattdessen einige neutrale Aufforderungen wie: »Was denken Sie?« oder: »Was würden Sie erwarten?«
- Halten Sie besonders starke Überzeugungen oder Ideen fest, während Sie sie hören.
- Wenn ein Teilnehmer während des Interviews abgelenkt zu sein scheint (weil er z. B. im Internet surft oder auf sein Telefon schaut), fragen Sie höflich, ob es einen besseren Zeitpunkt für das Interview gibt.
- Bedanken Sie sich am Ende bei den Teilnehmern für ihre Zeit und sagen Sie ihnen, wie hilfreich ihre Erkenntnisse waren. Fragen Sie sie, ob es in Ordnung ist, sie für zukünftige Studien erneut zu kontaktieren. Beenden Sie das Interview pünktlich, es sei denn, der Teilnehmer liefert weiterhin nützliche Erkenntnisse, nachdem Sie ihm für seine Hilfe bei der Studie gedankt haben.

2 Portigal, Steve: *Interviewing Users*, New York: Rosenfeld Media, 2013.

- Es ist in Ordnung, zwischen den Interviewsitzungen leichte Änderungen an den Fragen (z.B. Umformulierungen) und am Prototyp (z.B. Korrektur eines störenden Rechtschreibfehlers) vorzunehmen, vor allem, wenn mehrere Personen am gleichen Punkt hängen bleiben oder sich in die gleiche Sache festbeißen. Sie sollten jedoch die Demonstration des Prototyps oder die Fragen nicht zu sehr verändern, bis Sie die Befragung dieser Gruppe von Teilnehmern abgeschlossen haben. Andernfalls handelt es sich nicht mehr um ein kontrolliertes Experiment, wodurch die Ergebnisse der einzelnen Teilnehmer nicht mehr miteinander vergleichbar sind und Sie die Ergebnisse nicht zuverlässig quantifizieren können.

Interviews aufnehmen

In der ersten Ausgabe dieses Buches habe ich empfohlen, bei persönlichen Interviews Aufnahmegeräte zu vermeiden, da sich die Teilnehmer dadurch verunsichert fühlen. Das Schöne an Online-Interviews ist jedoch, dass sich hier die Aufzeichnung nicht so aufdringlich anfühlt und die Mimik des Teilnehmers und die Verwendung des Prototyps leichter erfasst werden können. Es kann den Druck auf die Teilnehmer verringern, wenn Sie sie wissen lassen, dass die Aufzeichnungen lediglich als Referenz verwendet und nicht öffentlich verbreitet werden.

Fragen Sie vorher unbedingt um Erlaubnis, das Interview aufnehmen zu dürfen, wenn Sie dies nicht bereits getan haben. In vielen Ländern müssen Sie die Erlaubnis schriftlich einholen, entweder über eine Einverständniserklärung oder in Form einer Checkbox in einem Onlineformular. Wenn Ihr Unternehmen eine Rechtsabteilung hat, fragen Sie dort nach. Andernfalls können Sie online Vorlagen für Einverständniserklärungen finden.

Sie können die aufgezeichneten Interviews für zahlreiche Zwecke verwenden. Sie können hieraus wörtliche Zitate erstellen und Notizen ergänzen, die Sie während der Live-Sitzungen verpasst haben. Sie können auch einen Zusammenschnitt der Höhepunkte erstellen, den Sie Ihrem Team und den Stakeholdern zeigen, damit diese visuelle Eindrücke von der Studie erhalten. Wenn Ihre Videokonferenzplattform nicht über eine integrierte Bildschirmaufzeichnung verfügt, verwenden Sie das Tool eines Drittanbieters.

Notizen erstellen

Tragen Sie Ihre Notizen in eine Tabelle ein, damit diese für die Analysephase gut strukturiert sind (so wie Sie es auch in Kapitel 5 gemacht haben). Während des Interviews live Notizen zu erstellen, ist wichtig, weil das Durchsehen von stundenlangen Aufnahmen oder Audiotranskriptionen viel Zeit in Anspruch nehmen kann. Wenn Sie die Interviews nicht aufzeichnen, ist das Erstellen von Live-Notizen sogar noch wichtiger. Wenn Sie außerdem Software von Drittanbietern wie Otter oder Rev verwenden, um Ihre Audiodaten zu transkribieren, müssen Sie zusätzliche Abonnementgebühren von ca. 1 bis 2 Dollar pro Minute zahlen. Sie können sich vorstellen, wie schnell das zu einem erheblichen Kostenfaktor werden kann. Denken Sie daran, dass es unser Ziel ist, mit möglichst geringem Zeit- und Kostenaufwand in das Projekt einzusteigen, Antworten zu unserem Prototyp zu erhalten und wieder herauszukommen. Sie können in Erwägung ziehen, eine zweite Person am Gespräch teilnehmen zu lassen, die dann die Notizen erstellt, damit Sie mit dem Teilnehmer in Kontakt bleiben können, aber es besteht die Gefahr, dass sich der Teilnehmer noch nervöser und paranoider fühlt, wenn noch jemand am Gespräch teilnimmt.

Machen Sie sich keine Gedanken über die korrekte Rechtschreibung. Sie können später zum Dokument zurückgehen und Korrekturen vornehmen. Versuchen Sie, die Antworten der Teilnehmer in kurzen Sätzen zusammenzufassen, die das Wesentliche ihrer Aussagen widerspiegeln. Konzentrieren Sie sich auf die Antworten auf die Skriptfragen und auf starke verbale oder körperliche Reaktionen der Teilnehmer, während sie die verschiedenen Bildschirme betrachten. Fügen Sie zusätzliche Gedanken und Erkenntnisse hinzu, wenn das Gespräch beendet ist und Sie das Interview noch frisch im Gedächtnis haben. In Abbildung 8.15 sehen Sie, wie Nico diese wichtigen Notizen effizient festgehalten hat.

Analysephase (ein bis zwei Tage)

Die Analysephase beinhaltet die Synthese aller Rückmeldungen aus den Interviews, damit Ihr Team darauf basierend die nächsten Maßnahmen festlegen kann. Hat die Nutzerforschung Ihre Hypothesen bestätigt oder widerlegt? War das Experiment ein Fehlschlag, weil die Ausführung schlampig war? Haben Sie entdeckt, dass das Geschäftsmodell möglicherweise nicht funktioniert? Ihr Ziel ist es, die Analyse als Entscheidungsgrundlage zu nutzen, um einen Pivot oder weitere Experimente durchzuführen, die das Nutzenversprechen aktualisieren.

Während oder nach den Interviews können Sie das Tabellenblatt noch farblich codieren, um die Analyse zu beschleunigen, so wie Sie es in Kapitel 5 bei der Wettbewerbsanalyse gemacht haben. Beispielsweise könnte eine Antwort, die sich auf eine Hypothese bezieht, rot codiert werden, wenn sie widerlegt wurde, oder grün, wenn sie bestätigt wurde. Schnelle Korrekturen am Prototyp könnten orange codiert werden. Eine sehr wichtige Erkenntnis könnte gelb codiert werden. Entwickeln Sie ruhig Ihr eigenes Farbsystem oder experimentieren Sie mit computergestützter Software zur Analyse qualitativer Daten wie Quirkos.

Fragen/Aufforderungen	Interview 1 @ 9:50	Interview 2 @ 10:50	Interview 3 @ 12:00
Bildschirm 13 – Zusammenfassung der Fahrt			
Wenn Sie einen Mietwagen für nur ein paar Stunden hätten, wie viele Meilen würden Sie wohl fahren?	40–60 Meilen	40 Meilen	10–20 Meilen bei Stadtfahrten 75–150 Meilen bei längeren Fahrten
Bildschirm 14 – Anbieter für Stellplatz			
Würden Sie in Erwägung ziehen, Ihre Einfahrt für eines der Fahrzeuge der Flotte zu vermieten?	Ja, würde in Erwägung ziehen, als Anbieter zu fungieren	Ja, hängt aber davon ab, wie viel Geld sie dafür bekommt	Ja, weil es so sehr bequem wird, dieses Fahrzeug selbst zu nutzen
Gibt es außer der Entschädigung für die Vermietung des Stellplatzes und dem persönlichen Zugang zu einem Auto noch etwas, das Sie überzeugen würde, Anbieter zu werden?	Sicherheitsklausel, damit der Anbieter weiß, was er zu erwarten hat	Einfacher Zugang zum Auto ist kein großer Vorteil, da sie ein paar Minuten laufen und in der Nähe ein anderes Auto bekommen könnte	Im Vorfeld Empfehlungsschreiben, um Leute zu ermutigen, Anbieter zu werden

Abbildung 8.15: Auszüge aus Nicos Notizen zu seinen Online-Interviews

Füllen Sie nach jedem Interview den Analyseabschnitt aus!

Am unteren Ende der Vorlage befindet sich der Analyseabschnitt, den Sie in Abbildung 8.16 sehen. Hier können Sie nachverfolgen, ob die verschiedenen Teilnehmer jede Ihrer Hypothesen bestätigt oder widerlegt haben.

ANALYSEABSCHNITT	Validierung Zusammenfassung		
Hat der Teilnehmer Schlüsselfeature 1 validiert? (ja oder nein)	nein	ja	ja
Hat der Teilnehmer Schlüsselfeature 2 validiert? (ja oder nein)	ja	nein	ja
Hat der Teilnehmer das Nutzenversprechen validiert? (ja oder nein)	ja	ja	ja
Hat der Teilnehmer das Geschäftsmodell validiert? (ja oder nein)	ja	ja	ja

Abbildung 8.16: Analyseabschnitt für die Zusammenfassung Ihrer Ergebnisse der Hypothesenvalidierung

Das Wichtigste ist, dass Sie den Analyseabschnitt sofort nach jedem Interview ausfüllen, solange die Antworten noch frisch in Ihrem Gedächtnis sind. Wenn Sie warten, bis alle Interviews durchgeführt worden sind, könnte Ihre Zusammenfassung in Richtung einer positiven Validierung verzerrt sein.

Sehen Sie sich alle Antworten an, die sich auf die einzelnen Hypothesen beziehen, und fassen Sie Ihre Analyse mit einem binären Ja oder Nein zusammen. Dies sollte einfach sein, wenn Sie während Ihres Interviews zu jeder Hypothese gezielte Fragen gestellt haben. Wenn Sie irgendwelche »Vielleicht«-Antworten haben, sollten Sie in Betracht ziehen, Ihre Studie mit deutlicheren Fragen oder weiterem Nachfragen zu wiederholen.

Der letztendliche Zweck dieses binären Prozesses ist es, qualitative Antworten in quantitative und messbare Ergebnisse zu verwandeln. Sehen Sie sich die einzelnen Zeilen an und addieren Sie die Anzahl der Teilnehmer, die eine bestimmte Hypothese bestätigt haben. Teilen Sie dann die Summe durch die Gesamtzahl der Teilnehmer und wandeln Sie die Zahl in einen Prozentsatz um. Vergleichen Sie den Prozentsatz mit den vorgegebenen Kriterien, die Sie in das Tool »Experimentdesign Nutzerstudie« eingetragen haben. Angenommen, lediglich zwei von fünf Teilnehmern würden für Ihre Lösung bezahlen, dann entspricht dies einer Validierung Ihres vorgeschlagenen Geschäftsmodells von 40 %. Wenn Ihr minimales Erfolgskriterium eine Validierung von 80 % wäre, dann hätten Sie Ihr Geschäftsmodell leider nicht validiert.

Präsentieren Sie Ihre Ergebnisse

Wenn Sie Ihre Forschungsergebnisse den Stakeholdern präsentieren, ist es am besten, sich kurzzufassen und alles mit den gerade gesammelten Daten zu verknüpfen. Sie können damit beginnen, das Ziel des Forschungsprojekts zu erklären – die Hypothesen, die Sie getestet haben. Als Nächstes sprechen Sie darüber, wie Sie die Studie durchgeführt haben: wo, wann und wie viele Personen teilgenommen haben. Fügen Sie Bildmaterial ein, das den Kontext verdeutlicht, z.B. Fotos oder Videoaufnahmen. Sie können auch Zitate oder zusätzliche Ergebnisse einfügen. Entscheidend ist, dass Sie die wichtigsten Ergebnisse präsentieren, einschließlich Prozentsätze und Verhältnisse, wo dies angebracht ist. Diese Ergebnisse sollten Ihre Handlungsempfehlungen und nächsten Schritte unterstützen.

Wie Sie in Abbildung 8.17 sehen können, erfüllte Nico seine Erfolgskriterien und erhielt über 80 % Zustimmung zu seinem Nutzenversprechen und Geschäftsmodell. Er stellte außerdem fest, dass einige Teilnehmer ein Abo-Modell bevorzugten. Basierend auf seinen Erkenntnissen wendete sich Nico vom Konzept der Hin- und Rückfahrt ab und konzentrierte sich stattdessen auf die optimale Nutzung der verfügbaren, voll aufgeladenen Elektrofahrzeuge. Außerdem bot er eine Mitgliedschaftsoption für Vielfahrer an.

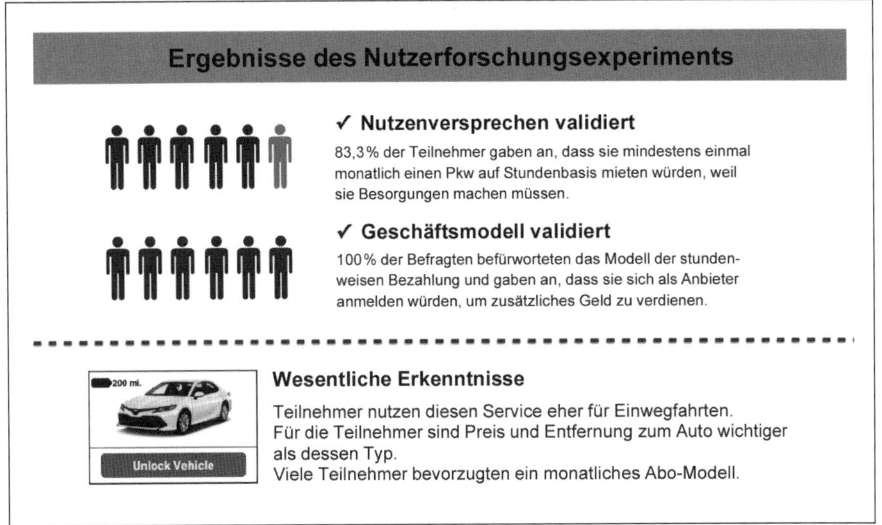

Abbildung 8.17: Folie mit einer Zusammenfassung der Ergebnisse von Nicos Nutzerstudie

Hören Sie auf das Signal

Jetzt haben wir eindeutige Ergebnisse aus dem Experiment der Nutzerstudie. Jedoch war an diesem Experiment nur eine kleine Anzahl von Teilnehmern beteiligt. Sie sollten Ihr Experiment mit immer größeren Stichproben wiederholen, bis Sie ein Signal haben, das stark genug ist, um sich selbst, Ihre Stakeholder und/oder potenzielle Investoren zu überzeugen.

Sobald Sie von der Aussagekraft Ihrer Ergebnisse überzeugt sind, ist es an der Zeit, einige wichtige Entscheidungen zu treffen. Eines der folgenden Dinge könnte passiert sein:

- Sie haben Ihr Nutzenversprechen widerlegt, glauben aber, dass Sie das richtige Kundensegment getroffen haben. Sie wollten oder brauchten Ihre Lösung einfach nicht. Wenn Sie die richtigen Fragen gestellt haben, sollten Sie wissen, warum. Gibt es Aspekte Ihres Nutzenversprechens, auf die sie positiv reagiert haben und die Sie in eine neue Richtung drehen können? Wenn ja, gehen Sie zurück zu Kapitel 6 und lassen Sie sich weitere innovative Ideen einfallen. Oder befürchten Sie, dass das Problem, das Sie lösen, einfach nicht so schlimm ist, dass die Leute Ihre Lösung brauchen? Wenn ja, dann ist es womöglich an der Zeit, das Geschäftsmodell noch einmal zu überdenken. Oder wollen Sie mehr Zeit und Geld in diese Idee investieren, bevor Sie das Handtuch werfen? Dann fahren Sie mit Kapitel 9 fort und versuchen Sie, das Nutzenversprechen mit einer anderen Art von Experiment zu testen.

- Sie haben Ihr Nutzenversprechen widerlegt und glauben nun, dass Sie das falsche Kundensegment anvisiert haben. Gehen Sie zurück zu Kapitel 3 (Customer Discovery), versuchen Sie, das richtige Kundensegment zu finden, und führen Sie dann das Experiment erneut durch. Warten Sie damit, Ihren Prototyp zu zeigen, während Sie die Customer Discovery wiederholen, bis Sie wirklich verstehen, wer Ihr Kunde ist und welche Aufgabe er zu erledigen versucht.
- Sie haben Ihr Nutzenversprechen validiert, nicht aber Ihr Geschäftsmodell. Schauen Sie sich die Interview-Antworten bezüglich des Geschäftsmodells an und überlegen Sie, ob es andere Modelle gibt, die es wert sind, untersucht zu werden. Sie können auch einen Blick auf Ihre Mitbewerber werfen, um zu sehen, ob eines ihrer Geschäftsmodelle für Ihr Nutzenversprechen funktionieren könnte. Sie können dann Ihren Prototyp aktualisieren und eine weitere Runde von Nutzerinterviews durchführen. Oder Sie können das aktuelle Nutzenversprechen in Kapitel 9 gegen Varianten des Geschäftsmodells testen.
- Sie haben Ihr Nutzenversprechen und Ihr Geschäftsmodell validiert, aber nicht alle Schlüsselfeatures. Schauen Sie sich die Interview-Antworten bezüglich der ungeliebten Schlüsselfeatures an und überlegen Sie, wie sie geändert werden können. Sie können Ihren Prototyp aktualisieren und eine weitere Runde von Nutzerinterviews durchführen. Oder Sie testen in Kapitel 9 das aktuelle Nutzenversprechen und Geschäftsmodell mit Variationen der Schlüsselfeatures.

Falls Sie in eine dieser Kategorien fallen und Sie einen Kunden oder Stakeholder haben, der nicht an Ihre Forschungsergebnisse glaubt und das Produkt trotzdem bauen will, stehen Sie vor einer existenziellen Herausforderung, bei der Sie versuchen müssen, Ihre Haltung und Ihr Portemonnaie in Einklang zu bringen. Nur Sie können die Frage beantworten, wie Sie mit solch einer Situation umgehen.

Im besten Fall haben Sie nur positive Rückmeldungen erhalten. Masel tov! Führen Sie Ihr Experiment entweder mit einer größeren Stichprobe durch, um die Ergebnisse auf eine solidere Faktengrundlage zu stellen, oder fahren Sie mit Kapitel 9 fort, um Ihre Geschäftsidee mit einer neuen Art von Experiment zu testen.

Alle Ihre Hypothesen zu validieren, ist ein seltenes Kunststück, besonders bei wirklich innovativen Ideen. Deshalb schließe ich dieses Kapitel mit einem treffenden Zitat der berühmten Systemdenkerin und Autorin Donella H. Meadows.[3] Sie sagte:

> Anstatt ein Verfechter für eine mögliche Erklärung oder Hypothese oder ein Modell zu werden, sammeln Sie so viele wie möglich. Halten Sie alle für plausibel, bis Sie einen Beweis finden, der Sie veranlasst, eine auszuschließen. Auf diese Weise werden Sie emotional in der Lage sein, die Beweise zu sehen, die eine Annahme ausschließen, die sich vielleicht mit Ihrer eigenen Identität verstrickt.

Zusammenfassung

Die Strategie muss auf der Realität basieren. Sie können Online-Nutzerstudien durchführen, die kostengünstig sowie schnell sind und Stakeholdern, die wichtige Entscheidungen zur Produktstrategie treffen müssen, unmittelbar Fakten an die Hand geben. Die Vorstellung, solch eine Studie durchzuführen, kann anfangs ein wenig einschüchternd sein, aber je öfter Sie es tun, desto weniger einschüchternd wird es sein. Wenn Sie eine Forschungsstudie als strukturiertes Experiment durchführen, haben Sie einen Rahmen, um das Relevante vom Irrelevanten zu trennen und sich auf das Sammeln von Erkenntnissen zur Hypothesenvalidierung zu konzentrieren. Ihr gesamtes Team und Ihre Stakeholder sind besser dran, wenn sie direkt vom Zielkunden erfahren, ob Ihre Lösung wünschenswert und realisierbar ist, und zwar je früher, desto besser.

3 Meadows, Donella H.: *Thinking in Systems: A Primer*, Vermont: Chelsea Green Publishing, 2008.

9

Mit Design die Konversionsrate steigern

Die meisten meiner Fortschritte entstanden durch ein Versehen. Sie erkennen, was ist, wenn Sie sich von dem verabschieden, was nicht ist.[1]

– R. Buckminster Fuller

Sie müssen Ihre Strategie ständig optimieren, um die Erfolgsquote bei der Kundengewinnung und Kundenbindung zu steigern. Fehler zu machen, ist für den Prozess unabdingbar. Sie müssen Strategien entwickeln und effiziente Trichter entwerfen, die alles tun, um Menschen auf Ihr Nutzenversprechen aufmerksam zu machen und sie in engagierte Kunden zu konvertieren. Dieser Prozess des Testens und Optimierens wird als *Design for Conversion* bezeichnet; es geht also darum, mithilfe von gutem Design die Konversionsraten zu verbessern. Dieser Prozess verbindet alle Säulen miteinander, wie in Abbildung 9.1 dargestellt.

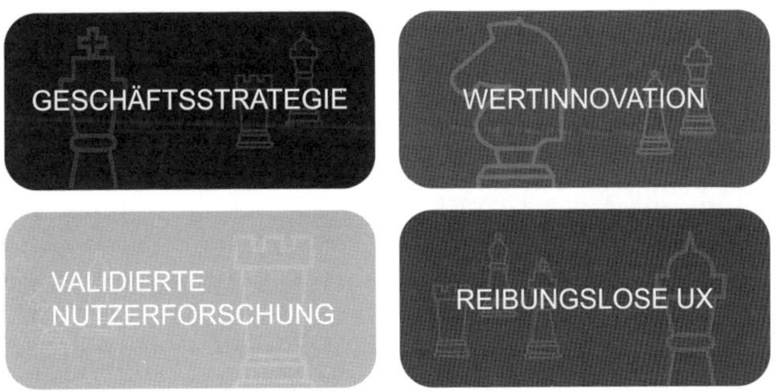

Abbildung 9.1: Die vier Säulen der UX-Strategie

Im vorigen Kapitel lag der Schwerpunkt auf dem Sammeln qualitativer Rückmeldungen von einer kleinen Gruppe von Zielbenutzern. In diesem Kapitel

1 »Conversations with Buckminster Fuller«, *The Werner Erhard Foundation. https://oreil.ly/7Y40_*

zeige ich, wie man Landingpages und Online-Anzeigenanalyse (Advertising Analytics) verwendet, um von einer viel größeren Gruppe von Zielbenutzern quantitative Daten zu sammeln, um Geschäftsideen zu testen und Marketingkanäle zu validieren.

Liebes Tagebuch,

Freitag, 23. September 1983

Heute war kein guter Tag. Ich musste wieder den ganzen Weg von der Schule nach Hause laufen. Alle an meiner High School haben ein Auto, nur ich nicht. Das sind alles reiche Snobs. Und dieser Idiot in Geschichte hört nicht auf, »Michelle« zu summen, wenn ich in die Klasse komme. Warum waren meine Eltern so blöd, mich nach einem berühmten Beatles-Song zu benennen? Es ist fast so, als ob jedes Mädchen auf der Welt, das 1966 geboren wurde, diesen Namen trägt.

Mittwoch, 5. Oktober 1983

Okay. Heute war es nicht so schlimm wie sonst. Nach der Schule fuhren Stacy und ich in ihrem neuen schwarzen VW Golf mit offenem Verdeck herum und ließen Musik laufen. Sie hat mich total für The Cure und Joy Division begeistert. Ich hatte heute Abend keine Zeit, für meinen Spanischtest zu lernen. Egal.

Ich habe nachgedacht. Mein Leben wäre perfekt, wenn ich nur einen Freund, einen Job und ein cooles Auto hätte. Ich wünschte, ich könnte wie Stacy einen VW fahren. Ich werde meinen Dad fragen, ob er mir hilft, einen zu kaufen.

Sonntag, 20. November 1983

Du glaubst es nicht!! Mein Vater hat mir Geld geliehen, damit ich mir ein supersüßes gebrauchtes Cabrio, einen Karmann Ghia, kaufen kann. Ich muss mir nur einen Teilzeitjob suchen, weil ich selbst das Benzin und die Autoversicherung bezahlen muss! Aber wenigstens werde ich ein cooles Auto haben, mit dem ich am Montag zur Schule fahren kann! Ich hoffe, Eric sieht mich.

Samstag, 17. Dezember 1983

Nun, ich habe ziemlich gute Laune. Ich glaube, ich habe einen neuen Freund. Wen, fragst du? Oh, einfach Eric S., der süßeste Typ in Taft. Ich habe auch meinen ersten Tag bei *Pups and Pets* hinter mir. Für jeden Welpen, den ich verkaufe, bekomme ich 2 % Provision!!!!! Heute Abend werden Eric und ich den neuen Autofilm *Christine* sehen.

Montag, 12. März 1984

Das wird wohl die schlimmste Woche meines ganzen Lebens. Eric und ich hingen bei ihm zu Hause ab. Ich dachte, alles sei in Ordnung, aber dann sagte er aus dem Nichts, dass er Schluss machen wolle. Ich war so aufgewühlt, dass ich einfach weinend rauslief. Ich fuhr den Ventura Boulevard hinunter, flippte total aus und krachte versehentlich in den Jaguar einer reichen Dame. Mein Auto ist total kaputt!!!!!!!

DANN rief ich bei *Pups and Pets* an und habe Mr. Rossi gesagt, dass ich nicht kommen kann, weil ich kein Auto habe, und er hat mich gefeuert!!! Ich hasse Mr. Rossi. Ich hasse Eric. Ich hasse alles. Mein armes Auto. Mein ganzes Leben ist ruiniert!!!

Abbildung 9.2: Michelle Levy posiert mit ihrem VW Karmann Ghia Cabrio

Mittwoch, 6. Juli 1984

Gestern war ein verrückter Tag. Ich war mit meiner Mutter und ihrem neuen Freund in Encino zum Abendessen. Da war so ein süßer Typ, der mich immer wieder ansah. Und dann, als wir rausgingen, kam er auf mich zu und fragte mich, ob ich Lust hätte, mit ihm zusammen abzuhängen. Sein Name ist Andy und er kam mit mir zu Stacys Haus. Er geht auf die San Francisco State University. Ich wusste gar nicht, dass es da oben ein staatliches College gibt. Also hab ich beschlossen, dass ich auch dorthin gehe! Mein Dad sagt, er bezahlt das Wohnheim, weil ich dann keine teure Autoversicherung mehr brauche.

Sonntag, 4. September 1984

Oh mein Gott. Was für ein Tag. Mein Dad hat mich an meinem neuen Wohnheim abgesetzt. Als er wegfuhr, habe ich fast geweint. Aber dann tauchte Andy auf. Er nahm mich im Zug (<- mein erstes Mal!) mit zu diesem berühmten Stadtteil namens Haight-Ashbury. Ich habe das Gefühl, dass ich in dieser Stadt ein anderer Mensch werden kann. Als wir zum Wohnheim zurückkamen, sagte er mir, er wolle mir ein paar seiner Freunde vorstellen. Auf dem Weg nach oben im Aufzug sagte ich ihm, er solle ihnen sagen, dass ich Jaime heiße und nicht Michelle. Jaime Sommers, eine Figur in *Die Sieben-Millionen-Dollar-Frau* (*The Bionic Woman*) habe ich schon immer geliebt. Als die Tür aufging, stellte er mich diesem Mädchen Mindy vor. Sie scheint ziemlich cool zu sein und steht auch auf Gothic-Musik. Wie auch immer, ich bin jetzt Jaime.

Was lernen wir daraus?

- Es stellte sich heraus, dass ein Freund, ein Job und ein cooles Auto nicht zu einem perfekten Leben führen. Ich hatte gedacht, ich hätte alles im Griff, aber jetzt weiß ich, dass dies nicht so war.
- Unsere Namen haben die Macht, unsere Identität zu formen. Der Name Michelle hat sich für mich nie richtig angefühlt. Es war nicht nur einfach ein Rebranding. Den Namen Jaime anzunehmen, erlaubte mir, mich neu zu erfinden.
- Um im Leben voranzukommen, muss man sich oft in ungewohntes Terrain begeben. Haben Sie keine Angst davor, damit zu experimentieren, in verschiedenen Städten und Ländern zu leben. Anpassungsfähigkeit erweitert Ihre Fähigkeit, mit Veränderungen umzugehen.

Das Business und der Trichter

Ein Trichter ist ein kegelförmiges Utensil mit einem Rohr an der Spitze, um eine Flüssigkeit oder eine andere Substanz durch eine kleine Öffnung zu leiten. Wenn ich Öl in den Motor meines Autos fülle, verwende ich einen Trichter, um die Erfolgsrate zu erhöhen, dass das Öl direkt dorthin gelangt, wo es hingehört. Der Trichter ist der Mechanismus, den ich verwende, um Verschwendung zu vermeiden.

In der Welt der UX-Strategie findet Verschwendung dann statt, wenn potenzielle Benutzer nicht in den Motor eines Produkts eingetrichtert werden. Irgendwo auf dem Weg haben sie sich nicht angemeldet, nicht ihr Konto aktiviert, eine bestimmte Transaktion nicht initiiert oder abgeschlossen oder etwas anderes. Mit anderen Worten, sie haben das Nutzenversprechen nicht vollständig erlebt und haben vielleicht weggeklickt, ohne ihre Bedürfnisse zu befriedigen. Das Design des digitalen Produkttrichters hat sie nicht in engagierte Kunden verwandelt.

Trichter werden als Metaphern für die Kundenbindung verwendet, seit der Werbeagenturchef Elias St. Elmo Lewis den Begriff *Marketingtrichter* zum ersten Mal im Jahr 1898 verwendete.[2] Er unterteilte die Reise des Kunden durch den Trichter in verschiedene kognitive Phasen: Awareness (Bewusstsein), Interest (Interesse), Desire (Wunsch) und Action (Aktion). Dieser Trichter ist heute allgemein unter dem Akronym AIDA bekannt. Dieser stufenweise Prozess ist hier und in Abbildung 9.3 zusammengefasst:

Awareness/Attention (Bewusstsein, Aufmerksamkeit)
: Der potenzielle Kunde wird auf die Existenz eines Produkts aufmerksam. Irgendetwas erregt seine Aufmerksamkeit und das saugt ihn in den oberen Teil des Marketingtrichters. Dies kann beispielsweise passieren, wenn er eine Anzeige sieht.

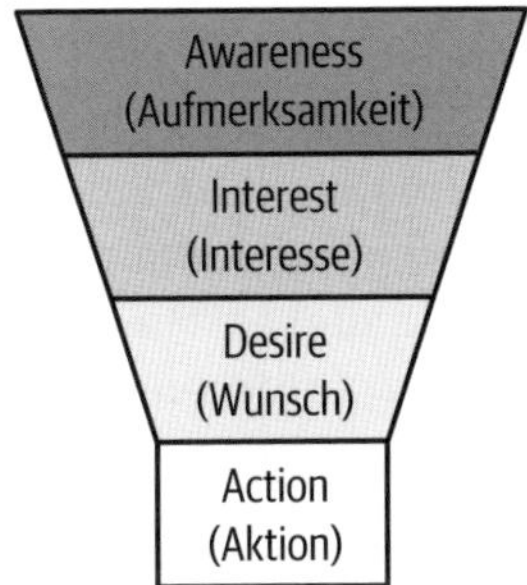

Abbildung 9.3: Die Phasen des AIDA-Marketingtrichters

Interest (Interesse)
: Wenn der potenzielle Kunde etwas über die Vorteile des Produkts erfährt und wie es ein Bedürfnis in seinem Leben lösen könnte, zieht ihn das weiter an. Beispielsweise klickt er auf die Anzeige, um die Details zu lesen.

Desire (Wunsch, Verlangen)
: Wenn der potenzielle Kunde von dem Zustand »gefällt mir« zu »will ich haben« übergeht, wird er tiefer in den Trichter gezogen. Beispielsweise konsumiert, interagiert oder scrollt er durch alle Informationen auf der Landingpage.

Action (Aktion)
: Wenn der potenzielle Kunde eine Aktion zum Kauf des Produkts ausführt, bringt ihn das an das Ende des Marketingtrichters. Zum Beispiel demonstriert er seinen Wunsch nach dem Produkt, indem er auf den Call-to-Action (CTA) der Landingpage klickt.

Der Marketingtrichter kann auch als Kundentrichter, Verkaufstrichter, Kauftrichter oder Konversionstrichter bezeichnet werden. Es gibt auch verschie-

2 »AIDA (marketing)«, *Wikipedia*. *https://oreil.ly/B75SN*

dene Variationen des Trichters, die um Stufen erweitert sind, die über die Kundenakquise hinausgehen, wie z.B. das AARRR-Modell[3], das in der ersten Ausgabe dieses Buches beschrieben wurde. In diesem Kapitel werden wir uns auf das grundlegende AIDA-Framework konzentrieren und wie es für die Gestaltung der Konversion zum Aufbau von Awareness relevant ist.

Im Marketing ist Konversion ganz einfach der Prozess, einen potenziellen Kunden dazu zu bringen, ein gewünschtes Ziel zu erreichen. Dies könnte die Bestellung eines Produkts sein, nachdem er einen Werbespot im Fernsehen gesehen hat, oder das Herunterladen einer App, nachdem er eine Werbung auf YouTube gesehen hat. Normalerweise kaufen Benutzer kein Produkt und laden keine App herunter, von dem/der sie nichts wissen. Jemand oder etwas, das als *Touchpoint* bezeichnet wird, hat sie in einen Marketingtrichter gelockt.

Früher, in den Tagen des klassischen Marketings, waren Touchpoints Dinge wie Print-, TV- oder Radiokampagnen. Oder, schlimmer noch, Verkäufer, die während des Abendessens anriefen und Kaltakquise betrieben oder Direktwerbung, auch bekannt als »Junk-Mail«, an Haushalte schickten. Diese Formen des Marketings waren eine Herausforderung, denn sie waren langsam, teuer und es fehlte eine Möglichkeit, das Engagement zu messen.

Heutzutage gibt es neue Formen des digitalen Marketings, die für Produkthersteller leicht zugänglich sind. Mit einer Online-Werbekampagne im Wert von 5 Euro können Sie in 24 Stunden mehr über die Reaktion Ihres Zielkundensegments auf Ihr Nutzenversprechen erfahren als mit einer einwöchigen 5.000 Euro teuren Printkampagne in einer Zeitung. Außerdem können Sie Ihre Marketingkampagne und Ihr Produkterlebnis schnell iterieren und Split-Tests durchführen, um die Konversion zu verbessern und das Wachstum zu beschleunigen. Aus diesem Grund gibt es zahlreiche Begriffe aus der Welt des Wachstums (Growth) und entsprechende Modelle, die zur Vorhersage und Steuerung des Online-Kundenverhaltens Daten nutzen.

Growth Hacking, Growth Design und das Hook-Modell

Growth Hacking ist ein Begriff, der 2010[4] von Sean Ellis, einem Unternehmer und Autor des Buches *Hacking Growth*, geprägt wurde.[5] Das Konzept hinter dem Begriff ist, dass funktionsübergreifende Produktteams mit cleveren, kos-

3 McClure, Dave: »Startup Metrics for Pirates«, 8. August 2007. *https://oreil.ly/nRfZj*

4 Ellis, Sean: »Find a Growth Hacker for Your Startup«, *Startup Marketing*, 26. Juli 2010. *https://oreil.ly/hYpaU*

5 Ellis, Sean/Brown, Morgan: *Hacking Growth*, London: Virgin Books, 2017.

teneffizienten Methoden experimentieren, um das Kundenwachstum zu steigern. Facebook, Twitter, LinkedIn, Airbnb und Dropbox sind Unternehmen, die allesamt Growth-Hacking-Techniken eingesetzt haben, um erfolgreich zu werden. Diese Teams, die diese Techniken anwenden, werden heute allgemein als Growth Teams, als Wachstumsteams, bezeichnet.

Wachstumsteams sind Meister der Analytics-Tools, der Traffic-Generierung und der Produktoptimierung. Sie haben ein tiefes Verständnis für das Innenleben von Suchmaschinenoptimierung (SEO), Werbeplattformen und Social-Media-Tools. Was sie tun, wird *Hacking* genannt, weil sie sich rücksichtslos darauf konzentrieren, das Unternehmen auf unkonventionelle Weise wachsen zu lassen. Sie stoßen an die Grenzen des traditionellen Marketings, indem sie Techniken wie A/B-Tests, Landingpages, virale Faktoren, E-Mail-Zustellbarkeit und Social-Media-Integration einsetzen. Ein primäres Ziel des Growth Hackings ist es, virale und bezahlte Werbekampagnen mit den Metriken der Benutzerbindung zu verknüpfen, sodass sie die wertvollsten Marketingkanäle identifizieren können. Growth Hacking bedeutet, das Marketing und die User Experience des Produkts kontinuierlich zu optimieren, um neue Benutzer zu gewinnen und deren Engagement zu steigern.

Das Team wird von einem Growth Owner geleitet. Diese Person definiert Strategien zur Förderung des Wachstums und bringt die »Hacker« zusammen, damit sie gemeinsam an Experimenten arbeiten. Growth Owner kommen in der Regel aus den Bereichen Marketing, Produkt oder Technik. Infolgedessen können diese Teams die Bereiche Technik und Marketing stärker priorisieren und der Rolle des Designs einen geringeren Wert beimessen.

Aus diesem Grund gewinnt der Begriff *Growth Design* immer mehr an Popularität. Er verdeutlicht die wichtige Rolle von Designern als strategische Mitglieder von Wachstumsteams. Lex Roman, ein Experte für Growth Design, beschreibt es als »Fokussierung nicht nur auf die Kundenerfahrung, sondern auch auf die Frage, wie man nachhaltiges Unternehmenswachstum vorantreiben kann, indem man die Hebel findet, um Kunden- und Geschäftswertschleifen zu entriegeln.«[6] Growth Designer konzentrieren sich darauf, die Teile der UX zu optimieren, die den größten Einfluss haben (siehe Abbildung 9.4). Sie wissen auch, wie sie Verhaltensanalyse einsetzen können, um zu verfolgen, ob sie ihre Ziele erreicht haben. Es geht darum, zu verstehen, wie das Produktdesign mit dem Geschäftsmodell verbunden ist.

6 Roman, Lex: »Growth Design FAQ«, *Lex Roman. https://oreilly/hfvI5*

Abbildung 9.4: Das Growth-Design-Framework von Lex Roman

Ein verwandtes Framework ist das Hook-Modell, das von dem Verhaltensdesign-Experten und Unternehmer Nir Eyal entwickelt wurde. In seinem 2014 erschienenen Bestseller *Hooked: How to Build Habit-Forming Products* beschreibt Eyal einen vierstufigen Prozess (Abbildung 9.5), um das Kundenverhalten durch aufeinanderfolgende Hooked-Zyklen subtil zu fördern.[7] »Ein Hook ist eine Erfahrung, die darauf ausgelegt ist, das Problem des Benutzers mit dem Produkt des Unternehmens mit ausreichender Häufigkeit zu verbinden, um eine Gewohnheit zu bilden«, so Eyal. Auf diese Weise werden diese neu gewonnenen Benutzer an das Produkt »gefesselt, sie hängen am Haken«, ohne dass man hierfür teure Werbung oder Spam-Nachrichten einsetzen muss.

Abbildung 9.5: Die vier Komponenten des Hook-Modells nach Nir Eyal: Auslöser, Aktion, Belohnung und Investition

7 Eyal, Nir/Hoover, Ryan: *Hooked: How to Build Habit-Forming Products*, New York: Portfolio, 2014.

Ich werde die User Experience des sozialen B2B-Netzwerks LinkedIn als Beispiel verwenden. Der Haken kann entweder ein interner Auslöser sein, wie z.B. Frustration über die eigene Arbeit, oder ein externer Auslöser, wie z.B. die Nachricht einer Kollegin, dass sie einen neuen Job angefangen hat. Dies veranlasst Sie zu einer Aktion, z.B. zum Scrollen durch den LinkedIn-Feed. Dann kommt die variable Belohnung der Informationen, die Sie in Ihrem Feed sehen. Sie entscheiden sich vielleicht, einen Beitrag zu liken oder einen eigenen Artikel zu teilen, was eine Investition Ihrer Zeit und Ihrer Daten in die Plattform darstellt. Diese Investition ist eine Form von gespeichertem Wert, der im Laufe der Zeit zum Wettbewerbsvorteil eines Produkts wird, wenn sich die Gewohnheit bildet.

Eyal hat darauf aufmerksam gemacht, dass »wir vorsichtig damit sein müssen, wie wir diese Techniken anwenden, weil sie, wie alles Design, eine Form der Manipulation darstellt.«[8] Eyal beschreibt in *Hooked*, wie man Behavioral Design ethisch korrekt einsetzt, und ließ seinem ersten Buch ein zweites folgen, das eine Anleitung zum Überlisten von Ablenkungen darstellt und den Titel *Indistractable: How to Control Your Attention and Choose Your Life* trägt.

Das Hook-Modell, Growth Design und auch Growth Hacking basieren auf dem AIDA-Trichter von 1898: Awareness, Interest, Desire und Action. Ihr Team kann sich ein paar »Out-of-the-Box«-Hacks einfallen lassen, um die Leute auf Ihr Produkt aufmerksam zu machen, aber Sie müssen trotzdem das richtige Kundensegment mit überzeugenden Botschaften ansprechen, um Interesse und Verlangen zu wecken. Die Anwendung von Growth-Design-Techniken hilft Ihnen bei der Feinabstimmung des Produkterlebnisses. So stellen Sie sicher, dass die Benutzer aktiv werden und die Viralität Ihres Produkts ankurbeln. Sobald die Kunden die gewünschte Aktion immer wieder wiederholen, werden sie und diejenigen, mit denen sie den Inhalt teilen, in Ihrem Produkttrichter gefangen.

Im nächsten Abschnitt erfahren Sie, wie Sie eine Geschäftsidee testen können, indem Sie potenzielle Kunden mit kostengünstigen Werbekampagnen auf Landingpages leiten.

Landingpage-Experimente durchführen

Eine Landingpage ist eine einzelne Webseite, die speziell für die Vermarktung eines Produkts oder einer Dienstleistung erstellt wurde. Sie ist der Ort, an dem ein Benutzer »landet«, nachdem er auf einen Link in einer E-Mail oder einer

8 Eyal, Nir: »Nir Eyal on Creating Habit-Forming Products: Closing Remarks«, *LinkedInLearning*, 23. Januar 2017.

Online-Werbung geklickt hat. Sie unterscheidet sich von einer Homepage dadurch, dass sie den Benutzer dazu bringen soll, eine gewünschte Aktion auszuführen, z.B. auf einen Button zu klicken, um eine mobile Anwendung herunterzuladen. Die Seiten sind speziell darauf ausgelegt, potenzielle Kunden in den oberen Teil Ihres Marketingtrichters zu locken, damit Sie deren Engagement messen und Hypothesen überprüfen können. Landingpages können für Entscheidungen über die Produktstrategie verwendet werden, da Sie durch Versuch und Irrtum schnell lernen, welche Kundensegmente auf ein Nutzenversprechen und/oder Variationen davon reagieren. Abbildung 9.6 zeigt den allgemeinen Ablauf zur Erstellung eines Landingpage-Experiments.

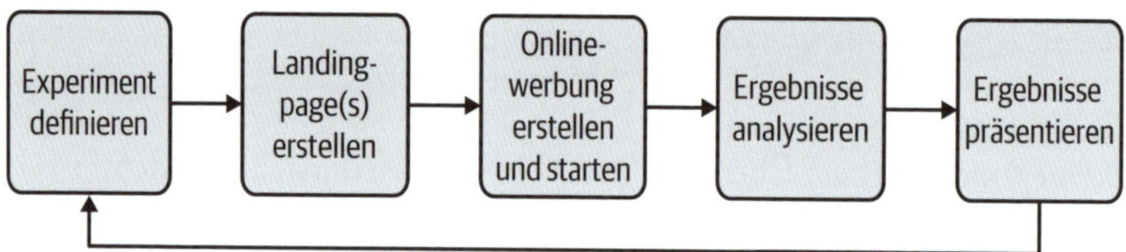

Abbildung 9.6: Ablauf des Landingpage-Experiments

Wenn das Experiment erfolgreich durchgeführt wird, läuft die User Experience wie folgt ab:

- Zuerst sieht der potenzielle Kunde die Anzeige (Awareness).
- Dann klickt er auf die Anzeige (Interest).
- Dann findet er die Landingpage, die für seine Bedürfnisse relevant ist (Desire).
- Dann klickt er auf den CTA, um in Ihr eigentliches Produkt einzutauchen (Action).

Dieser Ablauf sollte mit neuen Iterationen wiederholt werden, bis Sie und/oder Ihre Stakeholder mit den Ergebnissen zufrieden sind. So entstehen die Feedbackschleifen, die für Säule 3: Validierte Nutzerforschung und Säule 4: Reibungslose UX entscheidend sind.

Wenn Sie ein neues Experiment auf der Grundlage des Feedbacks, das Sie während Ihrer Online-Studien in Kapitel 8 erhalten haben, aufbauen, möchten Sie vielleicht ein Landingpage-Experiment durchführen, um Variationen des Nutzenversprechens, des Geschäftsmodells oder Variationen von beidem zu testen.

Mit Landingpage-Experimenten können Sie einem Kunden verschiedene Konzepte vorführen, um frühes Feedback zu erhalten. Sie werden einige der Bildschirme aus dem Prototyp, den Sie in Kapitel 7 erstellt haben, verwenden, um

a) den Kunden zu zeigen, wie die App oder die Website aussieht, und b) um die Illusion zu erzeugen, dass die Geschäftsidee tatsächlich ein Live-Produkt ist oder eins, das kurz vor der Veröffentlichung steht. Abhängig von dem Feedback, das Sie während Ihrer Onlinestudien in Kapitel 8 erhalten haben, können Sie die Bildschirme aktualisieren, bevor Sie sie in die Landingpage und die Werbekampagne einfügen.

Im Jahr 2019 hielt ich auf einem UX-Camp in Berlin einen Vortrag. Dort lernte ich Sebastian Philipp kennen (siehe Abbildung 9.7). Er ist der Leiter des Business Innovation Studios bei der Volkswagen Group Services GmbH, einer konzerninternen Agentur/Beratungsfirma für Business- und Service-Design. Beim Mittagessen erzählte er mir von einigen coolen Experimenten, die das Business Innovation Studio durchführt, darunter ein Smoke-Test mit Anzeigenkampagnen und Landingpages. Ich werde eine der aktuellen Kampagnen als Fallstudie dekonstruieren.

Abbildung 9.7: Sebastian Philipp zeigt in Berlin auf ein Volkswagen-Plakat der We-Share-Kampagne

Zunächst eine kleine Hintergrundgeschichte: Volkswagen experimentiert mit verschiedenen Mobility-as-a-Service-(MaaS-)Initiativen. Sie haben ein ganzes digitales Ökosystem von Produkten namens »We«, das es Volkswagenfahrern ermöglicht, mehr integrierte Dienstleistungen zu nutzen, die mit dem Leasing/Besitz eines Volkswagens einhergehen. Eines der Geschäftskonzepte, das sie validieren wollten, war, ob Kunden eine Autowäsche über eine App reservieren wollten und ob sie außerdem bereit wären, digital zu bezahlen. Der Zweck dieser speziellen Kampagne war es, herauszufinden, welcher geografische Standort die meisten Kunden für das Autowaschen anziehen würde.

Experiment definieren

Wenn Sie in Kapitel 8 das Tool »Experimentdesign Nutzerstudie« für den Entwurf Ihres Experiments im Rahmen der Online-Nutzerstudie verwendet haben, dann wird Ihnen der größte Teil dieses Schritts bekannt vorkommen. Das liegt daran, dass das Design-Tool für Landingpage-Experimente eine leicht modifizierte Version darstellt:

1. *Nutzenversprechen:* Geben Sie die aktuelle, prägnante Version Ihres Nutzenversprechens ein.
2. *Art des Experiments:* Geben Sie eine allgemeine Beschreibung der Art des Experiments ein, das Sie durchführen möchten, in diesem Fall ein Landingpage-Experiment.
3. *Start-/Enddatum des Experiments:* Geben Sie die tatsächlichen Daten und/oder die Dauer des Experiments an.
4. *Details zum Experiment:* Geben Sie wichtige Details an, z. B. wie viele Anzeigen Sie voraussichtlich schalten werden, wie hoch das Budget für die Studie ist, welche Tools Sie voraussichtlich verwenden werden und welchen Proof of Concept Sie erbringen wollen. Wenn Sie sich bei einigen dieser Details unsicher sind, kommen Sie nach Beendigung des Kapitels zurück, um diese zu präzisieren.
5. *Hypothese:* Wie in den Kapiteln 7 und 8 beschrieben, muss eine Hypothese sowohl eindeutig als auch messbar sein. Bei Landingpage-Experimenten, bei denen ich Geschäftsideen teste, sollte jeweils nur eine Variable getestet werden. Sonst handelt es sich nicht um ein kontrolliertes Experiment. Mögliche Variablen könnten die Anzeige, die Landingpage und die Zielgruppe sein. Dies ist der wichtigste Teil des Tools, der jetzt ausgefüllt werden muss. Den Rest können Sie jederzeit vor der Durchführung des Experiments ausfüllen.
6. *Validierungsmethode:* Hier beschreiben Sie, wie die von Ihnen gewählte Variable verwendet wird, um die Hypothese zu testen.
7. *Minimale Erfolgskriterien:* Geben Sie eine Prozentzahl an, die die erfolgreiche Validierung Ihrer Hypothese(n) repräsentiert. Für Ihr Landingpage-Experiment wird dieser Prozentsatz als Konversionsrate bezeichnet, d. h. die Anzahl der Benutzer, die die gewünschte Aktion ausführen (z. B. auf die Schaltfläche zum Herunterladen der App klicken), bezogen auf die Anzahl der Benutzer, die die Landingpage besuchen (normalerweise zwischen 2 und 6 %). Für Ihre Werbekampagne wird dieser Prozentsatz als

Click-Through-Rate (CTR) bezeichnet, d.h. die Anzahl der Klicks auf die Anzeige geteilt durch die Anzahl der Impressionen (typischerweise zwischen 1 und 5 %).

Wie Sie sehen können, sind die ersten drei Teile mit denen aus Kapitel 8 identisch, aber der Rest ist spezifisch für das Ausführen von Landingpage-Experimenten, einschließlich der Frage, wie Sie den Traffic dorthin lenken können. Ich werde das Tool für die Planung des Experiments selbst ausfüllen, indem ich das Landingpage-Experiment von Volkswagen als Referenz verwende (siehe Abbildung 9.8).

1. Nutzenversprechen: App für die Buchung von automatischen, bargeldlosen, kundenspezifischen Autowäschen **2. Art des Experiments:** Landingpage-Experiment **3. Start-/Enddatum:** Mittwoch, 22. April 2020 bis Mittwoch, 29. April 2020	**4. Details zum Experiment:** Auf Facebook Anzeigen für zwei verschiedene Zielgruppen schalten. Jede Werbekampagne hat ein Budget von 350 € bis 400 € und wird zum gleichen Zeitpunkt gestartet. Vergleichen Sie die Ergebnisse der Anzeigenkampagnen und der Landingpages.	
5. HYPOTHESEN	**6. VALIDIERUNGSMETHODE**	**7. MINIMALE ERFOLGSKRITERIEN**
Autofahrer in deutschen Großstädten wünschen sich diesen Service wahrscheinlich mehr als Autofahrer im ländlichen Raum.	Schalten Sie eine Facebook-Anzeige in zwei verschiedenen geografischen Kundensegmenten in Deutschland. Schicken Sie die Click-Throughs auf identische Versionen der Landingpage und vergleichen Sie die Konversionsraten und die Kundenakquisitionskosten.	1 % CTR auf den Facebook-Anzeigen 5 % Conversion (Leute, die den Download-Button anklicken) auf der Landingpage

Abbildung 9.8: Tool für Experimentdesign für Landingpages im UX-Strategie-Toolkit

Erstellen der Landingpage(s)

Die primäre Funktion Ihrer Landingpage ist es, den Interessenten, die dort gelandet sind, mehr über den zukünftigen Zustand Ihres Produkts zu verraten, damit sie eine Aktion ausführen. Diese Konversion muss so schnell erfolgen wie ein 30-sekündiger Werbespot. Sie müssen den potenziellen Kunden vermitteln, was Ihr Produkt für sie tun wird, indem Sie einen beliebigen Inhalt verwenden, der den Zweck erfüllt. Dies ist der Zeitpunkt, an dem Sie die Content- oder Markenstrategen Ihres Teams in das Gespräch einbeziehen sollten, da Sie Ihr Produkt mithilfe von Text, Fotos und Videos in etwas Verdauliches destillieren müssen. In Kapitel 3 habe ich den Pitch-Aspekt des Nutzenversprechens beschrieben. Das ist das, was die Landingpage kommunizieren muss.

Ich werde Sie nun durch den Prozess der Erstellung einer Landingpage führen.

Schritt 1: Wählen Sie eine Plattform und eine Vorlage aus

Es gibt zahlreiche Plattformen für die Erstellung und Durchführung von Landingpage-Experimenten. Sie variieren in ihren Möglichkeiten von einfach und kostenlos bis hin zu robust und teuer. Die meisten von ihnen bieten 14-tägige kostenlose Testversionen und monatliche Abonnements an, wenn Sie mehr Zeit benötigen. Zwei beliebte Plattformen, die es schon eine Weile gibt, sind Unbounce und Instapage.

Wichtig bei der Auswahl einer Plattform ist, dass Sie eine wählen, die Ihnen folgende Möglichkeiten bietet:

- Auswählen einer anpassbaren responsiven Vorlage
- Erstellen der Seite durch Ziehen und Ablegen von Elementen
- Eigener Domainname für die Landingpage
- Nachverfolgung der Konversion Ihrer Seiten

Sobald Sie ein Konto erstellt haben, ist es an der Zeit, eine Vorlage auszuwählen. Vorlagen machen den Prozess nicht nur schneller, sondern sie sind auch für die Konversion optimiert. Achten Sie darauf, eine responsive Vorlage zu wählen, da die Mehrheit der Nutzer, die auf der Seite landen, auf mobilen Geräten unterwegs sein werden. »Click-through«-Vorlagen sind eine gute Wahl, denn Ihr Ziel ist es, Nutzer zum Durchklicken zu bewegen. Oder wenn Ihre spezifischen Ziele ein App-Download oder eine Produkteinführung sind, wählen Sie eine Vorlage, die hierfür optimiert ist. Möglicherweise müssen Sie nicht alle Elemente in jeder Vorlage verwenden, aber wählen Sie etwas, das professionell aussieht und nur geringfügige Änderungen erfordert. Um sich inspirieren zu lassen, was Sie mit aufnehmen sollten, googeln Sie »erfolgreichste Landingpages« plus das aktuelle Jahr. In der Regel finden Sie auch auf wichtigen Landingpage-Plattformen großartige Inspirationen für Landingpages.

Schritt 2: Fügen Sie den Inhalt hinzu (selbst erstellt und übernommen) und ändern Sie das Design

Jetzt ist es an der Zeit, die Vorlage mit Ihrem einzigartigen Inhalt zu füllen. Sehen Sie sich als Beispiel die Above-the-fold-Ansicht der EinfachAutoWaschen-Landingpage an (siehe Abbildung 9.9).

Abbildung 9.9: Der obere Bereich der Landingpage EinfachAutoWaschen der Volkswagen Group Services GmbH

Nachfolgend finden Sie eine Liste von Elementen, die ein Muss sind. Sie können diese Elemente vor der Auswahl Ihrer Vorlage oder danach vorbereiten.

Dies sind die Must-Haves Ihrer Landingpage:

Logo und Name des Produkts
: Wenn Sie Hilfe bei der Erstellung eines Logos benötigen, verwenden Sie ein kostenloses webbasiertes Logo-Generierungstool oder beauftragen Sie jemanden auf einer kostengünstigen Freelancer-Plattform (z.B. *Fiverr.com*), der ein Logo für Sie erstellt. Machen Sie sich zu diesem Zeitpunkt nicht zu viel Gedanken über Ihr Logo, denn es ist nur ein Platzhalter für Testzwecke. Große Unternehmen wie Volkswagen verwenden in der Regel für solche Experimente nicht ihr eigenes Branding. Sie wollen nicht, dass ihre eigene Marke die Wahrnehmung eines neuen Produkts durch den Kunden beeinflusst. Oder sie wollen nicht, dass ihre bestehenden Kunden durch ein Produkt, das nicht zu ihrem aktuellen Angebot oder Branding passt, verunsichert werden.

Ihr Nutzenversprechen und/oder Ihre Tagline
: Dies kann einen kurzen Absatz beinhalten, der die primären Produktvorteile näher erläutert.

Call to action (CTA)
: Dies ist das wichtigste Element auf der Seite, da es die Metrik speist, die Sie zum Nachweis der Konversion verwenden. Normalerweise ist es eine

Schaltfläche oder ein Formular mit einer Schaltfläche. Auf der Volkswagen-Landingpage wurden das iOS-Apple-Store-Symbol und das Google-Play-Symbol verwendet (siehe Abbildung 9.9), was für mobile Apps üblich ist. Formulare werden typischerweise verwendet, um E-Mail-Adressen für die Lead-Generierung zu erfassen. Heutzutage brauchen Sie einen zwingenden Grund, damit jemand seine echte E-Mail-Adresse angibt. Für das Testen von Geschäftsideen ist es effektiver, einen Button zu verwenden, um das Interesse zu messen, da der Benutzer so gar nicht erst auf die Idee kommt, er könnte Spam erhalten, sollte er seine E-Mail-Adresse angeben. Stellen Sie sicher, dass die Schaltfläche auffällig ist. Verwenden Sie eine kontrastreiche Farbe wie Rot oder Grün. Vermeiden Sie überstrapazierte Farben wie die der Schrift oder des Seitenhintergrunds. Legere Sprache ist ebenfalls effektiv. Deshalb sieht man oft, dass CTAs Wörter wie »mein« oder »dein« verwenden. CTAs können lösungsorientiert sein, wie z.B. »Beende meinen Parkplatzstress«, oder sie können handlungsorientiert sein, wie z.B. »Laden Sie Ihren Leitfaden jetzt herunter« oder »Erzähl mir mehr!«. Insgesamt versuchen Sie, zu erreichen, dass der Benutzer das Gefühl hat, direkt angesprochen zu werden.

Fotos/Grafiken/Videos, die zeigen, was die Lösung leistet

Dies können Screenshots von Benutzeroberflächen sein, die Ihre Hauptmerkmale darstellen, oder eine kurze Zusammenfassung der Vorteile mit Symbolen, wie es Volkswagen getan hat (siehe Abbildung 9.10). Sie können auch ein Foto einfügen, das Ihr Kundensegment zeigt, wie es mit dem Ergebnis Ihres Produkts zufrieden ist. Wenn Sie statische Screenshots Ihrer geplanten Benutzeroberfläche verwenden – wie in Ihrem Prototyp in Kapitel 7 oder in der aktualisierten Version aus Kapitel 8 –, versehen Sie sie mit einer kurzen Beschreibung.

Achten Sie darauf, dass auf der Seite keine Grammatik- oder Rechtschreibfehler sind. Dies würde den Eindruck erwecken, dass Ihr Unternehmen nicht glaubwürdig ist, weil Sie sich keinen Texter leisten können, oder, was noch schlimmer wäre, dass es sich um einen Fake handelt. Verwenden Sie Farben, die komplementär zu Ihren Produktbildern sind. Stellen Sie sicher, dass sich der Text deutlich vom Hintergrund abhebt und gut lesbar ist. Wenn Sie sich das Beispiel der EinfachAutoWaschen-Landingpage ansehen, werden Sie die subtilen, aber visuell passenden hellblauen Blasen bemerken, die dem dunkelblauen Hintergrund Struktur verleihen, ohne den Text zu erdrücken. Fügen Sie in der Fußzeile einen Copyright-Vermerk mit dem aktuellen Jahr ein, damit die Seite aktuell aussieht.

Abbildung 9.10: Der Bereich mit den Schlüsselfeatures von EinfachAutoWaschen auf der Landingpage der Volkswagen Group Services GmbH

Weitere wünschenswerte Elemente sind Testimonials, Social-Media-Links, Logos oder Namen von Firmen, die Ihr Produkt verwenden könnten. Diese werden als Social Proof, als sozialer Nachweis, betrachtet, weil sie eine Form der externen Validierung darstellen, die Ihr Produkt vertrauenswürdig erscheinen lässt. Wenn es Ihr Produkt noch nicht gibt, verwenden Sie Zitate aus Ihren Nutzerinterviews oder führen Sie Ihr Produkt einem Freund vor und fragen Sie ihn nach seiner Meinung. Das Zitat sollte etwas Positives über den Nutzen oder eine innovative Funktion enthalten. Gute Zitate klingen informell, so wie Menschen tatsächlich sprechen. Es sollte nicht den Text wiederholen, der bereits auf der Seite steht, oder wie Marketingjargon klingen. Abbildung 9.11 zeigt ein Testimonial von der EinfachAutoWaschen-Landingpage.

Abbildung 9.11: Der Bereich mit den Testimonials auf der EinfachAutoWaschen-Landingpage der Volkswagen Group Services GmbH

Bevor Sie viel Zeit für das Fine-Tuning eines bestimmten Designs aufwenden, sollten Sie es veröffentlichen und prüfen, wie es auf verschiedenen Gerätetypen mit unterschiedlichen Bildschirmgrößen angezeigt wird. Wechseln Sie zwischen der Desktop- und der mobilen Version der Landingpage hin und her, um sicherzustellen, dass beide im Vorschaumodus korrekt dargestellt werden. Wenn Sie ein Video- oder Medienelement verwenden, das nur in einer Version funktioniert, dann sollten Sie in Erwägung ziehen, für Mobil- und Desktop-Geräte leicht unterschiedliche Varianten zu erstellen. Seien Sie vorsichtig bei der Verwendung von Hintergrundbildern mit vielen kontrastreichen Farben. Wenn sich der Bildschirm an unterschiedliche Seitenverhältnisse anpasst, wird der Text über dem Bild schweben und er könnte schwer lesbar sein.

Schritt 3: Machen Sie es funktionsfähig

Jetzt ist es an der Zeit, die Seite funktionsfähig zu machen. Kümmern Sie sich zuerst darum, dass Ihre CTA-Schaltfläche etwas tut. Sie kann ein modales Pop-up-Fenster oder eine Lightbox aufrufen, das/die sich beim Benutzer bedankt oder einige nächste Schritte anbietet.

Ihr Konversionsziel ist es, den Benutzer dazu zu bringen, auf den Button zu klicken. Wenn Sie eine Landingpage-Plattform verwenden, sollten Sie diese so konfigurieren, dass die Ergebnisse nachverfolgt werden – insbesondere die Anzahl und den Prozentsatz der Besucher, die auf die Schaltfläche klicken. Anschließend müssen Sie Ihr Conversion-Tracking testen, indem Sie von mehreren Geräten aus den Button anklicken. Sie wollen, dass sowohl die Anzahl der Besucher als auch die Anzahl der Klicks auf die Schaltfläche korrekt erfasst werden. Wenn Sie diesen Schritt nicht korrekt durchführen, werden Sie während Ihres Experiments nichts von Ihrer Landingpage lernen.

Standardmäßig wird der Landingpage von der Plattform eine URL zugewiesen, die eine Subdomain einer ihrer eigenen Websites ist. Diese URL kann den Firmennamen der Plattform oder das Wort »Demo« enthalten, was die Landingpage als Fake erscheinen lässt. Ja, es ist ein Fake, aber Sie wollen nicht, dass Ihre Besucher das wissen, weil Sie dann nicht in der Lage sind, zu erkennen, ob die Leute nicht an Ihrem Nutzenversprechen interessiert waren, weil sie es nicht mochten oder weil sie es für einen Fake hielten. Kaufen Sie also einen preiswerten Domainnamen, der den Namen Ihres Produkts enthält. Der Provider Ihrer Domainnamen oder Ihre Landingpage-Plattform sollten eine Anleitung bereitstellen, die erklärt, wie Sie Ihren neuen Domainnamen mit Ihrer Landingpage verknüpfen. Es gibt zahlreiche preiswerte Optionen, die nicht die Endungen ».com« oder ».de« verwenden. Es lohnt sich auch, die Rechtsabteilung Ihres Unternehmens zu konsultieren, bevor Sie die Kampagne starten, da

Sie möglicherweise bestimmte Schritte an eine dritte Partei auslagern müssen, um Haftungsprobleme zu vermeiden.

Schritt 4: Duplikate oder Varianten erstellen

Jetzt geht es um Split-Tests!

Wenn Ihr Experiment die Verwendung verschiedener Anzeigen erfordert, dann müssen Sie ein Duplikat Ihrer Landingpage erstellen. Die Landingpages werden identisch sein, aber sie werden sich unter zwei verschiedenen URLs befinden, sodass Sie genau verfolgen können, welche Werbung letztendlich zu einer besseren Konversionsrate mit dem CTA der Landingpage führte.

Wenn Ihr Experiment darauf abzielt, gleichzeitig mehrere Versionen der Landingpage zu testen, müssen Sie ein komplett neues Landingpage-Design erstellen. Oder Sie duplizieren Ihre aktuelle Seite und nehmen spezifische Änderungen vor, je nachdem, welche Variablen Sie testen, z. B. Preisgestaltung, Call-to-Action, Design, Messaging usw. Die Landingpage-Plattform kann den Traffic, der von einer Anzeigenkampagne kommt, automatisch auf die verschiedenen Seitenvarianten aufteilen. Dies wird *A/B-Test* oder *multivariates Testen* genannt.

Onlinewerbung erstellen und schalten

Wenn die Verbraucher nicht angemessen durch Marketing auf Ihr Produkt oder Ihre Marke aufmerksam gemacht werden, dann kann Ihr Produkt scheitern, egal wie toll es gestaltet ist. Vor dem Zeitalter des Internets waren traditionelle Medien wie Radio- und TV-Werbung oder Printanzeigen der primäre Weg, um die Aufmerksamkeit der Menschen zu gewinnen. Traditionelle Medien sind sowohl teuer als auch unzureichend, um in Echtzeit zu erfahren, was an einer Werbekampagne funktioniert. Aus diesem Grund wird mittlerweile mehr Geld für Internetwerbung ausgegeben als für jedes andere Medium. Im Jahr 2019 betrugen die Werbeeinnahmen im Internet 125 Milliarden Dollar![9]

Das Besondere bei der Online-Werbung ist die Fähigkeit, Mikrotargeting zu betreiben. Mikrotargeting bedeutet, dass Sie hochspezifische demografische, psychografische, interessenbezogene usw. Merkmale Ihrer mutmaßlichen Kundengruppe(n) auswählen und gezielt ansprechen. Plattformen für Werbekampagnen machen es einfach, Experimente mit Budgets von nur 5 Euro für eine eintägige Kampagne durchzuführen und dann 24 Stunden später die Ergebnisse zu sehen.

9 Interactive Advertising Bureau: *Internet Advertising Revenue Report*, Mai 2020. *https://oreil.ly/m4x2R*

Die beiden Arten von Online-Kampagnen, die ich erörtern möchte, sind bezahlte Social-Media-Werbung und Suchmaschinenmarketing (search engine marketing, SEM). Im Jahr 2019 gaben Marketer mehr als 36 Milliarden Dollar für Social-Media-Anzeigen und 55 Milliarden Dollar für Anzeigen in und neben Suchergebnissen aus. Social-Media-Kampagnen können auf Facebook, Instagram, LinkedIn, Twitter, WeChat usw. durchgeführt werden. Die Anzeigen werden passiv in den Feeds der Nutzer angezeigt, können aber auch an die Partnernetzwerke ausgesendet werden. Umgekehrt werden Such-Werbeanzeigen eingeblendet, wenn jemand aktiv einen relevanten Suchbegriff in Google, Bing usw. eingegeben hat. Beide Formen der Werbung erfordern eine Menge Optimierungsarbeit, aber es kann sich lohnen, wenn Sie einmal die magische Formel herausgefunden haben.

Hier sind einige Unterschiede zwischen Suchmaschinenmarketing und Social-Media-Kampagnen:

Suchmaschinenmarketing (z.B. Google, Bing etc.) ...

- ist besser geeignet, wenn Sie sich nicht sicher sind, wer Ihr Kunde ist, weil hier Anzeigen basierend auf eingegebenen Schlüsselwörtern angezeigt werden und nicht darauf basierend, wer sucht.
- hat eine höhere Wahrscheinlichkeit, dass jemand Ihr Produkt kaufen wird (Kaufabsicht genannt).
- hat höhere Konversionsraten, obwohl Sie oft mehr für die Klicks bezahlen müssen.
- ist besser geeignet, wenn Sie Ihre Produkte direkt verkaufen möchten.

Bezahlte Werbung auf Social Media (d.h. Facebook, Instagram, LinkedIn, Twitter) ...

- ermöglicht ein noch spezifischeres Mikrotargeting einer Zielgruppe auf Basis von Profildaten.
- ist visueller.
- kann für weniger Geld mehr Menschen erreichen.
- ist besser geeignet, um Markenbewusstsein zu schaffen oder eine soziale Fangemeinde zu entwickeln.

Google und Facebook sind zwei der größten Plattformen für Suchmaschinenmarketing bzw. Social-Media-Marketing. Das Problem bei der Verwendung von Google Ads für Landingpage-Experimente ist, dass Sie die Anzeigenkampagne normalerweise mindestens zwei Wochen lang laufen lassen müssen, um etwas Nützliches zu erfahren. Google Ads ist auch nicht für Mikrotargeting ausgelegt. Stattdessen ist es für die Optimierung von Schlüsselwörtern konzipiert, um potenzielle Kundensegmente zu *entdecken*. Aus diesem Grund werde ich in den folgenden Beispielen Facebook verwenden. Trotz der Tatsache, dass ich ernsthafte ethische Bedenken gegenüber Facebook habe, sind sie derzeit die Besten, wenn es um Werbung geht.

Facebook Ads Manager ändert ständig die User Experience und den Prozess zur Durchführung einer Kampagne. Hier sind die grundlegenden Dinge, auf die Sie beim Einrichten Ihrer Werbekampagne achten sollten:

Seite für Unternehmen
: Sie müssen Ihre »Identität« auf einer Facebook-Seite für Unternehmen festlegen. Sie können schnell und einfach eine Unternehmensseite mit nur einem Titelbild, einem Logo und einer kurzen Beschreibung erstellen. Achten Sie darauf, dass die Seite seriös aussieht, da sie von den Benutzern gelikt oder kommentiert werden kann. Wenn Sie mit dem gleichen Nutzenversprechen weitermachen, könnte dies sogar Ihre permanente Unternehmensseite werden.

Ziel der Kampagne
: Zunächst müssen Sie auf der Plattform Ihrer Wahl eine neue Werbekampagne erstellen. Wählen Sie als Ziel »Traffic« aus und legen Sie den Namen Ihrer Kampagne fest. Der Grund, warum Sie »Traffic« wählen sollten, ist, dass Sie versuchen, Traffic auf eine Landingpage zu leiten.

Standort
: Wählen Sie den/die Standort(e) aus, an dem/denen die Anzeige zu sehen sein soll. Beginnen Sie klein, indem Sie sich auf eine Stadt oder sogar eine Postleitzahl innerhalb einer Stadt konzentrieren, deren Demografie mit Ihrer validierten Persona aus Kapitel 3 übereinstimmt. Der Grund, warum Sie nicht ein ganzes Land wie die USA auswählen sollten, ist, dass es dann schwierig ist, Ihre Reichweite auf ein bestimmtes Segment zu fokussieren und dadurch etwas zu lernen. Sie wollen die Studie an Orten durchführen, von denen Sie annehmen, dass Ihr Produkt am ehesten Erfolg haben wird. Beim EinfachAutoWaschen-Experiment von Volkswagen wurden zum Beispiel zwei getrennte Kampagnen durchgeführt, eine in einer deutschen Großstadt und eine zweite in einer Kleinstadt auf dem Land.

Zielgruppen-Targeting
: Wählen Sie eine Zielgruppe aus, die Ihrer validierten Persona in Bezug auf Demografie, Interessen und Verhaltensweisen entspricht. Sie können eine Zielgruppe basierend auf Alter, Geschlecht, Haushaltseinkommen, Bildung und aus Kombinationen davon erstellen. Darüber hinaus können

Sie ein detailliertes Targeting für hochspezifische Verhaltensweisen und Interessen durchführen, wie z.B. Pendler, die sich für Autowaschanlagen interessieren.

Budget und Zeitplan

Beginnen Sie mit einem eintägigen Pilotexperiment mit einem Budget zwischen 5 und 10 Euro. Dies ist wichtig, weil es kompliziert ist, eine neue Kampagne einzurichten und auszuführen, und man leicht kostspielige Fehler machen kann. Nach diesem ersten Test sollten Sie die Ergebnisse überprüfen, um zu sehen, was richtig und was falsch gelaufen ist. Dann können Sie Ihr Budget erhöhen und die Dauer der Kampagnen verlängern.

Überlegen Sie, wann Sie Ihre Anzeigen schalten wollen, und basieren Sie Ihre Entscheidung auf Ihrer Vermutung darüber, wann Ihre Zielgruppe sie am ehesten sehen wird (d.h. an welchen Wochentagen und zu welcher Tageszeit). Sie müssen sich in die Gedankenwelt Ihres Kunden hineinversetzen. Zum Beispiel wird eine Person, die ein Auto besitzt und es gerne sauber hält, eher freitags am Ende des Arbeitstages auf Facebook schauen. Oder sie googelt vielleicht an einem Samstagmorgen von zu Hause aus nach Autowaschanlagen. Um diese Annahmen zu überprüfen, ist es am besten, eine Kampagne eine ganze Woche lang laufen zu lassen, damit Sie genau erfahren können, an welchen Tagen und zu welchen Zeiten die besten Ergebnisse erzielt werden. Planen Sie außerdem eine gewisse Pufferzeit ein, damit die Anzeige vor dem geplanten Starttermin geprüft und genehmigt werden kann. (Weitere Informationen hierzu finden Sie weiter hinten im Abschnitt »Ergebnisse analysieren« auf Seite 261.)

Wenn Sie mit der Durchführung von Kampagnen sicherer werden und genauer wissen, was am besten funktioniert, können Sie Ihr Budget erhöhen. Das Problem bei kleinen Kampagnenbudgets ist, dass die Ergebnisse nur auf einer kleinen Stichprobe basieren und die Ergebnisse daher bedeutungslos sein können. Für die EinfachAutoWaschen-Kampagne der Volkswagen Group Services GmbH wurden zwei Werbekampagnen mit Budgets zwischen 350 und 400 Euro und einer Dauer von fünf bis acht Tagen durchgeführt

Letztendlich sollte sich Ihr Budget nach den Kosten pro Klick der Anzeige richten, nachdem Sie einige Kampagnen durchgeführt haben. Es kann erforderlich sein, mindestens 500 Euro auszugeben, um endgültige Aussagen über die beste Anzeigenstrategie treffen zu können. Für mich fühlen sich Anzeigenkampagnen so an, als ob man sein hart verdientes Geld Milliardären wie Zuckerberg hinterherwirft; daher führe ich viele kleine Experimente durch, bis ich mir meiner Taktik sicher bin.

Anzeigengestaltung

Werbung so zu gestalten, dass sie funktioniert, ist zum Teil Kunst und zum Teil Wissenschaft. Sie können eine Anzeige schalten, die sich auf das Problem konzentriert, das die Nutzer haben (z.B. ein dreckiges Auto mit traurigen Menschen, die in einer langen Schlange warten). Dann können Sie diese Nutzer auf Ihre Landingpage, die sich auf die Lösung dieses Problems konzentriert, locken. Oder Sie können eine Anzeige schalten, die sich auf die Lösung des Problems konzentriert und Bilder und Text enthält, die den Nutzer ansprechen (z.B. ein sauberes Auto und ein Text über die Vorteile der App). Sie können auch beide Ideen kombinieren, wie bei der in Abbildung 9.12 gezeigten EinfachAutoWaschen-Anzeige, in der sowohl das Problem (das schmutzige Auto) als auch die Lösung (die App plus der Text, der die Vorteile erklärt) gezeigt werden.

Abbildung 9.12: Die Facebook-Anzeige für EinfachAutoWaschen der Volkswagen Group Services GmbH

Klar, Sie können einen sensationellen, irreführenden Text schreiben oder ein Bild einer sexy Frau einfügen, aber mit Clickbaits wie diesen Klicks zu erhalten, wird Ihnen nicht dabei helfen, Ihr Nutzenversprechen oder Ihre Geschäftsidee zu validieren. Selbst wenn Menschen auf Ihre Landingpage kommen, helfen Ihnen solche Taktiken nicht dabei, herauszufinden, welche Texte und/oder Bilder Ihr Nutzenversprechen wirklich vermitteln, da Ihre Nutzer nicht auf Ihre Landingpage gekommen sind, weil sie nach diesen Informationen suchten.

Die folgenden Elemente sind ein Muss für eine Anzeige; sie können jedoch je nach Plattform und Platzierung leicht variieren:

Überschrift/Headline
: Dies ist Ihr Produktname und/oder Ihr Nutzenversprechen. Für EinfachAutoWaschen lautete die Headline »Wasche jetzt in deiner Nähe«.

Primärer Text
: Dies ist eine ins Auge fallende Beschreibung des Problems, das Sie lösen, oder der Lösung, die Sie anbieten. Für EinfachAutoWaschen lautete der primäre Text: »Noch nie war das Autowaschen so einfach! Lade unsere App herunter, buche deine Wäsche bequem per ...«.

Ziel-URL
: Dies ist die Landingpage, zu der Sie Besucher nach dem Klick senden.

Ansprechende und aussagekräftige Bilder
: In Anzeigen auf den sozialen Medien werden häufiger Bilder verwendet. Für die EinfachAutoWaschen-Kampagne entschied man sich für ein schmutziges Auto und einen App-Bildschirm, der denselben Hintergrund verwendet wie die Landingpage. Bitte beachten Sie, dass es auf Facebook Beschränkungen für das Einfügen von Text in Bildern gibt; prüfen Sie dies sorgfältig, bevor Sie die Anzeige aufgeben.

Call-to-Action-Schaltfläche
: Dies ist der primäre Weg, wie Menschen von Ihrer Anzeige auf Ihre Landingpage gelangen. Für EinfachAutoWaschen wurde ein Button mit der Beschriftung »MEHR DAZU« verwendet.

Gestalten Sie die Anzeigen zuerst für Mobilgeräte, da die Mehrheit der Nutzer sie so sehen wird. Wählen Sie den Inhalt und das Design der Anzeige im Hinblick auf Ihr Publikum aus. Achten Sie darauf, dass das Erscheinungsbild von Anzeige und Landingpage, wie bei der EinfachAutoWaschen-Kampagne übereinstimmen – dies wird »Message Match« genannt. Dies führt dazu, dass die Nutzer nach dem Klick auf die Anzeige nicht desorientiert sind. Wie bei der Landingpage sollten Sie auch hier jemanden beauftragen, der die Sprache, in der Sie die Kampagne durchführen, fließend beherrscht. Sie möchten, dass der Text nicht nur Sinn ergibt, sondern auch weder Grammatik- noch Rechtschreibfehler enthält.

Varianten (falls nötig)

Wenn Sie die Werbekampagne als Teil Ihres Experiments variieren, erstellen Sie eine zweite Anzeige oder eine zweite Zielgruppe. Hier sind ein paar Optionen, wenn Sie diese Art von Experiment durchführen möchten:

- Erstellen Sie zwei unterschiedliche Anzeigen, die sich auf verschiedene Konzepte fokussieren: Kundenproblem versus Lösung, unterschiedliche Preisstrategien (z.B. Freemium versus Abonnement) oder unterschiedliche Schlüsselfeatures. Schalten Sie die beiden Anzeigen für die gleiche Zielgruppe und verwenden Sie den gleichen Zeitplan.
- Erstellen Sie zwei unterschiedliche Anzeigen, die sich auf dasselbe Konzept fokussieren, die aber unterschiedlich gestaltet sind. Die Variation kann in der Grafik, der Headline oder im primären Text liegen. Schalten Sie die beiden Anzeigen für die gleiche Zielgruppe und verwenden Sie den gleichen Zeitplan.
- Schalten Sie die gleiche Anzeige für zwei unterschiedliche Zielgruppen und verwenden Sie den gleichen Zeitplan. So hat die EinfachAutoWaschen-Kampagne funktioniert.

Beachten Sie, dass Sie bei jeder Option jeweils nur eine Variable ändern: Konzept, Design oder Zielgruppe. Auf diese Weise bleibt es ein kontrolliertes Experiment. Wenn Sie für beide Kampagnen das gleiche Werbebudget ausgeben und sie gleichzeitig laufen lassen, wird der Vergleich der Ergebnisse einfacher. Lassen Sie jede Anzeige immer auf einer eigenen Version der Landingpage laufen, damit Sie die Konversionen für jede der Anzeigen nachverfolgen können.

Abbildung 9.13 zeigt, dass Jessica (Sie erinnern sich vielleicht an ihr Nutzenversprechen einer App zum Buchen von Flug-Shuttles aus Kapitel 7) zwei verschiedene Anzeigen mit unterschiedlichen Konzepten für ihr Landingpage-Experiment verwendet hat. Die Anzeige auf der linken Seite fokussiert das Problem, das die Benutzer haben, und die Anzeige auf der rechten Seite fokussiert die Lösung, die sie anbietet.

Wenn Sie einen zweiseitigen Markt haben, müssen Sie zwei verschiedene Anzeigenkampagnen durchführen, jeweils eine Kampagne mit einer Online-Anzeige und einer Landingpage, die für das jeweilige Kundensegment konzipiert ist. In dieser Situation sollten Sie zwei verschiedene Experimente durchführen.

Abbildung 9.13: Jessicas unterschiedliche Facebook-Anzeigen; eine fokussiert auf das Problem und die andere auf die Lösung

Freigabeprozess für Anzeigen

Stellen Sie sicher, dass Sie Ihren Tracker auf der Landingpage-Plattform auf 0 Klicks zurücksetzen, bevor Sie Ihre Anzeigenkampagne aufgeben. Wenn Sie das nicht tun, könnte das System Views aus früheren Kampagnen oder Ihre eigenen Views aus der Vorbereitungsphase enthalten und Ihr Experiment wird nicht beweiskräftig sein.

Auch nachdem Sie Ihre Anzeigenkampagne zur Überprüfung eingereicht haben, sollten Sie eventuelle Verzögerungen einplanen. Es gibt zahlreiche Gründe, warum eine Anzeige abgelehnt werden kann. Werbeplattformen ändern häufig ihre Richtlinien. Es kann sein, dass Sie zu viel Text im Bild haben, verbotene Inhalte zeigen oder eingeschränkte Inhalte missbrauchen. Manchmal wird eine Anzeige genehmigt und eine andere abgelehnt, was dazu führen kann, dass der Kampagnenplan aus dem Ruder läuft und Ihr Experiment beeinträchtigt wird. Wenn die Anzeige abgelehnt wird, sollten Sie die Werberichtlinien der Plattform überprüfen, um zu verstehen, warum Sie eventuell Probleme mit der Compliance haben.

Sobald Ihre Werbekampagnen genehmigt sind, können Sie loslegen!

Ergebnisse analysieren

Sobald die Kampagne abgelaufen ist, ist es an der Zeit, die Ergebnisse zu analysieren. Hoffentlich wurden die Anzeigen von einem hohen Prozentsatz der von Ihnen ausgewählten Zielgruppe angesehen und dann angeklickt. Idealerweise hat ein hoher Prozentsatz dieser Gruppe dann den CTA auf der Landingpage angeklickt. Selbst wenn Sie nur eine 5-Euro-Facebook-Anzeige für ein Landingpage-Experiment geschaltet haben, können Sie etwas daraus lernen, auch wenn niemand auf Ihre Anzeige geklickt hat. Werden Sie zum Detektiv, damit Sie die Daten interpretieren und logische Korrelationen darüber herstellen können, was funktioniert hat und was nicht.

In Abbildung 9.14 sehen Sie einen Screenshot von Jessicas Facebook-Kampagne. Es gibt ein paar Dinge zu beachten. Jessica hat die auf das Problem und auf die Lösung fokussierte Anzeigen für dieselbe Zielgruppe geschaltet und sie auf identische Landingpages geschickt. Die Datenpunkte, die Sie verstehen sollten, sind die folgenden:

Results (link clicks): Ergebnisse (Link-Klicks)
: Dies ist die Anzahl, wie oft die Anzeige angeklickt wurde.

Reach: Reichweite
: Dies ist eine Schätzung der Anzahl der Personen, die die Anzeige mindestens einmal gesehen haben.

Impressions: Impressionen
: Dieser Wert gibt an, wie oft die Anzeige gezeigt wurde. Sie unterscheidet sich von der Reichweite, da es möglich ist, dass eine Person die Anzeige mehrfach gesehen hat.

Cost per result (or click): Kosten pro Ergebnis (oder Klick)
: Dies ist das Budget geteilt durch die Anzahl der Link-Klicks.

Wenn Sie sich Abbildung 9.14 ansehen, können Sie erkennen, welche Anzeige mehr Erfolg hatte. Die auf das Problem fokussierte Anzeige hatte fast viermal so viele Link-Klicks, und die Kosten pro Klick betrugen nur 12 Cent – nur gut ein Viertel der Kosten pro Ergebnis der auf die Lösung fokussierten Anzeige. Niedrigere Kosten pro Klick sind wichtig, weil sie bedeuten, dass es weniger kostspielig ist, Web-Traffic für Ihre Landingpage zu kaufen. Dies ist eine gute taktische Information, wenn Sie richtig damit beginnen, Kunden anzusprechen.

Wir sollten uns auch die Click-Through-Rate, die Klickrate, ansehen, die sich aus der Anzahl der Link-Klicks geteilt durch die Anzahl der Impressionen ergibt. Jessicas Problemanzeige hatte 43 Link-Klicks bei 1.425 Impressionen. Wenn Sie diese beiden Zahlen teilen, erhalten Sie eine Klickrate von 3,0 %. Ihre Lösungsanzeige hatte dagegen 11 Link-Klicks bei 1.216 Impressionen, was eine Click-Through-Rate von nur 0,9 % ergibt. Der Unterschied ist erheblich!

Ad Set Name	Bid Strategy	Budget	Results	Reach	Impressions	Cost per Result
Problem Ad	Lowest cost Link Clicks	$5.00 Lifetime	43 Link Clicks	1,402	1,425	$0.12 Per Link Click
Solution Ad	Lowest cost Link Clicks	$5.00 Lifetime	11 Link Clicks	1,150	1,216	$0.45 Per Link Click

Abbildung 9.14: Ergebnisse der Facebook-Ads-Kampagne von Jessica

Auch dies zeigt ihr, dass die Problemanzeige auf Facebook besser abschneidet, aber sie kann immer noch nicht sagen, dass es die bessere Anzeigenkampagne ist, bis sie sich auch die Konversionsraten für die Landingpage ansieht. Das liegt daran, dass ihr Ziel nicht nur darin besteht, Leute dazu zu bringen, auf Anzeigen zu klicken. Letztendlich ist die Metrik, die sie am meisten interessiert, die Anzahl der Kunden, die ihre App herunterladen.

In Abbildung 9.15 sehen Sie einen Screenshot von Jessicas Landingpage-Ergebnissen, die von ihrer Landingpage-Plattform gesammelt wurden.

Page		Visitors	Conversions	Conversion rate
Problem vola.website/page2	Standard	43 visitors	5 conversions	11.62% conversion rate
Solution vola.website/page1	Standard	11 visitors	1 conversions	9.09% conversion rate

Abbildung 9.15: Ergebnisse von Jessicas Landingpage auf Unbounce

Die Datenpunkte, die Sie verstehen sollten, sind die folgenden:

Visitors: Besucher
: Dies ist die Anzahl der Besucher auf der Landingpage. Wundern Sie sich nicht, wenn diese Zahl leicht von der Anzahl der Klicks auf den Werbelink abweicht.

Conversions: (Konversionen)
: Dies ist die Anzahl der Besucher, die auf den CTA geklickt haben.

Conversion rate (Konversionsrate)

Dies ist die Anzahl der Konversionen geteilt durch die Anzahl der Besucher.

Jetzt haben wir ein klareres Bild davon, wie gut die Problem-Anzeige tatsächlich funktioniert hat. Wir können sehen, dass die Konversionsrate für die Problem-Anzeige (11,62 %) etwas höher war als für die Lösungs-Anzeige (9,09 %). Aber wir müssen auch ihre Stichprobengröße berücksichtigen, die sehr klein war. Da nur elf Personen auf die Lösungs-Anzeige klickten, führte eine Person, die konvertierte, zu einer hohen Konversionsrate – kleine Stichprobengrößen bedeuten, dass die statistische Aussagekraft nur begrenzt ist. Wenn wir jedoch die Anzahl der Konversionen vergleichen, können wir sehen, dass fünfmal so viele Personen eine Konversion durchführten, wenn sie von der Problem-Anzeige kamen. Aus diesem Grund ist es wichtig, bei der Interpretation Ihrer Daten alle Datenpunkte zu berücksichtigen.

Wie Sie an dieser winzigen 5-Dollar-Kampagne sehen können, die nur einen Tag lang lief, reichte die Streuung zwischen den beiden Anzeigen und den Konversionen auf der Landingpage für Jessica aus, beim nächsten Experiment die Problem-Anzeige intensiver zu untersuchen.

Es ist wichtig, ein Experiment nach dem anderen durchzuführen und die gewonnenen Erkenntnisse zu nutzen, um die Konversion zu verbessern. Sie können die Budgets erhöhen, nachdem Sie die besten Anzeigendesigns und -konzepte, Landingpages, die am besten reagierenden Zielgruppen und die besten Zeiten/Standorte für die Anzeigenschaltung herausgefunden haben. Dies kann ein mehrmaliges Redesign und Retargeting der gesamten Kampagne erfordern, bis Sie die »Zauberformel« gefunden haben. Denken Sie wie ein Growth Hacker!

Ergebnisse präsentieren

In einer Unternehmensumgebung müssen Sie Ihre Daten Ihrem Team und Ihren Stakeholdern präsentieren, Entscheidungen treffen und dann weiter experimentieren, um Ihre Strategie auf eine gute Faktenbasis zu stellen. Dies bringt uns zurück zum EinfachAutoWaschen-Experiment der Volkswagen Group Services GmbH. Nachdem das Produktteam sein Experiment durchgeführt hatte, musste es die Ergebnisse den Stakeholdern präsentieren, die nicht unbedingt Marketingfachleute oder Mathematikfreaks waren.

In Abbildung 9.16 sehen Sie eine Folie, die das Experiment präsentiert. Sie enthält Bilder der Anzeige und der Landingpage, um den Stakeholdern zu verdeutlichen, wie die Benutzer den Marketingtrichter durchlaufen haben. Rechts neben den Bildern sehen Sie eine Tabelle, in der die Ergebnisse der Anzeigenkampagne und der Landingpages zusammengefasst sind. Die in der Tabelle enthaltenen Zahlen wurden aus Gründen der Vertraulichkeit geändert.

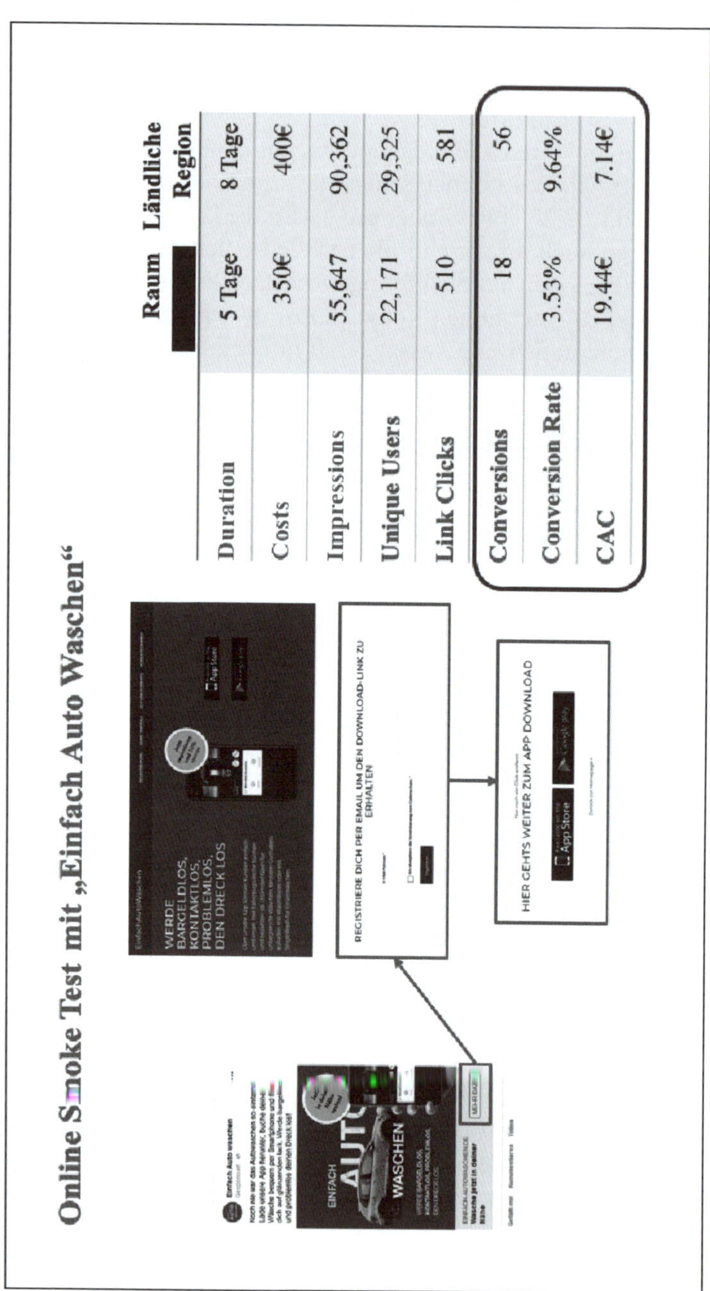

	Raum	Ländliche Region
Duration	5 Tage	8 Tage
Costs	350€	400€
Impressions	55,647	90,362
Unique Users	22,171	29,525
Link Clicks	510	581
Conversions	18	56
Conversion Rate	3.53%	9.64%
CAC	19.44€	7.14€

Abbildung 9.16: Testergebnisse der Volkswagen Group Services GmbH Landingpage des Experiments »EinfachAutoWaschen«. Links die Zahlen einer Großstadt und rechts die einer Kleinstadt in einer ländlichen Region. (Aus Gründen der Vertraulichkeit wurden die Zahlen geändert.)

Sie finden in den Ergebnissen die folgenden Datenpunkte:

Duration (Dauer)
: Die Anzahl der Tage, die die einzelnen Kampagnen liefen.

Costs (Kosten)
: Dies ist das Budget der jeweiligen Anzeigen.

Impressions (Impressionen)
: Gibt an, wie oft jede Anzeige gezeigt wurde.

Unique Users (eindeutige Nutzer)
: Dies ist dasselbe wie die Reichweite, d. h., es gibt die Anzahl der Personen an, die die Anzeige mindestens einmal gesehen haben.

Link Clicks (Link-Klicks)
: Dies ist die Anzahl, wie oft die Anzeige angeklickt wurde.

Conversions (Konversionen)
: Dies ist die Anzahl der Besucher, die auf der Landingpage auf den CTA geklickt haben.

Conversion Rate (Konversionsrate)
: Dies ist die Anzahl der Konversionen geteilt durch die Anzahl der Besucher.

CAC (Customer acquisition cost, Kundenakquisitionskosten)
: Dies ist das Budget geteilt durch die Anzahl der akquirierten Kunden. »Akquirierte Kunden« sind in diesem Fall Benutzer, die auf der Landingpage den Download-Button angeklickt haben. Diese Zahl wird immer wichtiger, wenn Sie beginnen, Ihr Geschäft um ein Produkt herum aufzubauen, und die Akquisitionskosten gegen den Customer Lifetime Value (CLTV)[10] abwägen müssen.

Das Business Innovation Studio gab für die EinfachAutoWaschen-Kampagne, die an etwa 50.000 Nutzer auf Facebook ausgeliefert wurde, insgesamt 750 Euro aus. Um eine vergleichbare Stichprobengröße für die beiden Kampagnen zu erhalten, wurde die Kampagne in den ländlichen Gebieten drei Tage länger durchgeführt, um die Anzahl der Unique User zu erhöhen. Obwohl die Link-Klickzahlen mit 510 für das städtische Publikum und 581 für das ländliche Publikum ähnlich waren, hatte das ländliche Publikum tatsächlich eine viel höhere Konversionsrate: 9,64 % im Vergleich zu 3,53 %.

Was die Kosten für die Conversion angeht, so zahlten sie 19,44 Euro pro Klick bei der städtischen Zielgruppe und 7,14 Euro pro Klick bei der ländlichen Ziel-

10 »Customer Lifetime Value«, *Wikipedia. https://de.wikipedia.org/wiki/Customer_Lifetime_Value*

gruppe. Das bedeutet, dass sie mehr als doppelt so viel für die Akquisition jedes städtischen Kunden bezahlt haben als für jeden ländlichen Kunden. Die Ergebnisse dieses Landingpage-Experiments widerlegten die Hypothese, dass Autofahrer in deutschen Großstädten diesen Service eher nachfragen als Autofahrer in ländlichen Gebieten. Es zeigte, dass sie mehr Erfolg haben könnten, wenn sie diese Art von Autowäsche in einer ländlichen Gegend anbieten würden. Sind Experimente nicht cool?

Landingpage-Experimente sind nur ein Beispiel für das Designen zur Verbesserung der Konversionsrate. Während Sie darauf hinarbeiten, dass ein Produkt live geht, müssen Sie weiterhin nach Wachstumsmöglichkeiten suchen. Dazu gehört die Optimierung von Abonnement-Seiten, Checkout-Prozessen, Empfehlungs-Interaktionen und Shares/Likes/Follows. Das Design für die Verbesserung der Konversion erfordert eine ganzheitliche Betrachtung der Customer Journey, beginnend mit dem Marketing. Es geht darum, überall nach Hebeln zu suchen und nicht nur auf die Seite vor Ihnen zu starren und sich dabei zu fragen: »Wie bringen wir die Leute dazu, ein Jahresabonnement zu kaufen?«

Ausharren, umschwenken oder auf die Bremse treten!

Hiermit sind alle Produktstrategietechniken, die ich zur Validierung neuer Geschäftskonzepte oder Produktideen vermitteln wollte, vorgestellt. An diesem Punkt sollte eines von zwei Dingen geschehen sein:

- Sie haben durch verschiedene Experimente gelernt, dass es sich lohnt, mehr Zeit und Geld in Ihre innovative Lösung zu investieren. In diesem Fall ist es vielleicht an der Zeit, sich um weitere Finanzmittel zu bemühen oder Stakeholder zu beteiligen und eine Roadmap zu erstellen. Diese Produkt-Roadmap umreißt die Funktionen, den Zeitplan, die Ressourcen, die Ziele und die Vision, um Ihr Produkt auf den Markt zu bringen. Wenn Sie neu im Produktmanagement sind, empfehle ich Ihnen das Buch *Strategize* von Roman Pichler, um mehr über die Methoden der Produkt-Roadmap zu erfahren.[11]
- Sie haben gelernt, dass Sie Ihr Nutzenversprechen möglicherweise neu ausrichten oder auf die Bremse treten müssen, weil Sie kein Kundensegment finden konnten, das es braucht, oder kein Geschäftsmodell, das es unterstützt. An diesem Punkt sollten Sie einen Schritt zurücktreten und darüber nachdenken, wie wichtig diese Geschäftsidee für Sie ist. Vielleicht sollten Sie es wie mein Vater machen und die Hotdog-Bude schließen, bevor es zu spät ist.

11 Pichler, Roman: *Strategize*, Wendover, UK: Pichler Consulting, 2016.

Unabhängig davon, zu welcher Gruppe Sie gehören, haben Sie hoffentlich einige nützliche Techniken gelernt, mit denen Sie die Risiken einer bestimmten Strategie vermindern, bevor Sie ein Produkt entwickeln und bevor das Produkt reift. Eine Strategie ist erst dann vorbei, wenn sie vorbei ist. Solange Ihr Produkt existiert, müssen Sie weiterhin den Wert und Nutzen mithilfe von Key Performance Indicators (KPIs) messen, die zeigen, wie effektiv das Produkt Ihre Geschäftsziele erreicht. Der griechische Philosoph Heraklit stellte die Behauptung auf, dass »alles fließt« (*panta rhei* auf Griechisch), was bedeutet, dass »alles im Werden, in unaufhörlicher Bewegung ist«. Ich glaube, dass dies auch auf Wettbewerbslandschaften, technologische Innovationen und wankelmütige Kunden zutrifft. Deshalb muss eine Strategie flexibel sein.

Zusammenfassung

In diesem Kapitel habe ich dargelegt, dass eine erfolgreiche Strategie davon abhängt, dass Ihre Marketing- und Design-Teams harmonisch zusammenarbeiten. Dass Sie mit Produkttrichtern tüfteln müssen, um Nutzer an den Haken zu nehmen und um Growth Hacking zu betreiben. Sie haben gelernt, wie Sie mit Landingpages und Online-Werbekampagnen mit Geschäftsideen experimentieren und potenzielle Kanäle für die Kundenakquise identifizieren können. Und die wichtigste Erkenntnis ist, dass Sie und Ihr Team durch Versuch und Irrtum große Fortschritte machen können!

| 10

Dénouement

Und damit vorwärts auf der Bahn der Weisheit, guten Schrittes, guten Vertrauens! Wie du auch bist, so diene dir selber als Quell der Erfahrung! Wirf das Missvergnügen über dein Wesen ab, verzeihe dir dein eignes Ich. ... Du hast es in der Hand, zu erreichen, dass all dein Erlebtes: die Versuche, Irrwege, Fehler, Täuschungen, Leidenschaften, deine Liebe und deine Hoffnung, in deinem Ziele ohne Rest aufgehn.[1]

– Friedrich Nietzsche

Manchmal erblicken Produkte nie das Licht der Welt und typischerweise nie aus Gründen, die Sie erwarten oder kontrollieren können. Finanzkrisen, ausgebrannte Teams, das Aufkommen neuer Technologien, persönliche Motivation, zerbrochene Beziehungen und vieles mehr gehören zu den zahlreichen Variablen jenseits einer UX-/Produktstrategie, die eine Rolle spielen werden.

Das Start-up Metromile[2], das Sie in Kapitel 1 kennengelernt haben, ist immer noch der führende Pay-per-Mile-Versicherer, aber expandiert schnell in den B2B-Bereich. Jetzt werden die ehemaligen Konkurrenten des Unternehmens zu Partnern: Sie helfen anderen Versicherungsträgern und OEMs bei der digitalen Transformation, indem sie ihre Claims-AI-Plattform lizenzieren. Sie haben sich auch mit Ford zusammengetan, um den Besitzern von Ford-Fahrzeugen eine personalisierte Versicherung zu bieten, ohne dass zusätzliche Geräte installiert werden müssen.[3]

Was Volkswagen angeht, so habe ich erst kürzlich wieder mit Sebastian zu Mittag gegessen. Seit dem Aufkommen von COVID-19 leitet er das Business Innovation Studio von seinem Haus in Berlin aus. Das Business Innovation Studio befindet sich immer noch im Wachstum und hat jetzt ein internationales Team an verschiedenen Standorten. Sie verbinden weiterhin die Punkte zwischen

1 Nietzsche, Friedrich: *Menschliches, Allzumenschliches: Ein Buch für freie Geister*, Hamburg: Felix Meiner Verlag, Neuausgabe 2014.

2 Metromile Inc., *https://enterprise.metromile.com*

3 »Say hello to connected car insurance«, *Metromile. www.metromile.com/partners-ford*

UX-/Produktstrategie und Geschäftsinnovation, während Volkswagen die Software-Entwicklung in die eigene Hand nimmt und ein Cloud-basiertes Betriebssystem namens vw.OS entwickelt, das alle Fahrzeuge des gesamten Volkswagen-Konzerns unterstützen soll.

Für meine Studierenden an der USC gilt – wie auch für Ena und Bita vor ihnen –, dass dies nur ein Seminarprojekt war. Und als es vorbei war, war es auch vorbei. Doch Nico hat mich überrascht. Er entwickelte sein Konzept zur Fahrzeugmitbenutzung weiter und meldete sogar ein Patent an. Bei Jessica, die meine beste Studentin war, fiel es mir schwer, mich von ihr zu verabschieden, als sie ihren Abschluss machte. Also stellte ich sie ein, um mir zu helfen, dieses Buch zu schreiben. Wenn Sie neugierig sind, finden Sie auf YouTube[4] eine Playlist mit zehn unserer Copywriting-Sitzungen, in denen wir gemeinsam am Manuskript dieses Buches arbeiten.

Für andere Produkthersteller ist der Weg holpriger. Jared versuchte, seinen blauen Ozean in der Sharing Economy zu erobern, so wie es Airbnb tat, aber das mentale Modell erwies sich als schwer umsetzbar. Nach vier Jahren, in denen er bei TradeYa Kundenerfahrungen sammelte, führt er jetzt wieder als Growth Marketer Teams.

Ich denke, es ist wichtig, nicht zu vergessen, dass es viele Herausforderungen im Leben gibt – einige beruflich, andere persönlich – und dass wir nicht wissen können, wie sie unseren weiteren Weg formen werden. Nehmen wir zum Beispiel meinen Großvater mütterlicherseits, Alex Zindler. Er wurde 1907 in Tarnopol, Polen (heute Ternopil, Ukraine) geboren.

Seine früheste Erinnerung war, wie die Mauern seines Hauses unter schwerem Artilleriebeschuss während eines der vielen groß angelegten gezielten Angriffe, oder Pogrome, gegen Juden zerbröckelten. Während eines dieser Pogrome wurden alle seine jüngeren Geschwister ermordet.[5] Sein Vater starb, bevor Alex sechs Jahre alt wurde. Dann kam der Erste Weltkrieg (1914–1918), der dauerte, bis er elf Jahre alt war. Der Name seines Landes, die Landessprache und die Straßenschilder änderten sich sieben Mal, während deutsche, österreichische und russische Truppen hin und her stürmten und der Stadt ihre Identität aufdrückten.[6]

1923, als Alex 16 war, flohen er und seine Mutter Ronya aus Polen, um weiterer Verfolgung zu entgehen. Auf der Suche nach einem besseren Leben fuhren sie mit dem Zug nach Antwerpen, Belgien, und bestiegen ein Schiff nach Quebec

4 Levy, Jaime/Lupanow, Jessica: »UX Strategy (2nd Edition) Book Editing Sessions«, *YouTube*, 2020. *https://oreil.ly/Ezd0R*

5 »Ternopil«, *Wikipedia*. *https://oreil.ly/RnqZT*

6 »Tarnopol«, *Jewish Virtual Library*, 2008. *https://oreil.ly/WqEwb*

City, Kanada. Tragischerweise erkrankte Ronya jedoch auf dem Weg nach Nordamerika an Cholera und starb. Ein untröstlicher Alex erinnerte sich lebhaft daran, wie seine Mutter auf dem Meer beigesetzt wurde.

Alex ging in Quebec City von Bord. Er war ein mittelloses, kein Wort Englisch sprechendes Waisenkind, dem die Abschiebung zurück in das Land drohte, aus dem er gerade geflohen war. Zum Glück bürgte ein Priester an Bord für ihn, sodass er bleiben konnte. Aber Alex musste die hohen Kosten für die Schiffspassage an den Priester zurückzahlen, eine enorme finanzielle Schuld. Um das zu tun, ging er in Toronto zwei Jahre lang als Schneider in die Lehre. In seinen späten Teenagerjahren genoss er seine Freiheit, fand viele Freunde und entdeckte das Boxen als Hobby (Abbildung 10.1).

Abbildung 10.1: Foto von Alex Zindler (rechts) und seinem Freund Irving Roth aus dem Jahr 1925

Mehrere Jahre lang übte er sich im Boxen, aber ein Schlag auf sein Gesicht während eines seiner Kämpfe verursachte auf einem Auge einen schweren grauen Star. Nach einer verpfuschten Operation, die eigentlich das Ziel hatte, das Auge zu heilen, war Alex auf diesem Auge blind und hatte nur ein schwaches

Auge, mit dem er über die Runden kommen musste. Viele wären entmutigt gewesen oder hätten sich durch dieses körperliche Handicap in ihren Aktivitäten einschränken lassen. Aber nicht Alex. Er heiratete, ließ sich in Winnipeg, Manitoba, nieder und bekam drei Kinder. Um seine Familie zu ernähren, arbeitete er mehr als 25 Jahre lang mühsam als Bügler in einem Wäschebetrieb. 1957, er war 50 Jahre alt, erlitt Alex einen schweren Herzinfarkt und erblindete vollständig. Zwei Jahre später verstarb seine Frau und er musste seinen jüngsten Sohn alleine großziehen.

Aber mein Großvater Alex ließ nicht zu, dass diese neuen Tragödien ihn in ein Leben der Verzweiflung oder des Versagens trieben. Stattdessen stellte er sich seiner Angst und ging aus dem Haus. Alex nahm an einem Mobilitätstraining teil, damit er selbstständig mit dem Bus fahren konnte. Er wurde Mitglied in einer Blinden-Bowling-Liga und trainierte in einem Fitnessstudio. Er ermutigte seinen Sohn, die bestmögliche Ausbildung zu erhalten, da Lernen für ihn das Allerwichtigste war.

Aber es war die Technologie, die Alex die größte Freiheit gab. Er war ein echter Audiophiler, kaufte die bestmögliche Ausrüstung für Audioaufnahmen und hörte sich seine riesige Plattensammlung an. Er wurde ein unersättlicher Konsument von Hörbüchern (damals noch auf Kassette) und verschlang die neuesten Bestseller der *New York Times*.

In den 1960er-Jahren erweiterte sich Alex' soziales Netzwerk durch eine gemeinnützige Organisation von Eigentümern von Tonbandgeräten namens Voicespondence Club. Clubmitglieder auf der ganzen Welt nutzten Tonbandgeräte (und später Kassettenbänder), um Geschichten über ihr tägliches Leben, politische Entwicklungen und sogar Raubkopien von Musikaufnahmen auszutauschen. Der Club war im Grunde die analoge Version von Facebook-meets-Napster. Die Kassette war auch das Medium, mit dem er von Kanada aus mit meiner Familie in Los Angeles korrespondierte. Mein Großvater verstarb 1981 im Alter von 74 Jahren. Aber dank seiner Aufnahmen, die ich als Kind hörte, werde ich nie seinen polnischen Akzent und die aufbauenden Geschichten vergessen, die er erzählte.

Egal ob Sie Unternehmer, Produktmanager oder Designer sind, die Entwicklung eines digitalen Produkts ist ein zutiefst persönlicher Weg, der wie eine Entscheidung über Leben und Tod erlebt werden kann. Wir stecken unsere Ersparnisse, unsere Gesundheit und unsere Emotionen in ein Produkt, von dem wir hoffen, dass es das Leben der Benutzer verändert. Aber als Erfinder müssen wir akzeptieren, dass Scheitern, obwohl es für manche ein unüberwindbares Hindernis darstellt, ein wesentlicher Teil der Reise unseres Produkts zum Erfolg sein kann. Wir müssen wie mein Großvater sein – ein Mann, der es nicht zuließ, dass die Schwierigkeiten und Probleme in seinem Leben auch dessen Erfolg bestimmen. Stattdessen schwenkte er immer wieder um, lebte sein Leben in vollen Zügen und fand sogar einen Weg, hierfür Technologie zu nutzen.

Was lernen wir daraus?

- Die Dinge verlaufen nicht immer wie geplant. Wir müssen beweglich sein und neue Wege finden, um vorwärtszukommen. Nehmen Sie die Herausforderungen des Lebens an. Halten Sie Ihren Geist aktiv.
- Übersehen Sie nicht die Möglichkeiten, alltägliche Technologien auf eine neue und unerwartete Weise zu nutzen, die das Leben der Benutzer verbessern und helfen kann, echte Probleme zu lösen.
- Letztendlich sind wir für unser Leben verantwortlich und wir werden dadurch definiert, wie wir es leben. Unsere Existenz ist das, was wir aus ihr machen. Warum es verschwenden?

Quellennachweise

Kapitel 1

Frost, Robert: »The Road Not Taken«, in: *Mountain Interval*, New York: Henry Holt, 1916.

Kucheriavy, Andrew: »How Customer-Centric Design Is Improving the Insurance Industry«, in: *Forbes*, 17. April 2018. *https://oreil.ly/8-Ceg*

Young, Indi: *Mental Models*, New York: Rosenfeld Media, 2008.

Levy, Jaime: *UX Strategy*, Sebastopol, CA: O'Reilly, 2015.

Spool, Jared: »A UX Strategy Workshop Led by Jared Spool. Creating a UX Strategy Playbook«. *https://playbook.uie.com*

»Critical Thinking«, *Wikipedia. https://oreil.ly/J34r8*

Kapitel 2

Sun Tzu: *Art of War*, übersetzt von Lionel Giles, London: Luzac and Co., 1910.

Gray, Dave/Brown, Sunny/Macanufo, James: *Gamestorming: A Playbook for Innovators, Rulebreakers, and Changemakers*, Sebastopol, CA: O'Reilly, 2010.

Porter, Michael E.: *Wettbewerbsvorteile [Competitive Advantage]*, Frankfurt: Campus Verlag GmbH, 2014.

Sonnemaker, Tyler: »Amazon Employees Say They're Scared to Go to Work, but They're Not Alone – Here Are 9 Big Companies Facing Worker Criticism Over Their Coronavirus Safety Response«, in: *Business Insider*, 1. Mai 2020. *https://oreil.ly/vfuo9*

Guskin, Emily: »Hurricane Sandy and Twitter«, Pew Research Center, 6. November 2012. *https://oreil.ly/IDOtj*

»New Features Ahead: Google Maps and Waze Apps Better Than Ever«, in: *Google Maps Blog*, 20. August 2013. *https://oreil.ly/9-3sx*

Rushkoff, Douglas: »Does Facebook Really Care About You?«, CNN, 23. September 2011. *https://oreil.ly/DSJ-k*

Blank, Steve/Dorf, Bob: *Das Handbuch für Startups [The Startup Owner's Manual]*, Köln: O'Reilly, 2014.

Osterwalder, Alexander/Pigneur, Yves: *Business Model Generation*, Hoboken, NJ: Wiley, 2010.

»Metromile and Turo Are Teaming Up to Redefine Auto Insurance«, in: *Metromile Blog*, 20. Mai 2019. *https://oreil.ly/TfWU_*

Maurya, Ash: »Why Lean Canvas vs Business Model Canvas?«, *Leanstack*. *https://oreil.ly/zJYVu*

»Product/Market Fit«, *Wikipedia*. *https://oreil.ly/MUHoc*

Drucker, Peter: *Management: Tasks, Responsibilities, Practices*, New York: Harper Business, 1973.

Porter, Michael E.: *Wettbewerbsvorteile [Competitive Advantage]*, Frankfurt: Campus Verlag GmbH, 2014.

Lanning, Michael J./Michaels, Edward G.: »A Business Is a Value Delivery System«, Chicago: McKinsey and Co., 1988. *https://oreil.ly/3n4nS*

Kim, W. Chan/Mauborgne, Renée: *Der Blaue Ozean als Strategie [Blue Ocean Strategy]*, München: Carl Hanser Verlag, 2016.

Fisher, Lawrence M.: »Clayton M. Christensen, the Thought Leader Interview«, in: *Strategy+Business*, 1. Oktober 2001. *https://oreil.ly/bBpYH*

Christensen, Clayton: »Disruptive Innovation«, *Clayton Christensen*. *https://oreil.ly/wj8Kz*

Taneja, Hemant: »The Era of ›Move Fast and Break Things‹ Is Over«, in: *Harvard Business Review*, 22. Januar 2019. *https://oreil.ly/RiK8S*

Ethics & Compliance Initiative: »Seven Steps to Ethical Decision Making«. *https://oreil.ly/qCD_p*

Monteiro, Mike: *Ruined by Design: How Designers Destroyed the World, and What We Can Do to Fix It*, San Francisco: Mule Books, 2019.

Ries, Eric: *Lean Startup: Schnell, risikolos und erfolgreich Unternehmen gründen [Lean Startup]*, München: Redline Verlag, 2014.

Blank, Steve: *The Four Steps to the Epiphany*. Plano, Texas: K&S Ranch Press, 2005.

Ries, Eric: *The Startup Way: Das Toolkit für das 21. Jahrhundert, mit dem jedes Unternehmen erfolgreich sein kann [The Startup Way]*, München: Verlag Franz Vahlen, 2018.

Kapitel 3

Drucker, Peter: *Management: Tasks, Responsibilities, Practices*, New York: Harper Business, 1973.

»Tinder and Bumble Are Throwing Parties at Frat Houses«, in: *Inside Hook*, 21. August 2019. *https://oreil.ly/q3VlH*

»Alan Cooper«, *Wikipedia*. *https://oreil.ly/5GeHk*

Cooper, Alan: *About Face*. Hoboken, NJ: Wiley, 1995.

Cooper, Alan: *About Face,* Third Edition, Hoboken, NJ: Wiley, 2007.

Gothelf, Jeff/Seiden, Josh: *Lean User Experience (Lean UX): Produktentwicklung und -design mit agilen Teams [Lean UX]*, Frechen: mitp, 2020.

Christensen, Clayton M./Hall, Taddy/Dillon, Karen/Duncan, David S.: »Know Your Customers' ›Jobs to Be Done‹«, in: *Harvard Business Review*, September 2019. *https://oreil.ly/zW3Xm*

Kalbach, Jim: *The Jobs to Be Done Playbook: Align Your Markets, Organization, and Strategy Around Customer Need*, New York: Two Waves Books, 2020.

Blank, Steve: *The Four Steps to the Epiphany*, Plano, TX: K&S Ranch Press, 2005.

Kapitel 4

Sonic Youth: »Death Valley '69«, *Bad Moon Rising*, Iridescence, 1984.

Spender, J.-C.: *Business Strategy: Managing Uncertainty, Opportunity, and Enterprise*, Oxford: Oxford University Press, 2015.

Mintzberg, Henry: »The Fall and Rise of Strategic Planning«, in: *Harvard Business Review*, Januar 1994. *https://oreil.ly/ImcVX*

»The SCIP Code of Ethics«, *SCIP*. *https://oreil.ly/QpTa2*

Chen, James: »Electronic Data Gathering, Analysis and Retrieval (EDGAR)«, in: *Investopedia*, 31. Juli 2020. *https://oreil.ly/rzrHv*

»The Ethics of Competitive Intelligence: The Fine Line Between CI and Corporate Espionage«, *LAC Group*, 23. September 2019. *https://oreil.ly/F36KF*

Bazzell, Michael: *Open Source Intelligence Techniques: Resources for Searching and Analyzing Online Information*, 7. Auflage, erschien im Selbstverlag, 2019.

»Securities Offering«, *Wikipedia. https://oreil.ly/aKEB6*

Kapitel 5

Bensoussan, Babette E./Fleisher, Craig S.: *Business and Competitive Analysis*, London: Pearson Education, 2007.

Blank, Steve: »Death by Competitive Analysis«, *Steve Blank*, 1. März 2010. *https://oreil.ly/_SuIP*

»Benchmark (surveying)«, *Wikipedia. https://oreil.ly/dQoDk*

Rumelt, Richard: *Good Strategy Bad Strategy: The Difference and Why It Matters*, New York: Crown Business, 2011.

Kim, W. Chan/Mauborgne, Renée: *Der Blaue Ozean als Strategie [Blue Ocean Strategy]*, München: Carl Hanser Verlag, 2016.

Cremades, Alejandro: »How to Effectively Determine Your Market Size«, in: *Forbes*, 23. September 2018. *https://oreil.ly/nm8dF*

Mintzberg, Henry/Ahlstrand, Bruce/Lampel, Joseph: *Strategy Safari: A Guided Tour Through the Wilds of Strategic Management*, New York: Free Press, 1998.

Kapitel 6

Kim, W. Chan/Mauborgne, Renée: *Der Blaue Ozean als Strategie [Blue Ocean Strategy]*, München: Carl Hanser Verlag, 2016.

»Cyberpunk (Album)«, *Wikipedia, https://oreil.ly/1SSa0*

»Wilderei«, *Wikipedia. https://de.wikipedia.org/wiki/Wilderei*

Liptak, Andrew: »Tinder's Parent Company Is Suing Bumble for Patent Infringement«, in: *The Verge*, 18. März 2018. *https://oreil.ly/1ST70*

Saffer, Dan: *Microinteractions*, Sebastopol, CA: O'Reilly, 2013.

»Die Abenteuer des Prinzen Achmed«, *Wikipedia. https://de.wikipedia.org/wiki/Die_Abenteuer_des_Prinzen_Achmed*

»Is Bumble Really Feminist?«, in: *Grazia*, 11. Februar 2021. *https://oreil.ly/TKAPK*

Kapitel 7

Sarkar, Christan: »RIP, Professor Christensen«, *Christian Sarkar*, 25. Januar 2020. *https://oreil.ly/mdLKA*

LeBlanc, Rena: »The Ten Biggest Bargains in L.A.«, in: *LA Magazine*, Juli 1973.

Ries, Eric: *Lean Startup: Schnell, risikolos und erfolgreich Unternehmen gründen [Lean Startup]*, München: Redline Verlag, 2014.

»Form W-9«, *Wikipedia*. *https://en.wikipedia.org/wiki/Form_W-9*

Ries, Eric: *The Leader's Guide*, Audible Originals, 2019.

Kelley, J. F.: »An Empirical Methodology for Writing User-Friendly Natural Language Computer Applications«, in: *Proceedings of ACM SIG-CHI '83 Human Factors in Computing Systems*, Boston, 12.–15. Dezember 1983.

»Schachtürke«, *Wikipedia*. *https://de.wikipedia.org/wiki/Schachtürke*

»prototype«, *Oxford English Dictionary Online*. *https://oreil.ly/Kjztk*

McElroy, Kathryn: *Prototyping for Designers*, Sebastopol, CA: O'Reilly, 2017.

Kapitel 8

Joy Division, »Autosuggestion«, *Earcom 2: Contradiction*, Fast Product, 1979.

Portigal, Steve: *Interviewing Users*, New York: Rosenfeld Media, 2013.

Meadows, Donella H.: *Thinking in Systems: A Primer*, Vermont: Chelsea Green Publishing, 2008.

Kapitel 9

»Conversations with Buckminster Fuller«, *The Werner Erhard Foundation*. *https://oreil.ly/7Y40_*

»AIDA (marketing)«, *Wikipedia*. *https://oreil.ly/B75SN*

McClure, Dave: »Startup Metrics for Pirates«, 8. August 2007. *https://oreil.ly/nRfZj*

Ellis, Sean: »Find a Growth Hacker for Your Startup«, *Startup Marketing*, 26. Juli 2010. *https://oreil.ly/hYpaU*

Ellis, Sean/Brown, Morgan: *Hacking Growth*, London: Virgin Books, 2017.

Roman, Lex: »Growth Design FAQ«, *Lex Roman*. *https://oreilly/hfvI5*

Eyal, Nir/Hoover, Ryan: *Hooked: How to Build Habit-Forming Products*, New York: Portfolio, 2014.

Eyal, Nir: »Nir Eyal on Creating Habit-Forming Products: Closing Remarks«, *LinkedInLearning*, 23. Januar 2017.

Interactive Advertising Bureau: *Internet Advertising Revenue Report*, Mai 2020. *https://oreil.ly/m4x2R*

»Customer Lifetime Value«, *Wikipedia. https://de.wikipedia.org/wiki/Customer_Lifetime_Value*

Pichler, Roman: *Strategize*, Wendover, UK: Pichler Consulting, 2016.

Kapitel 10

Nietzsche, Friedrich: *Menschliches, Allzumenschliches: Ein Buch für freie Geister*, Hamburg: Felix Meiner Verlag, Neuausgabe 2014.

Metromile Inc., *https://enterprise.metromile.com*

»Say hello to connected car insurance«, *Metromile. www.metromile.com/partners-ford*

Levy, Jaime/Lupanow, Jessica: »UX Strategy (2nd Edition) Book Editing Sessions«, *YouTube*, 2020, *https://oreil.ly/Ezd0R*

»Ternopil«, *Wikipedia. https://oreil.ly/RnqZT*

»Tarnopol«, *Jewish Virtual Library*, 2008. *https://oreil.ly/WqEwb*

Index

C

D

K

L

M

N

Über die Autorin

Jaime Levy ist Produktstrategin, Autorin, Professorin sowie Referentin und arbeitet/wohnt in Los Angeles und Berlin. Sie berät Führungskräfte und firmeninterne Teams bei der Umsetzung ihrer Produktvisionen in innovative digitale Lösungen, die Kunden haben wollen. Jaime Levy bietet Inhouse-Trainings an, leitet öffentliche/private Workshops und spricht weltweit auf Design- und Innovationskonferenzen.

Seit mehr als 30 Jahren ist Jaime Levy eine Pionierin bei der Entwicklung bahnbrechender digitaler Produkte und Dienstleistungen. Sie hat für Fortune-500-Unternehmen und preisgekrönte Agenturen gearbeitet und die UX für Projekte in den Bereichen Unterhaltung, Gesundheitswesen, Finanzen und Technologie geleitet.

Jaime Levy unterrichtete Produktdesign- und Strategiekurse und hielt Vorlesungen an Universitäten wie der University of Southern California, der New York University, der Claremont Graduate University, dem Royal College of Art, der Fachhochschule Potsdam und der University of Oxford.

Sie finden Jaime Levy online unter *jaimelevy.com* und können ihr auf LinkedIn oder auf Twitter *@jaimerlevy* folgen.

Möchten Sie, dass Jaime Levy in Ihrem Unternehmen, auf einer Konferenz oder an Ihrer Universität einen Vortrag hält?

Wenn Ihnen dieses Buch gefallen hat und Sie Jaime Levy als Rednerin für eine Veranstaltung oder einen Strategie-Workshop in Ihrem Unternehmen gewinnen möchten, besuchen Sie bitte:

https://jaimelevy.com/hirejaime

Jaime Levy hat bereits auf Hunderten von Konferenzen und in Unternehmen weltweit gesprochen. Hier können Sie mehr über ihre Vorträge erfahren, die sie gehalten hat, und sich Keynote-Videos ansehen:

https://jaimelevy.com/speaking

Über ihre Workshops und über ihre Seminare können Sie sich hier informieren:

https://jaimelevy.com/training

Jaime Levy hat bereits Tausende von Produktentwicklern rund um den Globus geschult. Bringen Sie Jaime Levy und ihre zukunftsweisenden, praktischen Techniken in Ihr Unternehmen durch fesselnde Präsentationen und praktische Schulungen für Führungskräfte, Produktteams und funktionsübergreifende Gruppen.

Kolophon

Das Tier auf dem Cover dieses Buches ist der Schabrackenschakal (*Canis mesomelas*). Diese Schakalart ist in zwei voneinander getrennten Regionen im Süden und Osten des afrikanischen Kontinents beheimatet. Schakale sind die älteste Gruppe der Gattung *Canis*, zu der auch Hunde, Wölfe und Kojoten gehören.

Schabrackenschakale ähneln in Bezug auf ihre Größe, ihr Aussehen und ihre Gewohnheiten Füchsen und Kojoten. Sie besitzen eine durchschnittliche Schulterhöhe von 40 cm, eine Körperlänge von knapp 80 cm lang und wiegen etwa 10 kg. Sie haben unverwechselbar große, fuchsähnliche Ohren.

Schakale fressen alles und sind opportunistische Fresser, die bei der Jagd auf ihre Beute ihre Intelligenz einsetzen. Sie ernähren sich in der Regel von kleinen Beutetieren wie Spinnen, Skorpionen, Hasen und Nagetieren. Bei Tieren, die größer sind als sie selbst (oft geschwächt oder krank), passen sie ihre Jagdstrategie an, indem sie Schwachstellen wie die Kehle oder die Beine angreifen. Durch ihre Größe und Geschwindigkeit können sie auch Mahlzeiten von Kadavern erbeuten, die von Löwen und Leoparden verzehrt werden, mit denen sie ihr Revier teilen. Schabrackenschakale beobachten außerdem Dörfer und Bauernhöfe auf der Suche nach Gelegenheiten, um zum Beispiel Hühner zu erbeuten oder Müllhaufen nach Essbarem zu durchwühlen.

Diese Schakalart ist monogam. Jährlinge bleiben manchmal beim Familienverband, um bei der Aufzucht der nächsten Generation zu helfen, was eine höhere Überlebensrate der Welpen ermöglicht. Die Paarungszeit ist von Ende Mai bis August, die Tragzeit beträgt etwa 60 Tage. Die Welpen werden zwischen Juli und Oktober geboren, was oft mit den saisonalen Populationsspitzen verschiedener Beutetierarten zusammenfällt. Ein Schakal-Familienverband ist sehr territorial und kommunikativ und nutzt Duftmarkierungen und Lautäußerungen wie Jaulen, Winseln, Knurren, Kläffen und Kreischen, um seine Anwesenheit anzukündigen (das Wort *Schakal* stammt von einem Sanskrit-Wort, das »der Heuler« bedeutet).

Wie an seinen Fressgewohnheiten zu erkennen ist, passt sich der Schabrackenschakal leicht an eine Vielzahl von Lebensräumen an. Er schafft es auch, in Landschaften zu gedeihen, die von der gefährlichen Anwesenheit von Löwen und Menschen geprägt sind. Seine große Anpassungsfähigkeit und sein Einfallsreichtum erlauben es ihm, fast überall zu leben, und aus diesem Grund ist er nicht gefährdet.

Die farbige Illustration auf dem Cover stammt von Karen Montgomery und basiert auf einem Schwarz-Weiß-Stich aus dem Buch *Animate Creation* von J. G. Wood. Für das Cover wurden die Schriftarten Gilroy und Guardian Sans verwendet. Die Textschrift ist Birka und die Überschriftenschrift ist Myriad.

Stimmen zum Buch

»Wenn Sie lernen wollen, wie man Produkte baut, die Menschen wollen und brauchen, ist dieses Buch ein Muss. *UX-Strategie* deckt das ab, was vor dem Design und der Programmierung zu tun ist – Marktforschung, Validierung von Geschäftsideen, Prototyping, Nutzerforschung und mehr.«

Steve Blank

Mitbegründer des Lean Startup,
Vater des modernen Unternehmertums

»*UX-Strategie* von Jaime Levy war ein Meilenstein im Bereich der UX, als [die erste englische Auflage] erschien – ein Muss in jeder Bibliothek. Und jetzt, da sich das Feld selbst weiterentwickelt und reift, ist es aufregend, in dieser Auflage des Buches ihre aktualisierte Perspektive auf die UX-Strategie zu sehen. Dies ist die Art von Buch, die jedes Mal besser und besser wird, wenn man eintaucht, und jetzt mit aktualisiertem Inhalt, gibt es eine Fülle von neuem Material zu absorbieren. Klar, praktisch und mit Herzblut: *UX-Strategie* löst weiterhin sein Versprechen ein, die Strategie für digitale Produkte in einer modernen Ära zu leiten.«

Jim Kalbach

Chief Evangelist bei Mural und
Autor von »Mapping Experiences« und
»The Jobs To Be Done Playbook«

»Das Leben ist zu kurz, um eine tolle UX für etwas zu entwerfen, das niemand will. Sparen Sie Ihre Zeit und Ressourcen, indem Sie zuerst die in diesem Buch empfohlenen Lean-Strategie-Techniken anwenden.«

Ash Maurya

Autor von »Running Lean« und
Erfinder des Lean Canvas

»Designer sind immer auf der Suche nach einer Möglichkeit, mit ihrer Arbeit mehr Wirkung zu erzielen. Jaimes Buch ist ein narrensicherer Leitfaden, mit dem man seine vorhandenen Fähigkeiten ausbauen kann, um eine Produktstrategie zu entwickeln.«

Andy Budd
Designer, Sprecher, Berater und Coach

»Vollgestopft mit Best Practices von führenden Denkern aus verschiedenen Disziplinen, ist Jaime Levys *UX-Strategie* im Grunde ein Master of Business Administration in Buchform, das jeder Designer lesen sollte. Ihre eigenen Geschichten und Anleitungen machen es zu einer freundlichen und angenehmen Lektüre.«

Steve Portigal
User Research Consultant und
Autor von »Interviewing Users« und
»Doorbells, Danger, and Dead Batteries«

»Jaime Levy liefert eine leicht verständliche, pragmatische Schritt-für-Schritt-Anleitung, wie man innovative digitale Produktideen und Nutzenversprechen auf schlanke und effiziente Weise entwickelt und testet. Voller Tipps und Tricks, detaillierter Erklärungen und sehr konkreter Ratschläge – kurzum, ein großartiger, fesselnder Leitfaden für alle angehenden Unternehmer, POs, UX-Designer und andere, die in die menschenzentrierte Produktentwicklung einsteigen.«

Svenja von Holt
Beraterin für Produktstrategie und
Direktor Innovationsstrategie,
Port Blue Sky (Berlin)

»Dieses Nachfolgewerk der ersten Ausgabe verknüpft die Theorie der User-Experience-Strategie weiter mit einem praktischen, praxisnahen und geschäftsorientierten Ansatz. Es liefert sowohl die Strategie als auch die Taktik, die benötigt werden, um Produkte und Dienstleistungen zu schaffen, die nicht nur glänzen, sondern auch weiterwachsen können. Eine Pflichtlektüre für jeden Produktdesigner, Projektmanager, Unternehmer oder jeden anderen innovativen Technologen.«

Paul Lumsdaine
UX-Designer bei der NASA Jet Propulsion Laboratory

»Jaime Levys Sicht auf die strategische Rolle des Produktdesigns hat uns geholfen, das Curriculum innerhalb unserer Designabteilung zu verändern. Meine Studenten lieben ihr Buch, weil sie ihnen auf ihre einzigartige Punkrock-Art beibringt, wie sie als Kreative einen großen Einfluss ausüben können.«

Professor Reto Wettach

Fachhochschule Potsdam University of Applied Sciences Dienstleistungsdesigner und Designstrategieberater

»Keine Mikrointeraktion wird Ihr Produkt vor einer schlechten UX-Strategie retten. Lesen Sie Jaimes Buch, damit Sie zuerst das Richtige entwerfen und sich dann darum kümmern, es richtig zu entwerfen.«

Dan Saffer

Autor von »Microinteractions« und »Designing For Interaction«

»Jaime hat bahnbrechende UX durchgeführt, lange bevor es UX genannt wurde. Lesen Sie dieses Buch und lernen Sie, wie Sie Ihren Kunden nicht mehr im Weg stehen und Mehrwert für jeden schaffen, der Ihre Produkte berührt! «

Douglas Rushkoff

Medientheoretiker, Autor von »Team Human« und Host des gleichnamigen Podcast, Autor von »Present Shock« und »Program To Be Programmed«

»*UX-Strategie* bietet einen schablonenhaften Ansatz für die strategische Ausrichtung, der meinem Team bei Boeing geholfen hat, die Ursache von Geschäftsproblemen und die Opportunity Landscape zu erkennen. Indem wir das Business im Vorfeld kennenlernten, begannen wir, funktionsübergreifendes Vertrauen aufzubauen, und schufen die Grundlage, um Kundenziele und Ergebnisse mit übergeordneten Geschäftszielen zu verbinden.«

Andrew Wilbur

Leiter Produktdesign, The Boeing Company